情報戦、心理戦、そして認知戦

サイバーセキュリティを強化する

自衛隊初代サイバー防衛隊長　元防衛省情報分析官
佐藤雅俊・上田篤盛〔共著〕

JN056754

並木書房

はじめに

二〇二二年二月二四日、ロシアのウクライナ侵略によって戦争（以下、ウクライナ戦争と呼称）が生起した。この戦争は、国連安保理常任理事国のロシアが戦争の主体となったものであり、国連の無力さを国際社会に認識させ、第三次世界大戦への発展の恐怖さえも引き起こしている。

二〇一四年、ロシアは主に非軍事的手段を使用する「ハイブリッド戦争」によってクリミア半島を掌中に収めた（ウクライナ危機）。しかし、あっという間の出来事であったので国際的関心はまもなく薄れた。

しかしながら、今次のウクライナ戦争では、戦前から欧米とロシアとの間で外交的な心理戦が展開され、各国は情勢の推移に注目した。そして、戦争には至らないだろうとの大方の予測に反してロシアが武力侵攻し、それは激化し、現在も停戦の見込みは一向に見えていない。また、穀物価格の上昇やエネルギー需給といった経済問題を引き起こし、国際社会は戦争の推移に固唾を呑んで注視している。

ウクライナ戦争は、わが国から地理的には遠い欧州の出来事であるが、ロシアに加えて、同じく核保有国である中国、北朝鮮と隣接する日本は、いやがうえにもこの戦争の波及や、類似の脅威の出現を認識せずにはいられない。

とくに、中国による台湾への武力侵攻（以下、台湾有事と呼称）を類推させる。これに関して、ロシアの暴挙を放置すれば中国の対台湾武力侵攻の意思を高めるとの見方がある一方で、ウクライナ戦争によってロシアが軍事的大損害や少なからぬ経済的影響を受けたので、中国は台湾への武力侵攻を躊躇するだろうとの観測が出ている。だが、楽観論は禁物である。

また、ウクライナ戦争は「情報戦」だともいわれる。つまり、戦場において敵軍の位置を特定し火力を指向する、指揮システムにサイバー攻撃を行なうなど、作戦・戦術と連携した情報戦／情報作戦（情報戦および情報作戦の意味）が展開されている。

同時に、非戦場での戦略レベルでは、ロシアがサイバー攻撃を仕掛けてウクライナ側を混乱させる、偽情報を流して自国の戦争大義を獲得する、一方の西側が対ロシア批判を喧伝《けんでん》して制裁のために結束する、またはウクライナに物心両面の支援を呼びかけるなどの思惑での情報戦が展開されてきた。まさに、通常戦力と一体となった非軍事手段の応酬は「ハイブリッド戦争」と呼ぶにふさわしい状況となっている。

ところで、ウクライナ戦争が始まる以前から、「認知戦（Cognitive Warfare）」という言葉をよく耳にするようになった。わが国のインターネット上の論文や一般書籍でも認知戦を冠するものが多く確認されている。筆者らが参加する安全保障やサイバーセキュリティのセミナーでは「認知戦」という用語にしばしば接する。

しかし、認知戦についての世界の共通定義はなされておらず、欧米もその研究を開始したばかりである。認知戦の解説などは本文中で適宜記述するとして、ここでは認知戦を「偽情報により相手の認知（認識）を誤った方向に導き、判断を誤らせる戦い」、あるいは「ソーシャルメディアによる情報操作や偽情報など」といった解釈程度にとどめておこう。

ウクライナ戦争では、ロシア、ウクライナ、そして欧米がマスメディア、ソーシャルメディアを使って真偽不明な画像やナラティブ[1]（物語）を拡散し、国際世論を味方につける、あるいは相手側の社会を分断する試みを行なっている。すなわち、認知戦の様相を呈しているのである。

認知とは「何かを認識・理解する心の働き」であり、認知戦の本質は相手の心に影響を与え、支配することである。だが、この点は伝統的な「心戦」あるいは「心理戦」と一寸の違いもない。これに関して、中国の軍事専門家は「認知空間における競争と対抗は数千年の戦争史を通じて一貫して存在しており、古代の中国では『攻心術』や『心戦』と称されていた」[2]と指摘する。

しかし認知戦は、発達したＩＣＴ環境の中に誕生した新たな戦いでもある。つまり〝古くて新しい〟戦いであり、そこには歴史の教訓の積み上げと進化の過程がある。そして、さらなる発展の方向性がある。

ここで心理戦から認知戦に至る簡単な経緯を整理しておこう。

心理戦（心戦）は、わが国においても古代から兵法の一つとして用いられてきた。第二次世界大戦時には、欧米の専門家が「Psychological warfare」および「Psychological Operations」の概念を提起し、わが国ではそれを心理戦争、心理戦、心理作戦などと訳した。そして冷戦期には、心理戦は核抑止戦略の一環を形成し、政治的用語としての色彩が強くなった。

湾岸戦争において米国は、C^4ＩＳＲを駆使した戦いを展開し、世界を驚愕させた。その戦争から情報の重要性が認識され、「Information Warfare（情報戦）」や「Information Operation（情報作戦）」などの言葉の定義づけや研究が世界的に行なわれた。中国やロシア、あるいは国際テロ組織は〝弱者の戦法〟として情報戦／情報作戦に取り組み、その中でも電子戦、サイバー戦能力の強化に努めた。

二一世紀に入り、時代はパソコンからスマホへと移り、情報発信のツールとしてソーシャルメディアが登場した。二〇一〇年代の「アラブの春」ではソーシャルメディアによる民主化デモへの参加が呼びかけられた。

そして、ウクライナ戦争ではマスメディアがテレビ、新聞、インターネット記事で戦況を刻々と報じている。同時に、戦場にいる誰かがスマホで動画を撮影し、それをソーシャルメディアで拡散させ、世界の多くの人々の心理・認知に影響を及ぼしている。すなわち国際社会全体が認知戦の影響を受けている。

さらに、認知戦の先には人間の心理・認知の領域をも超えてＡＩが自律的な意思決定を行ない、自律型無人機が戦場を飛びかうＡＩ戦争が見え隠れしている。

本書は、今後のわが国が直面しているサイバー脅威や起こるかもしれない戦争に対処するための視点を提供するものである。すなわち、現代戦や将来戦に対処するうえでの教訓を汲みとるものである。そのため第一に、過去の心理戦、その派生型である情報戦／情報作戦などの歴史について考察した。

筆者は、歴史を形作る複合的な要因を入念に分析することが、未来の予測や問題解決に寄与すると確信している。

たとえばウクライナ戦争では、「ウクライナが善であり、ロシアが悪である」という「善悪二元論」の国際世論が形成されているが、これは過去の大戦で欧米などが行なったプロパガンダと類似している。こうした類似性に着目することで、ウクライナ戦争をはじめとする現代の戦争の特性を理解でき、今後の展開を予測し、国家安全保障政策を正しい方向に導くための鍵が得られるであろう。

第二に、技術革新の趨勢を踏まえて創造的な視点から認知戦、さらにＡＩ戦争を考察した。

今日、「心理戦」ではなく「認知戦」と呼称するのはなぜだろうか？　それは目覚ましいＩＣＴ技術の革新によって、人間の心理や認知へ働きかける手法が多様化し、影響度の質が変化し、量が増大しているからである。

たとえば、ＩＣＴ環境が未熟な時代の心理戦では、主にメディアを使ったプロパガンダを通じて広範な人々の心を誘導しようとした。しかし、現代ではＳＮＳなどソーシャルメディアの発展により、個人の思考や信念などを把握し、「カスタマイズされた情報」を特定の対象に意図的に配信し、その認知や心理を誘導することが可能になった。ここで心理戦と認知戦の一つの境界が存在することになったのである。

今後、高度な科学技術、とくにＡＩがイノベーションを牽引し、将来の戦争の特性も変容していくことは間違いない。中国軍の専門家はすでに「智能化戦争」、「制脳戦（人間の脳をコントロールする戦い）」という言葉を提唱している。遠くない未来では、局部・局所において人間の心理・認知の領域を超えたＡＩ戦争が出現することになるだろう。このため、歴史と現代の状況に加えて技術革新をもとにした創造的な視点が不可欠である。

そこで、わが国の民族的特性、ＡＩの発展趨勢、現下の地政学リスクなどを踏まえて、二〇三〇年代の日本を取り巻く「ネガティブ・シナリオ」を描き（第10章）、そこから教訓を引き出す手法を取り入れた。

わが国はゼレンスキー大統領のG7広島サミット（2023年5月）への招聘を実現し、日本政府は欧米と連携して、ウクライナへの支援とロシアへの制裁を強化している。

こうした情勢下、本書を出版するにあたっては一つの懸念が浮上する。それは、歴史を振り返ると、欧米の過去の「自衛戦争」における「ダブルスタンダード」を批判し、同時にロシアによるウクライナへの侵略を相対化（希薄化）する側面を避けることが難しいからだ。

そして、このことが対ロシア擁護論として誤解されることにもなりかねない。

だが、わが国が位置する東アジアでは、中国などの脅威が増大しており、サイバー戦、情報戦や認知戦への対応が喫緊の課題となっている。このような状況下では、感情論を排し、現実の世界を多面的な視点で考察し、その上で冷静な議論を展開することが極めて重要である。

折しも、本書を書き終えた時にイスラム組織ハマスがイスラエルに大規模な奇襲攻撃を行なった。世界最高と評価されるイスラエル情報機関はハマスの侵攻を予測できなかった。これは、一九七三年の第四次中東戦争以来のインテリジェンスの失敗であるとされている。

失敗の要因はいくつか列挙されるが、心理戦および認知戦の観点から言えば、ハマスが「我々はテロ組織ではなく、民意で選ばれた正当な勢力である」との巧みなプロパガンダを行ない、大規模な作戦を準備する一方、「イスラエルとの対立を望まない」という印象操作を行なったとされる。このことがイスラエルを慢心させ、奇襲を成立させた要因であるとも指摘できよう。

また、中東諸国のみならず、わが国でもテロ攻撃を行なった側のハマスに対する批判が高まらず、自衛権を持つイスラエルに対し抑制的な反応を促す世論の風潮もみられる。これは、ウクライナ戦争とは様相を異にする現象であるが、その根底にはメディアや中東専門家の影響を受けた「パレスチナ善、イスラエル悪」あるいは「パレスチナ弱者、イスラエル強者」という単純化された世論が背景にあるのではないだろうか。

本書は、世界の主要な戦争の歴史を情報戦、心理戦、そして認知戦から丹念に読み解いた。今回のハマスによる大規模攻撃については言及していないが、現在の複雑化する中東情勢を予測するうえでも参考になると確信する。

本書では、心理戦、メディア戦、情報戦、情報作戦、サイバー戦などの用語を文脈と時代背景にもとづいて使用していく。これらの用語はすべて「情報を武器とする非物理戦」の一形態であるが、その定

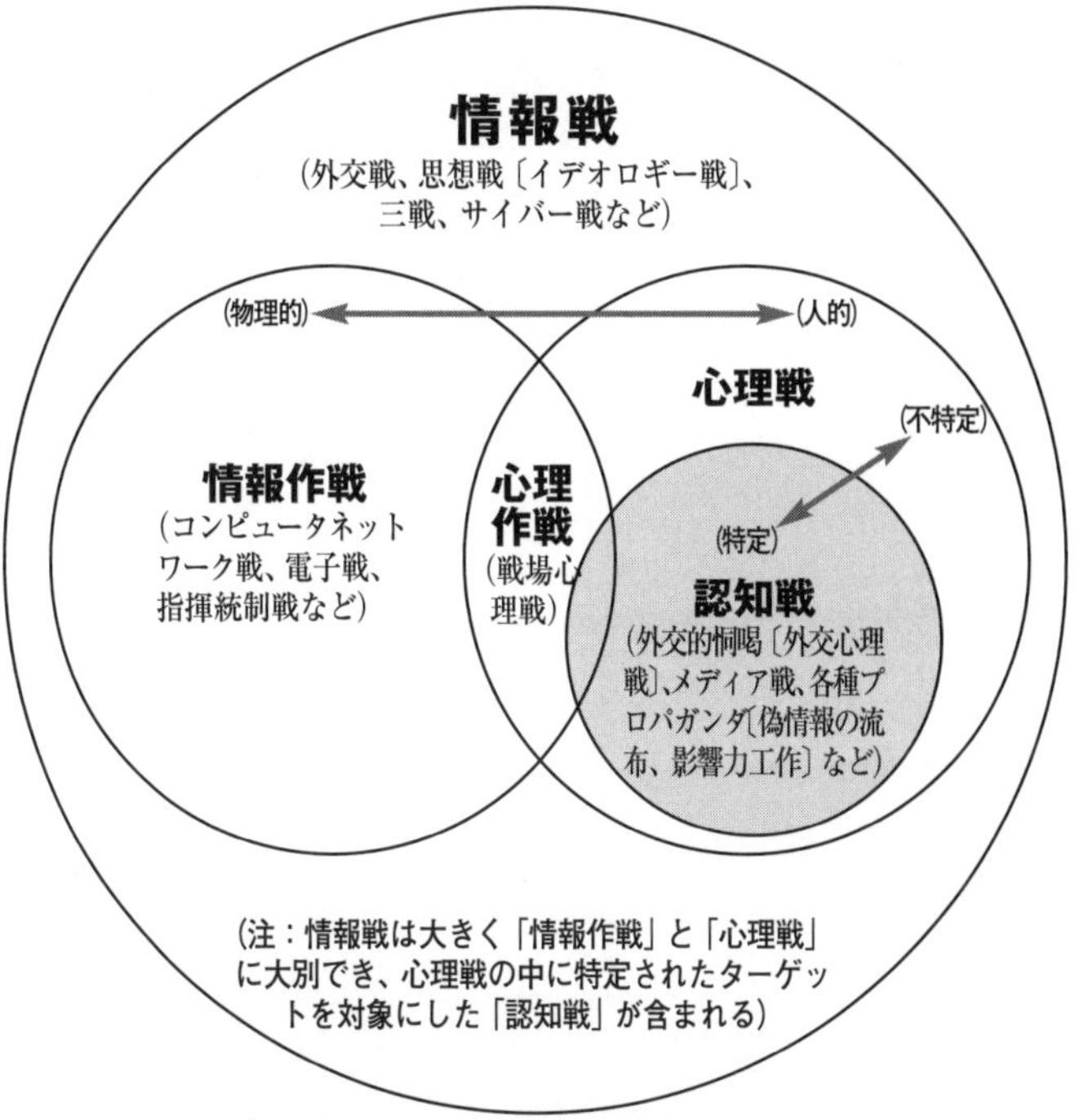

情報戦、情報作戦、心理戦、認知戦の関係図

義や文脈は国によって異なり、用語間の境界線も明確ではない[3]。また、認知戦の定義は各国ともにいまだ確立されていない現状にある。

　したがって、情報戦、情報作戦、心理戦、心理作戦、認知戦などの大まかな関係性を整理することも困難な課題である。しかし、本書で論じる認知戦の位置づけが不明確であれば、読者にとって本書の内容が理解しにくくなる。

　そこで、本書では攻撃対象が物理的から人的なものへと向かう一方、ICT環境がマスメディアからソーシャルネットワークサービスに移行することにともない攻撃対象が不特定多数から特定に向かうという二つのベクトルにもとづいて、認知戦を位置づける。

情報戦は全体を包括する上位の概念として位置づける。戦略的コミュニケーションなどの外交戦、思想戦（イデオロギー戦）、中国の三戦（心理戦・輿論戦・法律戦）、サイバー戦はここに位置づける。情報戦の下に主として軍事作戦の概念である情報作戦を配置する。情報作戦は主として情報システムなどの物理的な側面を攻撃対象とし、コンピュータネットワーク攻撃や電子戦などが含まれる。

他方、情報戦の中で、人的な側面、つまり人々の認知と心理に焦点を当てるものを心理戦とし、外交的恫喝、メディア戦やインターネットを利用した偽情報の拡散などがこれに含まれる。

さらにＩＣＴ環境を背景に、特定対象の認知と心理に対して効果的に働きかける戦術を認知戦と呼称する。

（株）ラック　ナショナルセキュリティ研究所シニアコンサルタント　上田篤盛

（1）ナラティブとは真実と嘘を織り交ぜ、論理性と一貫性を重視して、怒りや憎悪を掻き立てる、伝搬性の高い巧妙な物語のことである。物語には、シンプル、共鳴、目新しさという三つの鉄則がある。（『「いいね！」戦争―兵器化するソーシャルメディア』）

（2）「情報工程大学の郭雲飛は、認知空間における競争と対抗は数千年の戦争史を通じて一貫して存在しており、古代の中国では『攻心術』や『心戦』と称されていたと指摘する。例えば原始社会においては、太鼓の音や足踏みのリズムなどを用いて味方の士気を高めるとともに、敵を精神的に威圧する認知領域作戦が行われた。また、近代の戦争においては、檄文や宣戦布告、告示などを発することで、自国の立場の正義性を強調し、敵の不正義性を非難することを通じて、有利な立場の獲得を図る認知領域作戦が行われたのである」（『ＮＩＤＳコメンタリー第１７７号』飯田将史「中国が目指す認知領域における戦いの姿」２０２１年6月21日）

（3）米国では湾岸戦争以降に情報戦の定義が試みられたが、情報戦の定義については未確立である。一方、戦術レベルの概念である情報作戦の中に「コンピュータネットワーク戦（ＣＮＯ）、電子戦、心理作戦」などが位置づけられている。なおサイバー戦は、ＣＮＯの上位概念であり、戦略的な情報優位を獲得するためのサイバー空間のさまざまな利用を包含する意味がある（１７６頁参照）。

中国では情報戦の上位に情報化戦争（政治戦）を位置づけ、その中に「心理戦」、「輿論戦（メディア戦）」および「法律戦」が含まれるとの見方もある（２０７頁参照）。

日本では戦後に「心理戦争（心理戦）」が軍事だけでなく政治などの文脈で使用されてきた。また、情報戦は戦後、著書のタイトルなどで時折使用されたが、特に湾岸戦争後に「Information Warfare」の訳語として使用されることが増えた。なお、『防衛白書』では２０００年版から登場した。現在、情報戦は、軍事と非軍事、平時と戦時、戦略と作戦戦術を問わず、「情報優位を確保するための広範な情報活動を指す言葉」として広く使用されている。

目次

第2章　心理戦の歴史的教訓　41

第5章 米国のメディア戦と報道の統制 134

第10章　新時代の認知戦と未来予測　304

終章　わが国および企業のとるべき対策

第1章　心理戦とその運用

1、心理戦の概要

心理戦の定義

心理戦をインターネットで調べると、「①計画的に情報を操作して、相手の判断・行動を自分に有利になるように誘導する、②「心理戦争」に同じ」とある（『ｇｏｏ辞書』）。

今日、心理戦とは、①の意味で理解され、ビジネスの領域やゲームの駆け引きの場で使用されることが多い。しかし、本章で扱う心理戦は、②の「心理戦争」の方である。つまり、政治、軍事の領域における非物理的（アンケネティック）な戦いのことである。

心理戦争に相当する英文は「Psychological warfare」（略語はPsywar）であるが、これは第一次世界大戦以後に登場した比較的に新しい用語である[1]。

この用語を最初に使用したのは英国の歴史家J・F・Cフラーである。彼は一九二〇年、「心理戦争（Psywar）がいずれ従来の戦争に置き換わるだろう」と予言した。

一方、心理戦争の類似語に「Psychological Operations」（PsyOps、作戦は戦争の下位概念とみなされるため本章では心理工作と翻訳する）がある。これは一九四五年に米海軍の情報将校のE・M・ザカリアス大佐が日本の降伏を促す作戦計画の中で使用した（以上、FM33-1『Psychological Operations』から要点を整理）。

戦後になり、心理戦争の定義づけが行なわれた。

一九六一年の『米陸軍用語事典』（『Dictionary of U.S.Army terms1961』）によれば、以下のとおりである（防衛研修所『国防関係用語集』一九七二年）。

（1）Psychological Operations

この用語は、Psychological activities とPsychological Warfareを含み敵、敵性、中立及び友好国に対し米国の政策、目標の達成に望ましい感情・態度、行為を起こさせるために計画され、実行される政治的、経済的、イデオロギー的行動である。

（2）Psychological warfare

戦時又は非常事態において、国家の目的あるいは目標達成に寄与するため敵、中立、あるいは友好諸国に対し、その感情、態度、行為に影響を与えることを主目的として行なう宣伝及びその他の行動の利用についての計画的な使用。

つまり、米国は、戦争あるいは軍事に限定されない広義の概念として心理工作を心理戦争の上位に位置づけた。

わが国では一九四八年、ポール・ラインバーガーが著した『Psychological warfare』を須磨弥吉郎(2)が一九五三年に『心理戦争』（みすず書房）と題して翻訳出版した。

また、防衛研究所所員（当時）の岩島久夫は『心理戦争』（講談社）と題する著書を一九六八年に出版した。このようにわが国では「Psychological warfare」を「心理戦争」と訳す傾向にあった。

一九七二年刊行の防衛研修所『国防関係用語集』では「心理戦争」を以下のように定義した。

「対象目標（国家、集団、個人等）の意見、感情、態度及び行動に影響を及ぼすために、宣伝その他の行為を計画的に行使することにより、広義にあつては国家目的や国家政策、狭義にあつては軍事上の使命達成に寄与することをいう」

前述のとおり、米国は「Psychological warfare」と「Psychological Operations」を区分したが、「戦争」を忌み嫌うようになり前者よりも後者のほうを好んで使うようになった。[3]

わが国でも心理戦争という言葉はだんだんと使用されなくなったが、それに代わる心理工作や心理作戦という訳語も定着しなかった。

心理戦争を表す的確な用語がないことに鑑み、本書では心理戦争、心理工作、心理作戦などを包括する概念として「心理戦」の呼称を用いる。

心理戦は認知戦である

米国の心理工作（PsyOps）について見てみよう。

前述のとおり、米国では心理戦争（psywar）よりも心理工作（PsyOps）の方が一般的になっているが、心理工作は軍事情報支援作戦（ＭＩＳＯ）、政治戦争（political war）、「Hearts and Minds（心と心）」、プロパガンダなどの類義語でも呼称される。

心理工作は、主として心理的な手法により他人の心理的反応を計画的に呼び起こす行為である。

米国防省によれば、「心理工作の目的は米国の目的に有利となるように行動を誘導または促進することである。それらは米国が行なう外交、情報、軍事、経済活動の領域において重要であり、平時と有事

の両時で行なうことができる。主に戦略、運用、戦術の三つの形式がある」(『米国防省の軍事用語辞典』から抜粋要約)

また米国防省は「perception management(認知操作)」という概念を提起している。これは「選択した情報や兆候を伝達あるいは秘匿し、外国人の感情、動機、客観的判断に影響を与えるとともに、外国の諜報システムや指導者の判断に影響を与え、最終的に外国の行動を工作者の目的に有利に仕向ける。認知操作は、真実の提示、作戦保全、偽装と欺瞞、心理作戦(PsyOps)を組み合わせる」ものである(前掲『米国防省の軍事用語辞典』)。

要するに認知操作とは対象の認識のみならず感情などの心理に影響を及ぼすことであって、心理を操作することでもある。だから、「perception management」は「心理・認知操作」と呼び替えることができる。

認知操作が戦争という概念と結びつけば認知戦となるが、それは心理・認知操作でもあるので心理戦でもある。つまり心理・認知を操作するという本質部分において心理戦と認知戦の差異はない。

心理戦の五つの特徴

第一に、心理戦は「戦わずして勝つ」を究極目標とする費用対効果の高い戦いである。『孫子』第三編「謀攻」では、「攻心為上、攻城為下」とあるが、これは敵を無傷のままで降伏させるのが上策であり、敵軍を撃破する物理戦は下策であるという意味だ。

物理戦では勝利しても兵員や資源の棄損は免れず、敵などから怨恨や復讐を招く。一方、心理戦は我に損害が生じないばかりか、敵の資源、兵力を取り込んで再利用できる。

第二に、心理戦は主に国家レベルの活動である。国際政治の主要な主体が国家になって以降、戦争の主要な主体もまた国家である。そして、後述するように第一次世界大戦の頃から国家が専門組織を編成して組織的に心理戦を行なうようになった。

第三に、心理戦はさまざまな対象に運用される。第二次世界大戦では連合国軍は以下のように対象と目的を区分していた（岩島久夫『心理戦争』の記述を筆者が整理）。

①敵国民……士気を喪失させる。

②敵の占領地域にいる住民……解放の希望を高揚し、占領軍に対する抵抗を激化させる。

③中立国民……精神的支持を獲得する。

④わが方……連合国の分裂を狙うあらゆる敵性宣伝工作に対処し、士気を鼓舞するとともに、連合国相互の理解を促進する。

第四に、心理戦はさまざま領域、レベルにおいて広範多岐に運用される。適用する領域によって政治的心理戦、軍事的心理戦、経済的心理戦などに分けられる。使用レベルでは、国家心理戦、軍事心理戦、戦略心理戦、戦術心理戦などに分けられる。

第五に、心理戦は相手側の心理・認知に働きかける攻撃の機能(攻撃的心理戦)と、相手が我の心理・認知に働きかける防御(心理戦防護)の機能がある。

防御には、敵のプロパガンダを妨害する積極的(能動的)な手段と、わが方に対する戦争の大義や合法性の付与、兵員に対する適切な休養・医療・メンタルヘルスの付与、家族含めた所属員に対する情報の発信(広報)、団結・規律の保持など消極的な手段がある。

いくら相手側の心理戦が巧妙かつ執拗に行なわれたとしても、我の防御が強固であれば、敵の心理戦の効果を減じることができるのである。

2、わが国の秘密戦

孫子の兵法を紐解くまでもなく、各国は有史以来、心理戦を当然のこととして行なってきた。

戦前のわが国は、心理戦のことを宣伝戦、神経戦、政治戦、思想戦、智恵の戦い、その他さまざまな用語で呼称していた。これらは心理戦のある一部分を強調したものである。

戦前の陸軍では心理戦に相当する戦いを「秘密戦」と呼称していた。それは諜報、宣伝、謀略、防諜の四つから構成されていた。なお、諜報、宣伝、謀略は前出の「攻撃的心理戦」、防諜は「心理戦防護」に相当する。

秘密戦は、平時、戦時を問わず、「戦わずして勝つ」を戦略・戦術の全局面で常に追求する戦いである。

これは、平時での戦争抑止の追求を第一の目的としており、戦時には、敵国戦力を物理的に破壊するのではなく、心理工作により敵国内に不協和音や厭戦気運などを生起させて、早期に講和交渉などに持っていくことを主眼とする。諜報は、目的を秘密にして、スパイなどによる「ヒューミント」(人的情報)と新聞、雑誌などによる「オシント」(公開情報、文諜)を主たる情報手段として情報を収集する活動である。これは、情報収集という狭義の目的にとどまらず、獲得した情報を宣伝、謀略、防諜に活用する。

宣伝は、平時、戦時を問わず、内外の各方面に対し、我に有利な態勢、世論などを醸成する目的をもって、適切な時期、場所、方法により、ある事実を所要の対象に「宣明伝布」する行為である。これには、公開宣伝と隠密宣伝がある。

謀略は、間接あるいは直接に、敵の戦争指導および作戦行動の遂行を妨害する目的をもって、公然の戦闘集団以外の者を使用して行なう行為であり、その手段には破壊行為もしくは思想、経済的な陰謀などがある。

防諜は、外国の我に向かってする諜報、謀略（宣伝を含む）に対し、わが国防力の安全を確保することであり、積極的防諜と消極的防諜がある（詳細は拙著『情報分析官が見た陸軍中野学校』を参照）。

秘密戦は前述のとおり、「心理工作により敵国内に不協和音や厭戦気運などを生起させる」ものであり、心理戦と呼び替えても違和感はないであろう。すなわち旧軍は諜報、宣伝、謀略、防諜の四つを構成要素とする心理戦により、圧倒的に優位な軍事力を持つ米英に対し、勝利の活路を求めようとしていたのである。

3、心理戦の運用

心理戦の基本はプロパガンダである

前述のように宣伝は、旧軍におけ秘密戦の構成要素の一つであるが、今日、「宣伝」といえば、ビジネス用語を連想する。よって政治宣伝の意味で用いる場合、英語の「プロパガンダ（propaganda）」をそのまま使用する。なお、旧軍のプロパガンダは「宣伝」、そのほか宣伝機関、宣伝省などの名称化している用語はそのまま宣伝を用いる。

プロパガンダはもともと布教活動で使用されていたが、第一次世界大戦で政治領域でも使用されるようになった。

日本の新聞や雑誌にプロパガンダという言葉が現れるのは一九一七（大正六）年以降である（小野厚夫『情報ということば』）。つまり、旧軍が第一次世界大戦での英国などのプロパガンダに注目した。

一九二四（大正一三）年に編纂の『陣中要務令』にはプロパガンダの訳語として「宣伝」が初登場した。[4] ここでは、我の情報収集や分析にあたり敵の宣伝を警戒することの必要性が述べられている。

昭和期の教範類では、宣伝をわが方が実施する活動として規定した。たとえば『統帥綱領・統帥参考』では「作戦の指導と相俟ち、敵軍もしくは作戦地の住民に対し、一貫せる方針にもとずき、巧妙適切なる宣伝謀略を行い、敵軍戦力の崩壊を企図すること必要なり」とされた。

『諜報宣伝勤務指針』では、「宣伝及び謀略は多衆心理の操縦を主眼とす」と規定された。当時、心理戦という用語はなかったが、宣伝と謀略の目的が認知・心理操作であることは当時から認識されていたのである。

プロパガンダを改めて定義すれば、「軍事、経済、政治などの領域を問わず、特定集団（対象）の精神および感情に影響を与えることを目的とする、計画的かつ統一的な情報の発信と伝達」[5]である。つまり、対象者の心理にどのような影響を及ぼし、いかなる効果が得られるかを、あらかじめ企図、予測したうえで行なう行為である。たとえ情報の発信と伝達が偶然に所望の成果を上げたとしても、そこに計画性がともなっていなければプロパガンダとはいえないのである。

相手側に対して心理的影響を与え、心理的効果を得る手段にはプロパガンダのほかにも煽動、示威《しい》、外交的恫喝、教唆、欺瞞（偽情報の流布など）、広報、宣撫《せんぶ》・教化、法律の制定、破壊活動などさまざまあるが、プロパガンダは心理戦の最も重要かつ基本的な手段である。

プロパガンダは国民性、言語、風俗、人情、習慣などの人文要素を知悉する必要があるから、さまざま民間部署の叡智を結集することが望ましい。そして、プロパガンダは虚偽性が暴露されやすいので、秘密保全に留意し、統一指導組織を設置し、計画的に行なう必要がある。

プロパガンダの種類と運用

プロパガンダは以下のとおり、ホワイト、グレー、ブラックに分けられる。

（1）ホワイトプロパガンダ

発信主体が政府機関など公然であり確認できるもの。プロパガンダの最も一般的な形式であり、真実ではあるが一方的な主張を開陳し、我の有利な世論を形成する。日本陸軍の公開宣伝に相当する。

（2）ブラックプロパガンダ

発信主体を秘匿し、(6) 一定のプロパガンダ目的を達成するために内容を意図的に作為、改竄《かいざん》するもの。嘘だと見破られないように多くの真実の中に偽情報を紛れ込ませるか、巧みな偽装が施される。日本陸軍の隠密宣伝に相当する。

（3）グレープロパガンダ

ホワイトプロパガンダとブラックプロパガンダの中間的な存在である。発信主体は明確であるが、一定の政治目的を達成するために内容を意図的に作為、改竄するものである。

プロパガンダの手法には直接対話（口頭呼びかけ）、落書き・展示、郵便、印刷物（ビラ、パンフレット）の配布、電話、無線、報道（新聞、テレビ、ラジオ）、映画、文化・演芸活動などがある。現代の手法ではインターネット、メール、ソーシャルメディアなどを追加ができよう。

今日のウクライナ戦争では、真実と嘘を巧みに織り交ぜた「ナラティブ」（物語）と「ミーム」（インターネット上で拡散する画像、動画、バスワードなど）を組み合わせる手法が横行している。(7)

つまり、発達したＩＣＴ環境の下で、プロパガンダはさまざまに進化し、その影響力はますます高まっているのである。

第二次世界大戦後の米国ではナチスドイツのゲッペルスによる国際宣伝戦を「プロパガンダ」と呼ぶ風潮があった。そのため米国ではプロパガンダに替わり、「パブリシティ（publicity）」といった用語が好んで使われた。

日本でも宣伝という言葉は否定的なイメージで捉えられ、敬遠され、「広報・広聴活動」などの言葉が用いられるようになった。

しかしながら、これらの言葉に含まれる本質は他人を言葉により操り、自分が有利になるよう心理的に誘導する活動あるいは技術であることには変わりはない。

今日、「パブリック・ディプロマシー」[8]、「戦略的コミュニケーション」[9]という用語もある。政府がこれらの用語をプロパガンダとは一線を画するものとして政策的に使い分けることには意味があるが、他国から見ればプロパガンダであることに変わりはない。

一方、中国などが「公共外交（パブリック・ディプロマシー）」を強調し、自己の行為の正当化を図ったとしても、それとプロパガンダとの差異はない。

プロパガンダには、狭義のプロパガンダと煽動（agitation：アジテーション）がある。[10]

一般的には煽動はプロパガンダの一部とされる。煽動では一般に視覚よりも聴覚を利用するが、現代ではマスメディアを利用して、煽動の動画や音声を流す手法が一般的になった。

反政府デモは煽動者による騒擾《そうじょう》の惹起《じゃっき》であるが、多くのデモや騒擾は煽動が引き金になる。社会主義革命を指導したレーニン（一八七〇～一九二四年）の初期の著作『何をなすべきか』（一九〇二年）によれば、プロパガンダは知識階層に対して理論的に行なうもので活字媒体が中心である。一方の煽動は一般大衆に対して感情を煽り立てるように行なうものであり、音声が中心となる。またソ連の教義では、プロパガンダは一人または数人に多くの理論を与えるが、煽動は多くの聴衆に一つの理論を語るとされる。

心理戦に不可欠な暴力的手段

心理戦の手段であるプロパガンダと、謀略あるいは秘密工作（以下、ここでは謀略に統一）との関係について考察しておこう。

プロパガンダは暴力をともなわないが謀略は暴力をともなう。ただし「言葉の暴力」があるようにプロパガンダが暴力と無関係というわけではない。暴力を背景にプロパガンダが行なわれる、さらにプロパガンダは暴力的行為と併用されることが多々ある。

それがゆえに戦前の陸軍では「宣伝謀略」との複合語を使用し、参謀本部第八課が宣伝および謀略を一体的に指導した。

謀略は陰謀、欺瞞、破壊などの手段によって行なわれる。陰謀（Plot,Conspiracy）とは、人に知られないように隠密裡に練る計画である。つまり、強権力を有する団体ないし個人が、ある意図を持って一般人の見えないところで事件や事象を操作することである。

欺瞞（deception）は人を欺く・騙すという意味であり、その手法には、偽装、迷彩、隠蔽、陽動、プロパガンダなどがある。太平洋戦争時、日本海軍の情報将校であった実松譲は謀略を「ある国が自分の意図について他国に誤った認識を与えようとする一連の策略」（実松譲『国際謀略』）と述べた。[11]

陰謀と欺瞞《ぎまん》は類似しているが、一般的に陰謀の目的が欺瞞であると理解される。要するに陰謀も欺瞞も謀略の手段であり、かつ心理・認知操作の主要な手段である。

破壊（Sabotage）は、ある特定目的のために、財産・器物を不法かつ計画的に破壊する行為である。破壊行為は殺人、テロ、要人暗殺、インフラ施設の破壊などにより、対象に恐怖を与える、あるいは政治・経済活動を妨害するなどにより、反政府行動を引き起こし、政府と国民の離間などを図る。わが国の謀略に相当する用語が米国の「covert action」（コバートアクション：秘密工作）である。これは「米国政府の関与だと表立って知られないよう、ＣＩＡなどの情報機関が水面下で行なう欺瞞的な活動」[12]である。

米国の「国家安全法」では秘密工作にはプロパガンダ、政治活動、経済活動、クーデター、準軍事作戦が含まれ、この順番で暴力性が高まるとされる（マーク・M・ローエンタール『インテリジェンス―機密から政策へ』）。

要するにプロパガンダは暴力と関係がある。すなわち心理戦は戦わずして勝つことを主眼とするものの暴力と無関係ではないということである。

他方、旧陸軍情報将校の土肥原賢治は「謀略は誠なり」と述べた。つまり、プロパガンダ、謀略、秘密工作も、腹黒さや恐怖心の造成、巧妙なテクニックだけでは通用しない。すなわち対象に対する真実の発信、言動一致による対象の納得・信頼の獲得がなければ、対象の心理や認知に影響を及ぼすことはできないのである。

（1）哲学の一領域から「科学」としての心理学（Psychology）が誕生したのは一八七〇年代とされる。
（2）須磨弥吉郎（一八九二～一九七〇年）は戦後の衆議院議員。戦前はスペイン大使として「東（とう）機関」を運営するなど諜報戦のスペシャリストであった。
（3）岩島久夫は、正確な時期は不明であるが、米国陸軍の教範（フィールド・マニュアル）も、一九六二年出版のものは、その表題を「Psychological Operations」に改訂している」と述べている（岩島久夫『心理戦争』）。
（4）「捜索の目的は敵情を明らかにするにあり。……捜索の実施にあたりては敵の欺騙的動作並びに宣伝等に惑わされるに注意を要する」「諜報勤務は作戦地の情況及び作戦経過の時期等に適応するごとく、適当にこれを企画し、また敵の宣伝に関する真相を解明すること緊要なり」（『陣中要務令』）
（5）「宣傳とは軍事的たると経済的、政治的たるとを問わず、ある特定の公の目的のために特定集の精神および感情を左右するために仕組まれた形式の公の又は大量的な傳達の計画的使用である」「軍事宣傳とは特定の敵性、中立、友好的な外国の集団の精神及び感情を左右するように仕組まれたあらゆる形式の傳達の計画的使用である」（岩島久夫『心理戦争』）
（6）第二次世界大戦では、連合国は、ドイツが占領したフランスから、ドイツの反乱分子などがその宣伝を敢行しているようにみせかけたブラックプロパガンダを行なったとされる。
（7）ナラティブ・アプローチは、政治、マーケティング、広告、リーダーシップ、教育などの多くの分野で用いられており、聞き手の感情や価値観に訴えかけ、関心や支持を引き出すことを目的としている。人々は物語に自然と惹かれる傾向があり、ナラティブによって情報が整理され、理解しやすくなるため、このアプローチは効果的なコミュニケーション手法とされている。
（8）外務省は「『パブリック・ディプロマシー』とは、伝統的な政府対政府の外交とは異なり、広報や文化交流を通じて、民間とも連携しながら、外国の国民や世論に直接働きかける外交活動のことで、日本語では『広報文化外交』と訳されることが多い言葉です」と述べている。https://www.mofa.go.jp/mofaj/comment/faq/culture/gaiko.html#section1
（9）公共政策大学院の青井千由紀教授は「戦略的コミュニケーションとは、国家の『戦略』、すなわち目標や優先事項を実現するために明確な意図をもって行なう情報発信のこと。単なる広報活動とは異なります。自国の行動の意図を後追いで説明するだけのものでもありません。戦略的コミュニケーションとは、ときに政策を規定したり行動そのものにもなるほど、国家にとって重要な活動なのです」と述べている。https://www.u-tokyo.ac.jp/focus/ja/features/voices094.html
（10）煽動（せんどう）は扇動とも表記され、英語のアジテーションを略して「アジ」ということもある。宣伝は、口頭、文書、その他手段（芸術作品の展示、電波発信、行為など）をもって、対象を自己の意思や思想に共鳴させようとする計画的行為であるが、煽動は大衆の心理を攪乱（かくらん）し、正当な判断力を失わせ、不満を自発的に吐き出せる行為をいう。宣伝は相手側の意志や思想を形成する建設的行為であるのに対し、煽動は相手側の意志などを破壊する行為である（上田篤盛『情報分析官が見る陸軍中野学校』）。

（11）国家レベルでの欺瞞（deception：デセプション）について、アレン・ダレスは「国家がその能力や意図について、顕在的、潜在的な敵たる他の国家に誤った認識を与える策略一切を総称するきわめて範囲の広い概念」と述べている（アレン・ダレス『諜報の技術』）。

（12）米国の「国家安全法」では、秘密工作を「国外の政治的、経済的または軍事的諸条件に影響を与え、米国政府の役割が公に看取されたり、認知されたりすることが意図されない、米国の活動」と定義している（マーク・M・ローエンタール『インテリジェンス』）。

第2章　心理戦の歴史的教訓

1、古代の心理戦

太鼓の音や足踏みのリズムなどを用いて味方の士気を高める、敵を精神的に威圧するといった心理戦は原始社会から行なわれていた。

古代の心理戦は、アレクサンダー大王などの卓越した一人の才覚者の着意によるもので、組織的、計画的ではなかった。ただし、心理・認知操作のための〝智恵の戦い〟の教訓は古代の心理戦があますことなく示唆してくれる。

ギデオンのラッパと松明――示威による心理戦

心理戦を適用した初期の事例は、『旧約聖書』のギデオンの松明《たいまつ》と壺の話であろう。

紀元前一一世紀の頃、ヘブライ（イスラエル）人の士師《しし》であるギデオンは、三百人の兵士を三つの部隊に分け、兵士たち全員にラッパと壺に隠した松明を与えて、敵の宿営地に進軍させた。

敵陣に到着した部隊は、ギデオンの合図とともにラッパを吹き、手に携えていた壺を打ち砕き、松明に火をつけて敵陣を四方から取り囲んだ。敵軍は三万人もの大軍が押し寄せてきたと錯覚し、大声をあげて散り散りに逃げ去った。

ギデオンは音と光による幻影を醸成することで、敵に心理的恐怖を与えた。情報伝達が未発達の時代には、敵が直接的に目視できる「示威」による恐怖が心理戦の主たる手段であった。[1]

プロパガンダが言葉の力を活用するのに対し、示威（デモンストレーション、デモ）は威力や実力を目に見える形で外部に示すことで主に心理的恐怖を対象に与えて服従させる。「百聞は一見にしかず」の諺どおり、心理・認知操作はプロパガンダ（言葉）よりも示威の方が効果的である場合が多くある。

示威による心理戦は現代も頻繁に行なわれている。軍事力を誇示することを軍事的示威活動というが、この代表的なものが軍事パレードや軍事演習である。

近年、中国やロシアの軍用機や軍艦がわが国周辺に現われ、中国公船が領海内に頻繁に侵入しているが、これらは軍事的示威活動である。

テミストクレスのブラックプロパガンダ

ブラックプロパガンダの歴史は、ヘロドトスの著書にみられる紀元前五百年頃のギリシャとペルシャとの戦いに遡る。

当時、ギリシャはペルシャとの戦いに明け暮れていた。ギリシャ軍の将軍テミストクレスは、ペルシャ軍に従軍するイオニア人（ギリシャ系）に読ませるために次の文を石碑に刻んだ。

「イオニア人よ、爾等《なんじら》が爾等の父祖と戦い、ギリシャを隷属化するのに手助けするのは過《あやま》りである。故《ゆえ》に寧《む》ろ我軍に来《き》たれ、又はこれができなければ戦場より爾等の軍を撤し、カリアン人（筆者注・ガリア人）に対しても同様のことをなすよう懇請せよ。しかしこのいずれもかなわぬとしても、而《しか》もあまりにも強力な絆で縛られているとしても、なお行動において我軍が戦闘に従事している場合は、爾等は我々の子孫であり、我々に対する夷狄《いてき》の敵意は爾等から出ていることを記憶し、故《ことさ》らに悪様に振舞え」ラインバーガー『心理戦争』から抜粋。（読み仮名は筆者）

この石碑文はギリシャ系の子孫のイオニア人に対し、ペルシャ軍から離間するよう心理戦を仕掛けたものである。他方、ラインバーガーは、これはペルシャ軍を対象とするブラックプロパガンダであるとも指摘している。

公開演説とは異なり文章は発信者を秘匿できる。だから、この石碑文はイオニア人の中に浸透したギリシャ軍の隠れシンパ(同調者、裏切り者)が書いたものでないかとの疑心暗鬼を起こさせたのである。

文書プロパガンダは作者不詳とすることでブラックプロパガンダとしての効果を持つ。今日では多くの出所不明の情報がインターネット上に氾濫しているが、それらはある主体が意図的に作為したブラックプロパガンダであるかもしれないのである。

クセルクセス王の失敗

同じくギリシャとペルシャとの戦いで、ペルシャ軍が軍事的優越を示し、対象の軍事行動を断念させることに失敗した事例を紹介する。

「ギリシャは侵攻を前に、ペルシャ軍の兵力を知るため三名のスパイを派遣した。このスパイは捕えられて死刑を宣告されたが、ペルシャのクセルクセス王は死刑中止を命じ、彼らを陣営の中へ招き入れ、歩兵隊、騎兵隊、戦争物質などを見物させた。それから、スパイがペルシャ軍の兵力規模に関する正確な報告ができるようにしてギリシャに送り帰した。つまり、クセルクセスは、ギリシャがペルシャ軍に恐れ慄《おのの》き、降伏するだろうと考えた。しかし、ペルシャ軍はギリシャ軍に攻撃され、結果は惨憺た

るものに終わった」（ゲルト・ブッフハイト『諜報』から抜粋要約）

この教訓の第一は、心理戦は相手の意思決定者の認知・心理に作用しなければ無意味だということである。

ここでの意思決定者はギリシャの指揮官であってスパイではない。指揮官がすでに攻撃を決断していたならば、スパイの弱気な助言などは聞き入れられないし、スパイも指揮官に忖度《そんたく》して機嫌を損ねるような報告しなかったであろう。

第二に、クセルクセス王は「対象（スパイ）も自分と同じような考えをするであろう」と思い込む「ミラーイメージング（鏡像効果）」にとらわれていた。

この事例では、指揮官はペルシャ軍を実際には目にしていないので、クセルクセス王の期待する効果（恐怖心の醸成）はギリシャ指揮官には無効であったか、あるいは反対に「ペルシャ軍、恐れるに値せず」と判断し、勇気が倍増したかもしれない。

心理戦の成功は、対象（敵）が、わが方の意図どおりに認知し、判断し、行動するかどうかにかかっている。だからミラーイメージを排除し、敵の立場に立って心理的効果を洞察しなければならないのである。

アレクサンダー大王による宣撫

紀元前三世紀の古代ギリシャのアレクサンダー大王は心理戦の大家であった。彼は三三歳という短い生涯で大帝国を築いたが、その成功の要因を岩島久夫は次のように分析した。

「第一に、辺境地域や占領地域にいる被統治民に対するかれの配慮である。遠征軍の編成にあたってアレクサンダーは、かれを補佐する指揮官や幕僚の中に、多くの辺境地域出身者を登用した。また遠征軍の中に、哲学者・歴史家その他の科学者の一団を加え、軍事的制圧のみならず、学術調査の傍ら、文化的融合と安定を考えていた。第二に、アレクサンダーは、常に士気の昂揚を念頭に行動した。ペルシャ遠征の途次にトロイの古戦場を訪れ、神殿を前に『ギリシャの神々のためにペルシャ人の復讐を行う』との誓いを捧げて、指導者としての責任を果たすに邪心がないことを宣明した」（岩島『心理戦争』から抜粋要約）

アレクサンダー大王は、どうしてペルシャ軍を倒さなければならないかという大義を確立して戦意を高揚した。

第一印象は人々の心に深く刻み込まれることが多い。そのため、最初に情報を発信する者は、世論に影響を与える有利な立場を得ることができる。(2)だから、戦争開始に先駆けて戦争大義を獲得することが重要なのである。

その重要性について多くの心理戦事例で語られているが、ここでは占領地域の住民に対する宣撫の重要性に着目しよう。

宣撫とは「正しい道理や政府の方針などを知らせて、人々の心を安定させること」や「占領地区で、住民に、自国の意思を正しく理解させて、人心を安定させること」(『日本語大辞典』)である。

戦争で敵軍の領土を占領した以降、占領地行政が必要となるが、この際、被統治民の信頼と安心の獲得を狙って行なわれるのが宣撫(工作)である。

人々は恐怖の醸成だけでは従わず、「信頼性」という感情がなければ統治はできない。だから大王は哲学者や歴史家などを帯同し、文化的融合に配慮した宣撫により被統治民に安心感や厚遇を与え、彼らの信頼感をかち取ることに留意したのである。宣撫はプロパガンダ、煽動、示威よりも長期的な運用が特徴である。戦後、沖縄に移駐した米軍には「第7心理作戦部隊」があった。同部隊は雑誌を無料配布し、沖縄の住民に米軍の良さを理解させ、駐留の必要性を説得したほか、沖縄の歴史や文化を強調して、日本本土との離間を狙ったとされる。

韓信による「四面楚歌」

心理戦で勝利するためには戦争大義を獲得するとともに相手側の戦闘意志を瓦解することが必要で

ある。つまり「戦っても勝ち目はない、戦う意味はない」という諦念や厭戦気運を相手側に認知させるのである。

戦争意志の瓦解を狙いとするプロパガンダは古くから行なわれている。この種の心理戦では「四面楚歌」が有名である。

紀元前二〇二年、劉邦（高祖）率いる漢軍に追われた楚の項羽は、城内にこもって、食糧も尽き果てようとしていた。周りは漢軍と諸侯連合軍がびっしり取り囲んでいる。

その夜、敵の野営陣地から、楚の歌が聞こえてきた。実はこれは、漢軍の将軍韓信が、投降した楚人らに故郷の歌（楚歌）を歌わせ、楚軍兵士の郷愁の念をかき立て、厭戦気運の醸成と投降を促したのであった。

この歌声を聞いた項羽は、「楚の人はすでに漢軍に降伏したのか、外の敵には楚の人間がなんと多いことか」と嘆き、別れの宴を開いた後、残りの兵士たちを連れて逃げ、最後は江のほとりで自刎《じふん》した。

楽曲は士気を鼓舞するためにも有用であり、ナポレオンが「軍楽隊」を創設したことは有名であるが、情緒性豊かな歌で厭戦気運を誘う事例も多々ある。

一九八二年のフォークランド戦争では、アルゼンチンは拡声器で英国の流行歌を流すとともに女性アナウンサーが「戦争をやめて帰ろう」と英語で促した。

これに対し、英国はアルゼンチンのナショナルチームによるサッカー試合を放送し、アルゼンチンの流行の歌謡曲を流し、女性アナウンサーがスペイン語でアルゼンチン軍兵士の厭戦気運を誘った。

かつての戦争では拡声器やラジオ放送による投降の呼びかけは常套手段で、対象の情念を掻き立てるように行なわれた。それゆえに、歌や絵画、スポーツという芸術的要素が重視されるのである。また放送は、言葉を理解しない対象にも有効である。

他方、プロパガンダは対象の感情などに働きかけるものであるから、その背景となる国民性、言語、風俗、人情、習慣などの理解は欠かせない。要するに理論と感情の総合性が重要なのである。

「三国志」の戦争プロパガンダ

ラインバーガーは、戦争の初期に行なわれる軍事プロパガンダは戦争遂行の法的かつ論理的な根拠になるとして、『三国志』（西暦一九〇年頃）の以下の文を引用している。

「漢朝は不運なる時代に遭遇し、皇帝の威厳の紐帯《ちゅうたい》は弛緩している。叛徒の大臣、董卓《とうたく》はこの不和に乗じて悪事をはたらいており、非運が光栄ある家族に振りかかっている。残酷さが一般庶民を壓倒《あっとう》している。我々（袁）紹及びその同盟者は皇帝の大権の安泰の失われることを危惧し、社稷《しゃしょく》の維持のために兵力を結集した。我々はここに我々の総力を振起《しんき》することおよび我々の力の及ぶ限り盡《つ》すことを誓うものである。非協力的ないしは利己的な行為があってはならない。この誓約に違背するものはすべてその生命を喪い、子孫を残しえないであろう。天及び普遍的な母なる大地及び祖先の御霊よ、御照覧あれ」（ラインバーガー『心理戦争』から抜粋）。ラインバーガーによれば、この文は以下の手法をとっている。

①特定の敵の指定（董卓を敵にしている）
②敵陣内の「よりよき人々」への訴え（同調者の獲得）
③庶民大衆への同情
④正当政府（漢王朝）に対する支持の主張
⑤自己の強力さと軒昂《けんこう》たる士気の確認
⑥統一の祈求《ききゅう》
⑦宗教の訴え（カッコ内は筆者による）

一方、英国のアーサー・ポンソンビー（一八七一～一九四六年）は英国が行なった第一次世界大戦中のプロパガンダを分析し、著書『戦争の嘘』の中で「プロパガンダは十項目の法則に集約できる」と記した。

それを基にブリュセル自由大学歴史批評学教授アンヌ・モレリが二〇〇二年、『戦争プロパガンダ10

の法則』(3)を著したが、今日のウクライナ戦争を背景に同著はベストセラーとなっている。

ラインバーガー博士の原則とポンソンビーの10の原則から以下のことが言える。
●戦争プロパガンダは戦争における大義の獲得、士気を高めるための心理的効能として古くから行なわれてきた。
●戦争を仕掛ける側は、敵が最初に攻撃したことを喧伝し、自国防衛、第三国の救済、宗教的理由などを口実に戦争が唯一の神聖な手段であることを訴える。
●攻撃すべき敵を特定し、その残虐性を誇張する。
●敵の同調者をも悪に仕立て、攻撃の手をゆるめない。
●我の攻撃が順調であることを喧伝する。
●芸術や宗教などを背景に大衆を味方にする。

ウクライナ戦争のプロパガンダにおいて前述の原則が随所に適用されている。

戦争プロパガンダの原則を生み出した母国である英国は現在、過去と同様の論法でロシアの暴挙を批判している。むろん侵略者側のロシアも同様のプロパガンダを展開している。

戦争遂行とプロパガンダは密接不離であること再認識させてくれる。

2、中世から近世の心理戦

中世ではモンゴル帝国が出現して、軍事力と情報力を駆使して膨大な領域を支配した。そこでは情報組織の萌芽といえるスパイ網を駆使した心理戦が用いられた。

また、米国独立戦争では、活版印刷技術などの発達を背景に、今日のメディア戦の起源ともいえる心理戦が展開された。

チンギスハンの心理戦

チンギスハンは一二〇六年にモンゴル帝国を樹立、さらに一九年から、ホラズム（西トルキスタン、トルコ系国家）大遠征を行なった。

モンゴルの騎馬兵は機動力には優れていたが、数的にはホラズムよりも劣勢であった。しかし、欧州人は数的には劣勢な騎馬兵を「無数の部隊」と呼んだ。なぜならチンギスハンはスパイを使って誇大プロパガンダを行なっていたからである。

チンギスハンの国外情報網は遠く欧州にまで及んだ。モンゴル人には見えない作戦地域の住民をスパイとして起用し、隊商、遊牧民、交易人などに変装させて、現地軍の先導隊よりもはるか先を進ませた。チンギスハンは「情報というものはどんなに正確でも、伝わるのが遅ければ何の価値もない」と確信し、そのため、道路沿いの二五マイル間隔に厩舎を設置し、急使《きゅうし》を走らせて、通信連絡を行なった（ジョック・ハスウェル『陰謀と諜報の世界』）。

こうした情報通信網を整備したチンギスハンは、次に侵略する都市にスパイを事前に派遣し、自身の軍隊に関する誇大な噂を流した。蒙古軍の兵力を過大に偽り、生きるためには狼、熊、犬も食う凶暴性を秘めている、勝つためには手段を選ばないなどのブラックプロパガンダを行なった。

チンギスハンとその部下は素直に降伏した者には恩恵を与え、抵抗した者は徹底的に殺戮した。躊躇なく多くの民を殺し、すべての富を奪い、一部の者は次の都市に送り出し、いかにモンゴル兵が恐ろしいかを語らせた。こうして、プロパガンダにより恐怖心を扶植《ふしょく》することで「戦わずして勝つ」を目指した。

チンギスハンは自由貿易を奨励し、法律による秩序体制を維持し、租税を徴収し、数世代にわたって天下を支配したが、彼にはアレクサンダーのような宣撫工作の思想がなかった。そのため、被統治民の真の信頼を獲得できず、やがてモンゴル帝国は滅びる。

この点はのちの清朝の方が優れている。女真《じょしん》（満洲人）が、明を倒して樹立した王朝である清は、明代の科挙《かきょ》制を継承し、明代の漢人官僚を採用した。重要な官職の定数を偶数にして、満州人と漢人を同数にして、両者から不満が出ないよう配慮した（満漢併用制）。一方、満州人の伝統的な髪型である弁《べん》髪《ぱつ》を強要し、清や満州人を非難する書物を禁書にした（文字の獄）。

心理戦には「アメとムチ」の併用が重要である。しかし、宗教や民族の壁を超えて、人間の心を支配することはほぼ不可能であることも認識しておくべきであろう。

今日の中国は、新疆ウイグルやチベットの統治において少数民族優遇策と同化政策をとっているが、統治は容易ではなく、監視体制を強化し強硬な取り締まりや弾圧に頼っているとされる。

米国独立戦争と近代心理戦の始まり

さまざまな見解はあるが、近代の心理戦の歴史は米国独立戦争が始まりだと筆者は考える。

独立戦争初期の「バンカーヒルの戦い」で、米軍は英軍に対し、将校と下士官の対立を煽り、英軍兵士に投降を勧めるビラを配布した。

投稿ビラには、希望の丘は「毎月七ドルの給与、新鮮で豊富な食糧、健康で自由・安定・贅沢・素晴らしい農場」、バンカーヒルは「一日わずか三ペンスの給与、腐った塩漬け肉、不潔、奴隷状態・乞食同然・欠乏」と記された。すなわち「こっちの水は甘いぞ！」作戦である。

独立戦争では、戦場でのプロパガンダの呼びかけのみならず新聞が活用された。これは活版印刷技術(4)の発展が背景にある。

当時の米国では、英国からの独立を断固推進する愛国派と、あくまで英国王に忠誠を誓い英軍とともに戦う王党派（ロイヤリスト）が対立していた。

新聞社主が王党派に傾くと、愛国派は愛国路線をとるように圧力をかけた。王党派側からの脅迫に屈して新聞が廃刊に至ると、愛国派は、廃刊は反逆罪にあたると脅した。

愛国派およびその後継者は、新聞の発行を継続させ、米植民地社会での彼らの立場や主張を普及することに奔走した。こうして独立戦争を支持する世論が形成され、愛国派勝利の追い風になったのである。

米国の世論形成に多大な影響を与えたのは、英国から米国に渡ったトマス・ペインである。彼は独立戦争たけなわの一七七六年一月にパンフレット『コモン・センス（常識論）』を発刊した。

米軍は「レキシントン・コンコードの戦い」（一七七五年四月）で英軍に勝利したにもかかわらず、植民地人は独立を躊躇していた。なぜならば植民地人には英国王と「民主主義」の母国に対する尊敬の念があったからだ。また独立すれば経済的に自立できないという恐怖もあった。

ペインのパンフレットは英国が民主主義の母国であるとの〝神話〟を打ち砕き、独立によってこそ真に自由で民主的な国家を造ることができると訴え、彼らに〝自覚と勇気〟を促した。さらに、当時の植民地経済を分析して、独立後も十分に自立できることを人々に証明した。

パンフレットは匿名で出版されたが、三か月間に一二万部、最終的には五〇万部も売れたようである。当時の植民地の人口が約三百万人ということであるから、パンフレットがいかに大きな心理的影響を与えたかがわかる。

3、第一次世界大戦の心理戦

心理戦が組織的に研究され、計画的に実行される動きが現れたのは第一次世界大戦以後のことである。

ラインバーガーは「第一次世界大戦によって心理戦争は付随的な兵器から主要な兵器へと変容し、後には戦争を贏《か》ち得た武器とさえ呼ばれるようになった」（ラインバーガー『心理戦争』）と述べた。

その理由の第一は組織体制の充実である。平常からプロパガンダ組織が整備され、伝達・通信手段が改善され、平時のプロパガンダ機能が戦時の機能へと転用される体制になった。

第二は戦争が総力戦になったからである。すなわち「戦場での兵士・軍事の短期の戦い」から「非戦場を含む軍民一体の長期の戦い」になったことで、戦争を支持し、人的・経済的資源を動員するための戦争プロパガンダ（報道）が重要になったのである。

英国によるブラックプロパガンダ

第一次戦争大戦の主役は英国とドイツであるが、心理戦もこの両国を中心に行なわれ、英国が勝者となった。

英国の最大の成果は米国を欧州の戦争に参加させたことである。開戦後の一九一四年八月、英国は無線を独占的に使ってドイツを誹謗中傷する報道を流し続け、米国の世論を動かし、米国を欧州の戦いに引きずり込もうとした[5]。

一九一四年九月、自由党議員チャールズ・マスターマンは、戦争プロパガンダ局（War Propaganda Bureau：通称「ウェリントン・ハウス」）を設置し、ここから英国内向けの戦意高揚施策と、ドイツへのブラックプロパガンダを展開した。

英外務省は、戦争プロパガンダ局に学者、芸術家、文筆家を集め、ドイツを〝絶対悪〟と喧伝して、米国の世論感情を揺さぶり、ついに米国を参戦（一九一七年四月六日）させることに成功した[6]。

戦争プロパガンダ局は一九一八年に情報省になり、新聞大手『デイリー・エクスプレス』紙の社主ビーヴァーブルック卿が情報大臣に任じられた。

英紙『タイムズ』と『デイリー・メール』の社主であるノースクリフ卿は、自身の屋敷にプロパガンダ機関「クルー・ハウス」を設置した。彼はここからドイツにブラックプロパガンダを仕掛けた。また、ドイツ兵の投降を促したり、ドイツが侵略して残虐行為を働いたことを誇張するビラやリーフレットを作成してドイツおよび中立国に投下した。

このほか、ロイター通信も中立国に偽記事を配信し、反ドイツ感情を煽った。

結局、ドイツ降参に導いたものは英国のブラックプロパガンダをはじめとする心理戦であった。英国はMI6などの対外諜報機関を活用し、ドイツの経済、社会思想、政治などをよく調査し、それをドイツ国民に対するブラックプロパガンダに適用した。

米国の戦意高揚策（善悪二元論）

一九一七年四月六日、米国はドイツに宣戦布告をした。当時の米国の宣伝機関は、後述する民間機関のクリール委員会と連合国軍派遣軍総司令部G‐2Dの宣伝班（心理班）である。

心理班は欧州戦場において、ドイツに対し、軽気球と航空機から大量の降伏勧告ビラを散布した。

一方、米国がドイツに宣戦布告した一週間後、ウィルソン大統領は広報委員会（CPI：Committee

on Public Information）を設立した。この委員会は新聞編集者ジョージ・クリールを委員長に任命したので「クリール委員会」と呼ばれた(7)。

同委員会は米国民を参戦支持に向かわせるよう世論を誘導した。このため官僚のほか研究者、記者、編集者などを参集した。

ラインバーガーによれば、「心理戦争と報道とはその適用の方向が異なっている。心理戦は敵に到達するように仕組まれている。報道は主として国内の相手に到達するように仕組まれている。両者とも中立国にも到達し、時におおいに混乱を捲き起す」とある。

米国は新聞、ポスター、ラジオ、電報、映画などさまざまな媒体を用いて大量の報道を仕掛け、当初は参戦に拒否反応を示していた国民を短期間のうちに戦争への熱狂に駆り立てていった。

クリール委員会は、戦争を支持する映画の政策を奨励し、ドイツが罪もない市民や捕虜に残虐な行為を与えたという、多分に誇張された話や完全な作り話を流したとされる(8)。

英米は「悪魔のドイツと正義の使者アメリカ」という単純化された善悪二元論によって、新聞やポスターを使って国民に植え付けたのである。

4、第二次世界大戦の心理戦

ラインバーガーは「第二次世界大戦におけるドイツの宣伝活動によって、「心理的に戦われる戦争」(Warfare Psychologically Waged) という新しい概念に替わってきた」(岩島『心理戦争』) と述べている。この大戦ではドイツおよび連合国が心理戦のための組織を整備し、それぞれの思惑の下で心理戦を展開した。

ドイツの心理戦 (国内プロパガンダと外交心理戦)

第一次世界大戦のドイツの総司令官ルーデンドルフは、「ドイツ軍は、戦争には勝ったが、一般市民が連合国軍の宣伝にまどわされ、戦意を喪失したため、戦いを中止しなければならなかった」(岩島『心理戦争』) と繰り返し述べた。(9)

『プロパガンダ戦史』の著者である池田徳眞は、ドイツの対敵プロパガンダが成功しなかった理由を以下のとおり指摘した。

● 英仏の文化に対するドイツの文化的劣等感

●ドイツ人、ことにプロイセン人が力の信奉者であることに由来するプロパガンダの軽視
●長年の隣国との抗争に明け暮れたことによる多民族の心を客観的に理解する余裕のなさ
●ユダヤ系新聞の統制欠如による国論の未統一（池田『プロパガンダ戦史』から抜粋要約）

やがて政権を握ることになるアドルフ・ヒトラー（一八八九〜一九四五年）は第一次世界大戦での英国のプロパガンダに着目した。彼は「政治活動の中でいちばんの興味は宣伝戦である。宣伝は永久に大衆に対して行なうのみである。要点を絞ったスローガンを繰り返し行なうことが宣伝の要訣である」と述べた。

ヒトラーは大衆を極めて女性的、情緒的であって理性的ではないとみなし、自ら壇上に立って檄《げき》を飛ばし、大衆を自らの思想に誘い込み、ナチスの党勢を拡大していった。

一九三三年一月、ヒトラーはドイツの政権を握るとただちに国民啓蒙宣伝省（宣伝省）を創設（一九三三年三月）した。宣伝省は精神面での民族の動員と武装化が任務とされた。初代大臣には、ナチスで宣伝全国指導者を務め、哲学博士の肩書を持つヨーゼフ・ゲッペルスを任命した。

ヒトラーは宣伝省のほか、軍、秘密警察、情報機関さらにはドイツ文化院などを活用した。文化を触媒に民族的団結の強化を図ったことはヒトラーの慧眼《けいがん》であった。

ヒトラーの対内プロパガンダの狙いは党勢拡大にあり、その特徴は以下のとおりであった。

①集団の士気を高めるために、理性よりも感情、そして活字よりも音声に重きをおいた煽動的手法を重視した。
②一般大衆の心を捉えるような演出を重視。制服、音楽隊、党旗、バッジなどはナチ党の力強さを演出するための小道具であった。
③民衆の不満を逸らすため、別の大事件（ユダヤ人の陰謀など「大きな嘘」[10]）をでっち上げて第三者に憎悪の感情を振り向けさせ、経済の統計数字を捏造して不満を抑圧するなどの「逆宣伝」を行なった。
④ある施策を行なう場合、あらかじめ国民に周知し、全国民が理解した頃合いをみて施策を実行に移すという「根回し」の手法を採用。これがヒトラーの有言実行性を高めることになった。
⑤国内防諜体制の強化。地下に潜って反政府活動を継続する社会民主党や共産党、ヒトラーに同調しない官僚や軍人、神を唯一の真理として信仰の立場から政権に異を唱えるカトリック教会に対し、ゲシュタポなどを活用して摘発と弾圧を行なった。

他方、ヒトラーの対外プロパガンダの狙いは、英国の対独宥和の創出と欧州での領土拡大の正当性の確保であった。その特徴は以下のとおりである。
①情報組織を活用し、相手に対する情報収集と分析を実施。プロパガンダ効果を高めるために、在外

公館に宣伝省の直属隷下にあるプレス・アタッシェを配置し、有力な個人を対象とする対外プロパガンダを展開した。

②戦争（侵略）の大義を獲得するための理論と実践を併用した。たとえばオーストリアは同一民族、同一国家であるから、オーストリアを大ドイツに戻すべきであるとの理屈を主張した。ドイツ民族が居住するチェコスロバキアには傀儡の独立政権を樹立し、チェコ内ドイツ人に対する差別を誇張し、多くのドイツ人がチェコ政府に暴行、虐待されていると主張した。[11] まさに、現在のロシアによる東部ウクライナ侵略の口実の作為と同様の手法がとられたのである。

③統一戦線的な手法の採用。海外現地に所在するドイツ人を核に小組織を作り、これを活用して、ドイツに対する親睦気運を高めた。一方で現地国と隣接国、現地国政府と国民の間の過去の恐怖、嫉妬、憎悪を再現、増幅して煽り、離間させた。

④ベルリンオリンピック（一九三六年）を活用したイメージアップ戦略。オリンピックではユダヤ人の虐待事実は伏せ、ユダヤ人をオリンピック運営の要所に活用して〝平和の祭典〟を演出した。

⑤心理的駆け引きを駆使した外交戦を展開した。この好例がズデーテン地方の割譲である。これについては少し解説を加える。

ヒトラーは当初からチェコ全土を占領し、さらに欧州へ領土を拡大する計画であったが、その真意を隠し、外交的駆け引きを駆使して、一九三八年九月末のミュンヘン会談で英仏から妥協案を引き出した。つまり、戦争を回避したい英国のチェンバレン首相は、ヒトラーの心理戦に屈し、領土要求をズデーテンにとどめるというヒトラーの主張を受け入れ、同地域の割譲を認めたのである。

一九三九年三月、ヒトラーは事前の計画どおり、チェコ全土の解放に乗り出した。結局、ミュンヘン会談は、英仏がヒトラーの心理戦に敗北し、ドイツを増長させ、欧州を第二次世界大戦に向かわせたのである。

ミュンヘン会談の結末をみるまでもなく、相手から弱腰と見られる対外政策の示唆や表明は抑止力の低下を招く。このことは一九九〇年のイラクのクウェート侵攻や（145頁参照）、現在のロシアによるウクライナ軍事侵攻が物語っている（266頁参照）。

ヒトラーのプロパガンダの最も重要な特徴は、プロパガンダと実行動を一致させたことである。前述のように、ヒトラーは「根回し」によりプロパガンダと行動の一致、有言実行性を作為することで党勢を拡大した。この結果、彼のドイツ支配は一九四五年五月まで一二年間続いた。

しかし、ヒトラーによるプロパガンダの効果は、ドイツの戦況が不利になるにつれて薄れた。真実と〝嘘のプロパガンダ〟が乖離し、それを国民が認識するにつれ、プロパガンダは機能しなくなったのである。

ソ連の心理戦（共産主義の輸出）

ヒトラーが大衆プロパガンダを重視したもう一つの理由は、ロシア革命で大衆の結束力が政権に対する恐怖となったことに着目したからである。革命とは被支配層の団結力を結集し、支配層の統治意思を崩壊に導くことであり、心理戦そのものである。

ロシア共産党は一九〇三年頃からツァーリズムの打倒を目指す「ブルジョア革命」を開始し、一九一七年の二回の「社会主義革命」を経てロシアを共産主義国家ソ連へと変貌させた。

革命指導者レーニンは暴力革命を政権奪取の要件とし、後継者のスターリンは武力と専制が革命成就と政権維持に不可欠であると主張した。

スターリンは革命勢力を広範に結集し、共産主義イデオロギーを魅力あるものに高めるために〝言葉の魔術〟を駆使した巧みなプロパガンダを行なった。

スターリンは支配層を打倒するために煽動（36頁参照）を武器とし、一般大衆が少なからず持つ支配層に対する感情的な怒りを煽った。また、トロツキー派などの反体制派に対して、陰謀により罪状をでっち上げ、容赦ない粛清、弾圧、暗殺を繰り返した。こうした恐怖政治の創出により政権内部の引き締めを図ったのである。

ソ連は国際的な共産主義運動を指導するための司令塔として共産主義インターナショナル（コミン

テルン）を結成した。コミンテルンは「統一戦線」という革命理論に基づきプロパガンダと煽動の二つの武器を活用した。

統一戦線は主敵を打倒するためにあらゆる勢力との連携を図る戦略・戦術である。一九三五年夏のコミンテルン最後の大会（第七回大会、モスクワ開催）では、英、仏、米の資本主義国と連携して日本、ドイツ、ポーランドを各個撃破することで合意された。

スターリンは国内での政権維持と海外への革命輸出のために情報機関を活用した。対外諜報・工作には赤軍情報部（のちのGRU）、国内防諜および保安にはチェーカーの流れを組むNKVD（一九三四年七月に創設、のちにKGBに発展）を運用した。

赤軍情報部は、ナチス占領下の欧州の諜報活動ではゲシュタポの摘発を巧みにかわして重要なドイツ情報をソ連に送り続けた。

NKVDは秘密警察と強制収容所としての機能を兼務し、スターリンによる粛清を執行する機関となった。他方、スターリンの異常な猜疑心はNKVDの独走を許さず、歴代のNKVD長官は内部者の密告によって次々に粛清された。

日本に対しては、赤軍情報部がゾルゲを派遣し、日本の関心をソ連から英米に向かわせるよう（南進政策）画策した。

当時、スターリンは日独との二正面作戦を警戒し、対独戦争を有利に戦うために日中戦争が泥沼化し、日本を南進させ日米が開戦するよう仕向けたのである。

そのため、中国共産党を活用して日本軍と国民党軍との対立を煽った。米ルーズヴェルト政権内にスパイを浸透させ、日本との戦争に向かわせるための影響工作を展開した。

こうしたソ連の巧みな心理戦に日本は無警戒であり、ソ連との不可侵条約を過信し、太平洋戦争終結のための和平工作の仲介をソ連に依頼しようとしたほどである。

英国の心理戦（組織整備と欺瞞工作）

ドイツのポーランド侵攻から一〇か月半が過ぎた一九四〇年七月、英国首相ウィストン・チャーチル（一八七四〜一九六五年）は特殊作戦執行部（SOE：Special Operations Executive）を設置した。SOEの任務はドイツ占領下の地域で通信・インフラ攻撃を行ない、暴動発生や経済悪化などを生起させることであった。

一九四一年五月頃からSOEの工作員がパラシュート降下によりフランス国内のドイツ占領地に潜入し、発電所などの爆破で成果を収めた。

またSOEは米国の戦略諜報局（OSS：Office of Strategic Services、一九四二年六月に設立）と連携して、欧州各地での秘密工作に従事した。

英国は一九四一年八月、政治戦争執行局（PWE：Political Warfare Executive）を設立し、情報部、SOE、英国放送協会（BBC）からスタッフを抽出した。ナチスドイツの士気を瓦解させ、ナチスドイツの占領地域および連合国の士気高揚が目的とされた。ラウドスピーカー（拡声器）による呼びかけ、プロパガンダビラの配布、反戦出版物の奨励、偽情報の流布などを行なった。

第二次世界大戦の心理戦では、チャーチル首相の辣腕が光った。彼の指導の下で一九四三年一一月「ミンスミート作戦（挽肉作戦の意味）」と呼ばれる手の込んだ欺瞞を行なった。英軍は、身元不明の死体を英軍将校に仕立て、その懐には上陸地点の記載された機密書類を潜ませ、ドイツ軍が死体を発見するよう海に流した。その偽物の作戦計画には次の上陸地点がシチリア島ではなく、バルカン半島であると記載されていた。その企みにドイツ側はすっかり騙され、連合軍の攻撃正面を誤信した。

ドイツに対する認知・心理操作で最大の成果をあげたのが一九四四年六月のノルマンディー上陸作戦である。この作戦は、その二年前の上陸作戦（ジュビリー作戦）とも関連する大がかりなものであった。

一九四二年八月のジュビリー作戦では、連合国軍六千人の兵士がノルマンディー海岸のディエップ付近に上陸した。

ヒトラーは英国に浸透させたスパイから、上陸の事前情報を得て待ち受けていたので、連合国軍の作戦は失敗して多数の死者が出た。しかし、その後、英国はドイツ側のスパイを籠絡《ろうらく》させ、二重スパイとして運用した。しかも、スパイが寝返ったことをヒトラーに悟られないように二重スパイを介して差し障りのない真実の情報をドイツ側に与えていった。

そして、二年後のノルマンディー上陸作戦では二重スパイを使って「本格的な攻撃はカレー正面である」との偽情報をドイツ軍上層部に流し続けた。カレーはドーバー海峡の北海の出口に面しており、ドーバー海峡の幅が最も狭いところであるから戦術的な合理性があった。しかも、英軍がカレーの対岸の部隊を増強する陽動作戦を行なったのでドイツ軍はカレーに上陸するものと確信し、ノルマンディー正面の防衛を怠ったため、連合国軍の作戦成功を許してしまった(12)。

チャーチルは「シュピリー作戦の損害は大きかったが、その成果はそれ以上のものがあった」と回想録の中で述懐した。

一方、英国は秘密作戦の漏洩を恐れ、二重スパイに転向することを承諾しない者は容赦なく処刑した。つまり、英国側の欺瞞は防諜と一体になって行なわれた。

英国の防諜機関MI5は、二重スパイが長期に活動を続けるためには、もっともらしい情報をドイツ側に流す必要性を認識していた。ただし、本当の情報の中で何を流せばよいかを的確に判断することは難しい。そこでMI5が組織したのが「二〇委員会（ダブルクロス委員会）[13]」である。

同委員会はドイツのエニグマ暗号を解読している事実（「ウルトラ」作戦）を周到に秘匿し、暗号内容を確認しながら、決定的な影響を及ぼさないレベルでの作戦上のミスを意図的に流し、絶好の機会を捉えて〝乾坤一擲〟の欺瞞に打って出たのである。

以上の事例は「謀略は誠なり」のごとくプロパガンダ、謀略には平時の真実性、信頼性の確保が必要であることを物語っている。

米国の心理戦（プロパガンダ組織の整備）

一九四一年七月、欧州戦線に参加した米国は日本との戦争を視野に心理戦、プロパガンダのための組織を強化した。ルーズヴェルト大統領は情報調整局（OCI）を新設し、その長（COI、情報調整官）には元陸軍将校（当時政治家、ニューヨーク州弁護士）のウィリアム・J・ドノヴァンを起用した。

ドノヴァンはOCIの軍事情報の収集と秘密工作を担当し、同組織の国内広報と対外プロパガンダはルーズヴェルト大統領のスピーチライターのロバート・シャーウッド（劇作家・映画脚本家）が担当した。

OCIは海外情報サービス（FIS）を運用し、国際ラジオ放送VOA（ボイス・オブ・アメリカ）

を開局した。

一九四二年六月、ルーズヴェルトはOCIを戦略事務局（OSS）と戦時情報局（OWI）に分割し、OSSはドノヴァンが率いた。

OSSは統合参謀本部の下に置かれ、戦略的情報の収集と分析、秘密工作の企画および遂行の任務を担当した。非公然・非合法なブラックプロパガンダなどにより公衆に不信・混乱・恐怖を与えたのである。

他方、OWIはシャーウッドが率いて、放送により明瞭な事実を公衆に理解させるホワイトプロパガンダを担当した。(14)

こうして、米国の二つの機関は、真実に嘘を織り交ぜるプロパガンダを展開し、国内外の世論形成を主導した。

一九四三年七月のシチリア島の戦闘においては、前線のイタリア軍兵士に対しては砲弾ビラで投降を誘い、後方地域には航空機により大量の宣伝ビラを空中散布し、イタリア軍とドイツ軍の離間を図った。これによりドイツ軍に不満を抱いていたイタリア軍兵士が多数投降した。

また、一九四二年一一月、連合国遠征軍本部に所属するアイゼンハワー将軍の指揮のもとに軍と民間の英米合同の心理戦支部（AFHQ）が設立され、四四年二月に連合国心理戦師団（PWD：Psychological Warfare Division）として改編された。同師団は米国のＯＷＩおよびＯＳＳ、英国のＰＷＥから要員を抽出して編成された。

ＰＷＤはラジオと宣伝ビラによりドイツ兵の士気瓦解を狙った。英国で印刷された宣伝ビラを米空軍が空中散布し、米陸軍は移動式印刷機で宣伝ビラを現地で作成して砲弾でビラを散布、あるいはラウドスピーカーで投降を呼びかけるなどした。

まとめ

本章を締めくくるにあたり、歴史から得られる心理戦の教訓について総括する。

第一に、心理戦の本質や原則は今も昔も変わらない。心理戦は、敵の心理・認知操作などにより「戦わずして勝つ」ことを究極の目標とする費用対効果の高い戦いである。

戦争の大義を獲得する戦争プロパガンダ、戦争支持の世論を醸成するための「善悪二元論」などの手法は古くからとられてきたし、現代のウクライナ戦争でも同様なことが行なわれている。

第二に、心理戦は国家レベルで行なわれる組織的かつ計画的な活動である。第一次世界大戦以降、諸外国は心理戦の総合的運用を目指し、国家中央レベルの心理戦組織を創設した。ドイツの宣伝省、ソ連の宣伝煽動部、米国のOSSおよびOWIなどである。つまり、現代戦争での心理戦は統一組織を確立して一元指導の下で行なうべきものであり、これが不十分であれば心理戦に勝利できない。

第三に、プロパガンダと実践の一致、すなわち言行一致が重要である。その意味では謀略的なブラックプロパガンダには持続的効果はなく、真実のホワイトプロパガンダによって対象の心理・認知を支配することが重要である。

ヒトラーは「根回し」によりプロパガンダと行動の一致、有言実行性を作為することで党勢を拡大したが、ドイツの戦況が不利になるにつれて、真実と嘘のプロパガンダが乖離し、それを国民が認識するにつれてプロパガンダが機能しなくなった。

真実とプロパガンダの乖離問題については、次章の旧日本軍の宣伝戦で再度検証する。

(1) わが国にも同様の歴史事例がある。楠木正成が松明を使い、大軍に包囲されているという恐怖の幻影を幕府軍に与えて勝利した。

(2) 『ネット世論工作とデジタル影響工作』第2章齋藤孝道「デジタル影響工作のプレイブック」

(3) アンヌ・モレリは、アンソンビーの著書で記されたプロバガンダの法則の適合性を、第一次世界大戦、第二次世界大戦、湾岸戦争（一九九一年）、ユーゴ戦争（一九九九年）などで検証した。彼女が著した『戦争プロバガンダ10の法則』では以下の10項目のプロパガンダ原則が挙げられている。

①我々は戦争をしたくはない。
②しかし敵側が一方的に戦争を望んだ。
③敵の指導者は悪魔のような人間だ。
④我々は領土や覇権のためではなく、偉大な使命のために戦う。
⑤我々も誤って犠牲を出すことがある。だが敵はわざと残虐行為に及んでいる。
⑥敵は卑劣な兵器や戦略を用いている。
⑦我々の受けた被害は小さく、敵に与えた被害は甚大。
⑧芸術家や知識人も正義の戦いを支持している。
⑨我々の大義は神聖なものである。
⑩この正義に疑問を投げかける者は裏切り者である。

（4）活版印刷は、15世紀にドイツのヨハネス・グーテンベルクにより発明された印刷技術で、火薬、羅針盤と並んで、ルネッサンス期の三大発明といわれている。米国では独立戦争から心理戦の手段に印刷技術が使われた。
（5）当時、無線はほとんど普及しておらず、その技術は英国のほぼ独占状態であった。英国がドイツと米国間の海底電線（有線）を切断したことで、米国には欧州の情報は英国からしか入らなくなった。
（6）ただし、米国が参戦した直接のきっかけは、一九一七年のツィンメルマン電報事件である。ドイツの外務大臣ツィンメルマンがメキシコ政府に「メキシコがドイツと同盟し、米国へ宣戦布告するよう促す」極秘電報を送った。しかし、メキシコは拒否。この極秘電報が英国の情報機関によって傍受されて解読された後、米国政府へと伝達され、まもなく一般にも公表されて、米国世論は激昂し、米国は大戦への参戦を決意した。
（7）ウォルター・リップマン（一八八九〜一九七四年）は、一九一六年の大統領選挙でウッドロー・ウィルソン候補を支持し、勝利したウィルソン大統領の信頼を得る。彼はクリール委員会の設立を呼びかけ、委員会の中心メンバーとなった。彼は一九二二年『Public Opinion』（邦訳『世論』一九二三年）を発表した。またエドワード・バーネイズ（一八九一〜一九五五年）はクリール委員会の中心メンバーではなかったが、海外報道部のラテンアメリカ局に所属し、クリール委員会が国民を巧みに戦争に誘導していく様子に魅了されていった。彼は『propaganda』（邦訳『プロパガンダ』二〇一〇年）を発表した。

（8）以下は、A・プラトカニス『プロパガンダ』からの引用である。「アメリカでは国民情報委員会（新聞編集者であった委員長の名前をとってクリール委員会と呼ばれた）が、地域の集会で戦争支持を訴えて演説する『四分間の男』と呼ばれたボランティアの訓練を援助した。また、映画業界が戦争を支持する映画を製作するように奨励し、戦争に関する事実が報道関係者に広められるよう手配した。しかしながら、イギリスとアメリカの宣伝の最大の特徴は、敵が罪もない市民や捕虜に残虐な行為を与えたという話の報道だった。このような報道の目的は、戦いへの決意を確固たるものにし（こんな残虐な敵に勝たせてはならない）、人々に戦争の道義を確信させることである。たとえばドイツ軍は敵兵の死体を茹でて石鹸を作っているとか、ドイツ占領下のベルギーでは、市民がひどい扱いを受けているといったような噂が流された。ブリュッセルで連合軍兵士の戦線復帰に力を尽くしていたイギリス人看護婦が処刑された話や、たまたま武器や軍事物資を積んでいた豪華客船ルシタニア号がドイツ軍によって撃沈されたというような話は大きく取りあげられた。これらの残虐な話の中には、いくらかの真実はあったかもしれないが、非常に誇張されているものもあり、完全な作り話もあった」

（9）第一次世界大戦でドイツ参謀本部に所属したニコライ中佐は、ルーデンドルフ将軍から宣伝戦の研究を命じられたが、彼は「参謀本部内では宣伝軽視の空気が強く、結局、有効な対敵宣伝をおこなうことができなかった」と述べた（池田徳眞『プロパガンダ戦史』）

（10）ヒトラーと当時の宣伝相ゲッペルスは「大きな嘘」と呼ばれた方法に長けていた。ナチの宣伝理論によれば、大衆を説得する効果的な方法の一つは、嘘を大きくして繰り返すことである。（A・プラトカニス『プロパガンダ』）

（11）人口の20パーセント以上をドイツ人が占めるチェコスロバキアのズデーテン地方に「ズデーテン・ドイツ人祖国戦線」を結成（一九三三年一〇月）した。それを「ズデーテン・ドイツ党」に改組（一九三五年）させて、独墺併合（一九三八年三月）後にはチェコ政府に民族自決を要求させた。
（12）連合国軍は、カレー正面（パドカレー）にドイツの注意を向けさせるため、ジョージ・S・パットン将軍の架空の指揮のもと、ゴム製のダミー戦車を用意し、虚偽の無線通信を盛んに行ない、架空の侵攻軍を創出した（野田敬生『心理課報戦』）。
（13）二〇をローマ数字で表記すればXXとなり、ダブルクロスになる。委員長にはジョン・マスターマンが任命された。
（14）OWIには、日本美術家のラングドン・ウォーナー（一八八一～一九五五年）、『ニューヨークタイムズ』上海支局長ハレット・アベンド、中国共産党への礼賛記事を書いたエドガー・スノーなども含まれた。日本をよく知る若者がミロラド大学やミシガン大学の日本語教室で学び、日本学者のドナルド・キーンらを輩出した。

第3章　日本軍の心理戦

本章では、まず諸外国がわが国に仕掛けた心理戦を考察し、その後に日本軍による心理戦の状況を考察する。

日本は中国大陸と太平洋という両戦場において、いずれも当初は優勢であったが次第に劣勢となり、敗北した。その原因は総合国力の格差などにあるが、心理戦という視点からも多くの問題点を指摘することができよう。

1、諸外国の対日心理戦

国民党の巧みなプロパガンダ

一九三一年、満洲事変が勃発した。中国国民党はその直後から、「九月一八日はわが国の有史以来で最大の屈辱記念日である」との標語を作成し、「田中上奏文（メモランダム）」を活用した抗日プロパガンダを開始した。

この上奏文は一九二七年（昭和二年）、田中義一首相（当時）が昭和天皇に上奏したものとされる。そこには中国の征服には満蒙（満洲・蒙古）の征服が不可欠で、また世界征服には中国の征服が不可欠とする旨が書かれていた。つまり、日本が世界を征服する野望を抱いており、二七年の「東方会議」でその基本計画を決定したというのである。

この文書は一九二九年一二月に南京で発行された雑誌『時事月報』に掲載され、その後パンフレットになり、中国各地で頒布された。

日本政府はこの文書が偽文書であるとの態度をとり、[1]「田中上奏文」なるものの流布の実態調査、頒布の取り締まり、記事取り消しを要請した。しかしながら、国民政府は満洲事変の勃発にかこつけて、

「いよいよ『上奏文』の『侵略計画』が実行に移された」と主張し、多数の「上奏文」パンフを作成し、中国全土に散布した。

一九三七年の支那事変勃発（日中戦争開始）以後、国民党の抗日プロパガンダはより活発化した。

第二次上海事変（一九三七年八月一三日〜一一月二六日）での日本海軍航空部隊による渡洋爆撃に対する非難決議を国際連盟総会は全会一致で採択した。この背後では国民政府が外国メディアに向け、悲惨な状況を示す写真を多用したが、爆撃状況を誇張・捏造したという説もある。

国民政府によるプロパガンダでは蔣介石夫人の宋美齢が大きな役割を果たした。美麗は日本軍による都市爆撃により無辜の中国人が犠牲になっていると、南京から対米放送局（NBC、CBS）を使って発信した。彼女の流暢な英語演説は全米にラジオ中継され、翌朝の「ニューヨークタイムズ」にも再録された。米国は日本を牽制するために蔣介石を支援していたから、美麗のプロパガンダは米国のお膳立てであったことは間違いない。

国際宣伝処による反日著書の刊行にも瞠目すべきものがあった。これは第三国のライターという中立性を装って行なわれたようである。

国共軍事委員会は英紙『マンチェスター・ガーディアン』の上海特派員ハロルド・ティンパーリ（オーストラリア人）を国際宣伝処の顧問に採用した。ティンパーリは国民党から月額一千ドルの活動費を得て一九三八年に『戦争とは何か（what war means）』を刊行した[2]。同著は南京在住の欧米人の手記をもとに日本軍が南京占領（一九三七年の第二次南京事件）で暴虐を働いているとして、反日感情を世界に拡散した。

ティンパーリらは英国の政府と議会に対し、対中借款の継続、抗日戦争への支援、英植民地での日本製品不買運動の拡大を狙いとするプロパガンダを展開した。ティンパーリの肩書きは雑誌社特派員であって、国際宣伝処の顧問ということは伏せられていた。つまり国民政府の影を排除し、中立性を装うことで、プロパガンダの客観性、真実性の効果を高めることを狙った。

中国共産党の謀略心理戦

中国共産党は国民党のお株を奪うプロパガンダを展開した。毛沢東は長征途中の一九三五年八月に「抗日救国のため全国同胞に告げる書」（「八一宣言」）を発表した。以降、中国共産党による日本に対するプロパガンダが本格化した。一九三七年の七月七日に発生した盧溝橋事件以降（日中戦争勃発）から中国共産党による対日プロパガンダは強化された。

このプロパガンダでは作家の郭沫若が活躍した。日中戦争が始まると、日本に滞在していた郭は中国に緊急帰国し、前掲『戦争とは何か』の中国版の序文を書いた。文化人で著名な郭が序文を書いたことで同著は売れ行きを伸ばし、北米での抗日世論形成を助長した。中国共産党はテロ、謀略といった強硬手段を画策し、日本の心理や意思決定に影響を及ぼした節もある。

当時、上海などでは国民政府要人の暗殺など正体不明のテロ事件が多発していた。学生デモが暴徒化し、武力衝突に発展する事態も生起した。このテロ事件が上海に駐在する外国人に恐怖を与えた。そして各国政府は自国民保護に乗り出すことになる。

治安が悪化し、各国政府と国民政府との関係に軋みが生じ、蔣介石の行動が制約されるなか、中国共産党は党勢を維持した。

日本政府は中国との戦争で事態不拡大の方針であったが、上海や南京でテロ事件や騒擾事態が発生し、それが現地の日本軍の対応を過敏、強硬なものにした。日本政府はそれに引きずられるように中国との戦争にのめり込んだ。

これに関しては、中国共産党が背後で意図的にテロ事件や騒擾事態などを画策した可能性が指摘されている。そもそも日中戦争の契機となる盧溝橋事件についても中国共産党の謀略心理戦に乗せられ、日本は国民政府との対立を深めたとの説がある。

毛沢東の謀略心理戦はソ連共産党仕込みであった。毛は、ソ連共産党などの統一戦線理論を中国の実情を踏まえてより洗練した。一九三八年一一月、毛は「中国人、日本人、朝鮮、台湾人の統一戦線を組織し、日本軍国主義に対する共通の闘争を行なう」との方針を決議した。この方針を受け、八露軍総政治部の敵軍工作部は、日本兵捕虜を友人として扱い、自ら反戦陣営に転向させるよう画策した。

これは「少数の軍国主義と大多数の日本人民を区別せよ」とする「二分法」という戦術にもとづいていた。日本兵は虐げられた大衆の子弟であり、日本の軍閥や財閥に騙され、強制されて我々に銃を向けているのだから捕虜に対していかなる殺傷や侮辱を行なってはならないというものであった。

こうして人道的に扱われた捕虜が自発的に反日組織を誕生させた。のちの日本共産党議長の野坂参三（一八九二〜一九九三年）は一九四〇年三月にモスクワから延安に移り、毛沢東に合流。そこで抗日活動に参加し、一九四四年四月に日本人による初の反戦組織「日本人民解放連盟」を結成した。同連盟は兵士向けの反戦ビラの作成・配布、心理戦の研究・教育などを行なった。

統一戦線を進めるための手段がプロパガンダである。共産党は、優位に立つ国民党や地方軍閥を打倒するためには、あらゆる地位、階級、党派の区別なく「統一戦線」を結成する必要があり、プロパガンダを重視した。

敵軍工作部が反日プロパガンダ工作を取り仕切り、日本軍の切り崩しを行なった。文字が読めない一般大衆や、中国共産党の報道機関の活動を厳しく弾圧する日本軍占領地域ではラジオ放送を重視した。

一九四一年一二月三〇日、中国共産党は延安新華広播電台を設立したが、これが反日プロパガンダ放送のための重要な拠点となった。

プロパガンダは相手の心に訴えるものでなければならないので日本および日本人のことを熟知している日本人によって行なわれることが得策である。そのため、野坂らの指導を受けた日本人女性などが雇用され、日本語で反戦を促す放送が行なわれた。

中国共産党は統一戦線理論にもとづき、日本人を友とすることで日本兵捕虜の心を掴み、日本軍の内部から瓦解させる謀略心理戦を展開した。これが日本軍を崩壊に導いたといえる。

英国の対米プロパガンダ

英国は、米国を欧州のドイツ戦線に組み入れるために、まず対日参戦させることを画策した。

英国に対するドイツの爆撃（バトル・オブ・ブリテン）の脅威が差し迫る一九四〇年五月、チャーチルは首相に就任した。彼はＭＩ６の米国支部であるＢＳＣ（英国安全保障調整局）を設立し（長はウィリアム・スティーヴンソン）、米国を参戦させるよう工作した。

一方、一一月に米大統領選挙を控えたルーズヴェルト大統領は再選を果たすため、欧州戦線に巻き込まれることを嫌う世論に迎合して、戦争には参加しないことを選挙公約に掲げていた。

一九四〇年九月、わが国は北部仏印に進駐（同月、日独伊三国同盟が締結）し、米国は対抗措置として、屑鉄、銅などを禁輸する対日経済制裁に踏み切った。

こうしたことから、一九四一年二月初旬、東南アジアで英日戦争が生起する可能性が英国内で報じられた（極東二次危機）[3]。

英国のハリファックス駐米大使はルーズヴェルト大統領に対して極東での英米の戦略的な協力の必要性を訴えた。しかし大統領の回答は以下のようなものだった。

「たとえ英蘭領が日本によって攻撃されても、米領が直接攻撃を受けない限り日本との戦争は難しい。また、もしアメリカが日本との戦争に巻き込まれたならば、今度はヨーロッパにおける対英援助に支障が生じるだろう」（小谷賢『イギリスの情報外交』）

そこで英国は『タイムズ』紙など使って、英軍のマレー防衛が堅固なこと、極東での英米協力が進んでいるなどの対日牽制を狙った記事を掲載するとともに、チャーチル首相は粘り強く米国に参戦を促した。

英国の努力が実り、ついに米国は一九四一年三月に武器貸与法を成立させ、七月にアイスランドおよびグリーンランドに進駐、八月に大西洋憲章を発表し、英国の参戦要求に応えた。

独ソ戦勃発（一九四一年六月二二日）後、日本は南進の方針を決定するが、英国は通信傍受により日本の意思決定などを逐一把握し、米国に通報し、ともに戦略的に協力するよう誘導した。また『デイリー・テレグラフ』紙に日本南進の情報を漏らし、米国の世論に日本の危険性を訴えた。

一九四一年九月のわが国の南部仏印進駐に対し、米英の反応は予想をはるかに超えた厳しいものとなった。日本に対して必要ならば武力を行使すると新聞メディアを使って牽制したのである。

米国による対日心理戦

太平洋戦争が開始されるまで米国の国家情報機関はほぼ未開拓であったので日本に関する誤認識が多々あった。そのため、日本および日本人の心情を理解し、真理を揺さぶるようなプロパガンダはできなかった。

一九四一年一二月一六日、開戦劈頭の真珠湾攻撃で、わが国は奇襲に成功した。心理戦的にも国民に必勝の信念を奮い起こさせ、世界に対しては「日本強し」の印象を与え、植民地支配を受けているアジア諸国に勇気を与えた。

他方、米国は真珠湾攻撃を「報復戦争」の大義にして、米国民の戦意高揚、戦争努力の促進・団結を図った。対外的には「卑怯な騙し撃ち」を喧伝し、各国の対日離反、米国への同調を策した。いわゆる「リメンバー・パールハーバー」を戦争全期にわたるスローガンにして米国の戦意を鼓舞した。

真珠湾攻撃は、米軍の能力を過小評価し、米国民の結束力を侮り、わが国将兵や国民に驕慢心を芽生えさせたことなど心理戦的には敗北であった。

組織面から見るならば、米国の心理戦の重点は欧州であり、対日心理戦の準備は遅れていた。米国が対日短波放送を開始したのは真珠湾攻撃以降のことである。また、日本に対しての本格的な心理戦のための放送が行なわれたのはドイツ降伏後（一九四五年五月八日）のことである。また、ニミッツ提督がＰＷＢ（Psychological warfare Branch：心理戦部）」を設置したのは、日本が降伏する五日前のことであった。

米軍のプロパガンダ技術は当初、放送も伝単も平板なものであったようである。多民族国家の特性から、国内の結束を高めるための国内プロパガンダ、すなわち事実を伝える広報、報道が主流であり、対敵プロパガンダは事実を大量に伝達する一本調子のものであり、欺瞞性に富み、よく練られた英国のプロパガンダには遠く及ばなかった（恒石重嗣『心理作戦の回想』）。

第二次世界大戦中、戦時情報局の嘱託として重慶戦線で宣伝ビラの作成・散布に従事したラインバーガーによれば、「心理戦争は戦争の一部であり、大量的通信の使用によって軍事作戦を補足することである」（岩島『心理戦争』）と述べている。つまり、前線での勝利がなければ対敵プロパガンダは効果がないという認識を提示している。

前述のとおり、太平洋戦争開戦からしばらくの間の米国の対敵プロパガンダには見るべきものはなかった。ところが、米国は日本の暗号を解読するなどもあってミッドウェー海戦で勝利した以降、日本軍を武力戦で圧倒し、戦況が有利になったことで米国は多くのプロパガンダの材料を手に入れ、一九四四年後半期から米国のプロパガンダは勢いづいてきた。欧州戦線におけるドイツとイタリアの敗走、日本の敗北の連続から、米国のプロパガンダの材料は極めて豊富となり、事実をそのまま報道するだけで成果が上がった。

米国は北アフリカ、イタリア、ドイツ、フィリピン、日本の各地域で宣伝ビラが散布された。太平洋方面だけで十数億枚（恒石『心理作戦の回想』）に上ったとされる。

ラジオ放送でも戦況優位を背景に陽気で華やかな放送を活発に行なった。

ザカイラス大佐は、ドイツ降伏の一九四五年五月八日から、日本に「無条件降伏」を受諾させる狙いで対日放送を開始した。サンフランシスコ放送局から英語短波放送で、サイパンからは中波による日本語放送も併用した。

これら放送では、日米の戦力格差を具体的な数値で示し、もはや戦争継続は無意味であること、無条件の意味は軍事的抵抗の終止と軍隊の放棄を意味するのであって日本国民の奴隷化や日本の絶滅を意味することではないこと、兵士たちを家庭や職場に復帰させること、平和日本の将来を保証することなどを説いた。

太平洋戦争の開始後数年間、米軍による日本兵捕虜の獲得は成果が上がらなかった。そこで、米軍は日本兵がなぜ捕虜になることに強い抵抗を示すかを分析した。

その結果、日本兵は捕虜として虐待を受ける恐怖心よりも、捕虜になる不名誉と、それが家族に及ぼす影響、つまり社会的迫害を最も恐れていることがわかった。そして、日本兵に対して、「投降ではなく停戦である」との自分への言い訳を与えることが重要であると考えた。

敵の頑強な抵抗意思を支えている真因は何かを敵の立場で突き止める。そのためには思想、文化、宗教などのバックグラウンドの調査研究が重要である。これを実践したことが米国の心理戦の効果を高めた。

2、日本の対敵宣伝と対占領地宣伝

宣伝組織の整備

第一次世界大戦以後の総力戦思想の背景下、わが国は偽情報、欺瞞、プロパガンダ、電波情報の収集・伝達・防護などの研究を強化した。

一九一七（大正六）年以降、日本の新聞や雑誌にプロパガンダという言葉が登場して以降、宣伝・広報のための組織整備が開始され、一九二〇年一月に陸軍省に陸軍新聞班、二一年八月に外務省に情報部、二三年五月に海軍省に軍事普及委員会を設置した。

一九三一年九月に満洲事変が勃発し、日本を非難する国際世論の高まりに対して外務省は内田康哉外務大臣の下で対外情報戦略を練り直した。三二年九月、陸海軍・外務省による情報宣伝に関する非公式の連絡機関「情報委員会」が設置された。これ以後、「情報宣伝」という用語が流通するようになる。

また英国やドイツが対外文化組織を設立するなか、わが国も世界の対日感情を好転すべく一九三四年に財団法人「国際文化振興会」を設立した。ニューヨークにはその出先機関として「日本文化会館」が置かれた。

国際文化振興会の任務は、世論と宣伝の研究、諸外国との文化交流を通じた対日国際理解の推進であり、文化人などの人材交流を通じて日本文化の普及に努めた。

放送と通信の機能を強化するため、一九三五年には日本放送協会(NHK)による海外向けラジオ放送が開始された。三六年一月、日本電報通信社と新聞聯合を統合し、同盟通信社を発足させた。(4)

一九三六年七月、前出の情報委員会を基盤に各省の広報・宣伝部署の連絡調整、同盟通信社を監督するなどの目的で「内閣情報委員会」を設立した。同年九月、内閣情報委員会は「内閣情報部」に発展改称し、連絡調整のみならず、各省所管外の情報収集や広報・宣伝を行なうこととした。

このように満洲事変以後の国際的孤立を回避するため、わが国は対外的な情報発信を強化し、良好な対日世論の形成や国際交流の推進などを目指した。

しかし、一九三七年七月から日中戦争が勃発し、国際情勢が緊迫化すると、穏やかな「国際交流」は脇に追いやられ、防諜意識の啓発と戦争大義を獲得するための宣伝が重視されるようになった。

一九三九年、内閣情報部に国民精神動員に関する職務を追加し、国民に対する宣伝の強化、それを担うマスコミ・芸能・芸術に対する統制を強化した。

一九四〇年一二月、内閣情報部とその他の省庁に分立していた情報事務の統一化を目指して[5]、内閣直属の「内閣情報局（情報局）」を設置した。

情報局の任務は、内務、外務、陸軍、海軍の各省が所管していた情報関係事務を吸収・統合し、戦争に向けた世論形成、宣伝と思想取り締まりの強化などとされた[6]。

情報局の設置により、組織形式上は国家が宣伝、思想戦を統一指導する体制が整備されたが、陸軍と海軍は自らの宣伝、報道の権限を委譲しなかった。そのため情報局は内務省警保局検閲課の職員が大半を占め、検閲の業務を担当するのが実情であった。

陸軍、宣伝謀略課を設立

第一次世界大戦後、総力戦に対する関心が次第に高まり、情報を担当する陸軍参謀本部第二部の機能強化の必要性が指摘されたが、依然としてエリート層は作戦部に集中するという構図に変化はなかった。

第二部では幼年学校出身者は主として第五課（ロシア課）、第七課（支那課）に配置された。総力戦に必要不可欠とされた宣伝、謀略、暗号解読、その他の特殊機密情報を扱う機関は課にすらなっておらず、わずか数人の参謀将校が細々と第四班（暗号班）としてその存在を維持しているにすぎなかった。

一九三七年一一月、大本営が設置され、その下に陸軍部および海軍部が併設、参謀本部第二部は大本営陸軍部第二部となり、海外の諜報機関（特務機関）を臨時増設した。また第二部の第四班が昇格し、宣伝謀略を担当する課として第八課が新設された(7)。支那事変が拡大の兆しを見せたことから、早期解決を図るために同課を設置したのである。

第八課は総合情勢判断、宣伝、謀略、暗号解読、防諜を任務とした。つまり情勢判断と宣伝、謀略の連携が強化された(8)。

対米謀略宣伝の実施

一九四〇年一二月以降、国家の対外宣伝は形式上、情報局が主体となって実施したが、陸軍と海軍および外務省は、情報局の統制を受けることなく競って独自の対外宣伝を行なっていた。

軍の宣伝、思想戦は大本営陸海軍報道部(9)の任務であったが、陸軍においては対外敵対宣伝に関する限り、その実施は報道部員の資格で第八課が実施した。

陸軍は太平洋戦争の開戦初期には、マレー戦線、フィリピン、ジャワ、ビルマなどの戦線において、伝単(10)を紙爆弾として大量散布した。

米国の戦意喪失を図るために蒋介石と英国の屈服が主たる目標とされた。英国屈服のためにはインドの反英独立気運を高めることが重視され、東京、サイゴン、シンガポール、ラングーンなどの放送局から短波放送により、日本軍の戦争目的、長年にわたる英国の悪質巧妙な支配、英没落の必然性、独立の好機到来などの宣伝が行なわれた。

開戦当初の宣伝はおおむね良好であった。なぜなら軍事作戦が順調であったため、その戦果を放送するだけで世界の関心を容易に集めることができたからである。

しかし、開戦六か月後のミッドウェー海戦（一九四二年六月）以降は誇張できる戦果はなくなり、真実の宣伝ができなくなった。

戦局が悪化すると、NHK海外放送局は連合軍捕虜による対米謀略宣伝を行なうことを試みた。一九四二年八月以降、三人の捕虜（オーストリア人チャールズ・カズンズ少佐、米国人フォンーレンス・インス大尉、フィリピン人ノーマン・レイズ少尉）がNHKに集められ、四三年三月から南太平洋前線の米兵向けのラジオ番組「ゼロアワー」(11)の放送が開始された。

対敵戦で放送には敵国の情報を織り交ぜると効果がある。しかし、戦争中、敵国の情報は中立国を通して入ってくる以外は通常ルートでは手に入らなかった。だから各国は敵国の国際放送（短波ラジオ放送）を傍受した。日本も同盟通信、外務省、陸軍、海軍が短波ラジオをモニターした。

米国留学の経験があり、外務省のラジオ室で敵側の対日短波放送を傍受していた池田徳眞は米国の国内向け放送（中波放送）を傍受することを思い立った。この中波放送の傍受は一九四三年一〇月上旬に成功した（池田徳眞『プロパガンダ戦史』）。

こうして前線の米兵が聴いていない米国内のニュースを番組に取り込んで米兵の郷愁と厭戦気運を醸成することが企図された。

「ゼロアワー」では、日系米国人女性など数人の女性アナウンサーが採用された。いずれも本名が放送されることなく、「孤児《みなしご》のアン」という名称が使用されていたが、米兵士は「東京ローズ」のニックネームで呼称した。(12)

参謀本部第八課の恒石重嗣らは、宣伝放送を強化するため、午後の一定の時間帯を参謀本部で直轄使用することにし、一九四三年一二月から参謀本部直轄の捕虜放送が開始された。この対米宣伝を「日の丸アワー」と呼んだ。

恒石、池田らは、大森捕虜収容処に送られてきた捕虜五三人から敵対宣伝放送に適した者を選別し、お茶の水に所在する駿河台の文化学院を接収し、ここを収容拠点(一九四三年一一月三日開所)とした。看板に「駿河台技術研究所」[13](のちに駿河台分室)と書かれた秘密組織で、捕虜たちは文化キャンプと呼んだ。

ここに居住している捕虜スタッフがNHK放送会館に移動して放送を行なった。「ゼロアワー」に参加したカズンズ少佐ら三人も参加し、放送は太平洋諸島から米西海岸あたりまで届いた。

当初は、参謀本部嘱託の日本人が指導して作らせた原稿を捕虜が放送したが、その後は日本側の内面指導により捕虜自身が作成したものを検閲し、必要な改訂を加えて捕虜が放送した(恒石『心理作戦の回想』)。

放送内容は捕虜のメッセージ、音楽、ニュース解説、特別企画演芸などで、ゼロアワーの焼き直しであった。

3、わが国の心理戦、宣伝の評価

大本営発表と現実の乖離

今日、「大本営発表」[14]とは「政府や有力者などが発表する、自分に都合がよいばかりで信用できない情報」（デジタル大辞泉）を意味する。実際、太平洋戦争の後半期に大本営が国民に向けて発表していた報道は戦況が悪化しているのにもかかわらず、優勢であるかのような虚偽の発表の繰り返しであった。

大本営海軍報道部の冨永謙吾（少佐）は、「大本営発表」の戦局と発表の正確度について次のように述べている。

「最初の六カ月間は戦果、被害共に極めて正確に近いものであった（商船の損害は、ありのまま発表しないという前述の方針なので例外とする）。

次の九カ月――珊瑚海海戦からイサベル島沖海戦まで――の期間は、戦果が誇張されはじめた時期である。このうちミッドウェー海戦が損害を発表しなかった。

ガ島（筆者注：ガダルカナル島）争奪をめぐって発表そのものに現れない莫大な損害が、累積して行ったことも見逃すことはできない。

ガ島撤退後の九カ月間は発表そのものも少なく、一見変化は認められないが、実情は戦略的後退中であった。さらに次の八カ月間は損害の頬被りが目立ち、架空の勝利が誇示された。

マリアナ沖海戦以後は、誇大の戦果に損害のひた隠しが加わって、見せかけの勝利が相ついだ。そして、日本海軍はすでに壊滅していたにもかかわらず、軍艦マーチだけが空虚な勝利を奏でていた。この状態は、戦後の戦闘である沖縄の終結――二十年六月末まで続いたのであった。

素晴らしい大成果として、当時全国民を狂喜させ、連合艦隊の次の作戦まで狂わせてしまった台湾沖航空戦の発表は、恐らく『デマ戦果』の横綱格であろう（以下略）」と述べている（冨永謙吾『大本営発表の真相史』）。

大本営陸軍部の部員平櫛孝（少佐）は、多くの餓死者を発生し、のちに「餓島」と呼ばれたガダルカナル島の戦い当時の大本営報道部の内情について次のように述べている。

「さて、海軍側の派手な戦果発表がつづく中で、陸軍側も何か国民をアッといわせる発表はできないものかと頭をひねった結果、地方長官会議の席での陸軍大臣の『最近の戦況』の趣旨を敷衍して、十二月十四日、谷萩陸軍報道部長は大東亜の戦局全般について、(一) 支那方面、(二) 南方方面、(三) 北方方面にわけて、寒帯より熱帯に至る二万余キロの広大な地域において、陸軍部隊が作戦に、警備にまたは訓練に汗を流している次第を発表した。まことに子供じみた陸海軍の功名争いであるが、この陸海軍間の確執は日本軍のアキレス腱であって、戦争遂行上の最大のガンになっていた。

谷萩部長の談話はつぎのようなものであった。

『南方方面についていえば、我が海軍部隊が僅少な兵力で占拠していたガダルカナルおよびその付近に、本年八月米軍部隊が大挙上陸してきた。ここにおいて我が陸軍部隊は海軍と緊密な協同のもとに、数次にわたり極めて困難なる上陸作戦を敢行した。すでに発表されたソロモン方面の諸海戦も、実はこの陸戦と相関連して惹起されたものである。敵軍の航空勢力の活動を制して上陸、特に補給を行うことは、まことに容易の業ではなく、したがって、目下この方面の作戦に任じている将兵の報告も想像にあまりあるものがある。しかしながら、我が陸軍部隊は、これら極めて不利な諸条件を克服し、逐次敵軍に圧迫を加えつつある現況である』

私にいわせれば、海軍が軍艦マーチをじゃんじゃんやるからといって『負けてはならじ』と陸軍がりきんでこれに対抗するなど、愚の骨頂という感じであった。特にソロモン方面にまで言及し、この方面の海軍の勝利は海軍だけがやったのではない、とにおわせるなど、ちょっと大人気ない。もう少し真剣に、ガダルカナル島の川口支隊、一木支隊、那須部隊、住吉部隊、丸山師団などの悲惨な戦況にふれるべきであって、その苦戦の実情をほおかぶりしていてもよかったのだろうか」（平櫛孝『大本営報道部』）

戦争報道あるいは宣伝において事実をありのままに発表することは必ずしも妥当ではない。米軍においても真珠湾攻撃の損害は一年以上たって、米軍が有利な状況になってから発表された。今日のウクライナ戦争においても、それぞれの陣営側が自らの損害を過小に報告する、都合の悪い情報を発信しないことは自明の論理である。

報道や宣伝の目的が、敵軍の戦意の喪失、自国の戦意の高揚、友好国などからの支持獲得にある以上、その目的に適合した情報発信が必要となる。しかしながら、報道などと現実にギャップが生じ、それが周囲に明らかとなれば、もはや報道あるいは宣伝は機能しなくなる。

そこで戦争遂行を前提とするならば、戦時における報道・宣伝を統制する機関あるいは最高司令部機関は、国民などの厭戦気分や敗戦思想の惹起というリスクを認識しつつも、損害の真相を発表して、国民の精神を奮起、敵愾心へと転換しなければならない。さもなければ、国民世論は楽観論に支配され、政府や軍隊は国民からの信頼を完全に喪失することになるのである。

わが国の宣伝の問題点

満洲事変以降、諸外国は第一次世界大戦以降の教訓を踏まえた巧みな対日心理戦を展開した。わが国も心理戦、宣伝の重要性を認識して対抗したが、全般としては劣勢であったといえる。

参謀本部第八課の宣伝業務[15]を担当した恒石重嗣少佐[16]（一九〇九〜九六年）は、わが国の対外宣伝の効果について「現地住民の共感を呼び、対日協力を促進するのに大いに役立ったようであるが、敵軍隊に対する効果については詳らかではない」と述べている（恒石『心理作戦の回想』）。

そして太平洋戦争以降は、日本が劣勢になるにつれ、宣伝が前述のとおり虚偽の「大本営発表」になっていた。これは多少は止むを得ないこととしても、日本の宣伝には複数の問題点があった。以下、いくつかの視点からこの問題点を整理する。

第一に戦争大義の獲得に失敗した。これに関し、戦争目的が「自存自衛」、「大東亜新秩序建設」、「上記二本立て」の三つに分かれ、思想の統一を欠いていた。

開戦当初は軍事作戦が順調であったから、日本が戦争に勝利するとの宣伝は現地人から信頼され、連合軍のアジア侵略を非難することで被占領地住民の対日積極協力を促進できた。アジア民族の独立気運を高め、連合国の結束を揺るがし、日本国民の戦争士気を高めることができた。

しかし、戦況が劣勢になると占領地行政にひずみが生じ、大東亜新秩序建設とアジア民族の独立は〝空念仏〟となった。また国内での大本営発表は事実と乖離することが知れ渡り、国民の間では政府・軍部に対する不信感が増大した。

結局のところ、大東亜秩序建設のスローガンは大言壮語、抽象的、難解であり、また後付けの理屈のようでもあり、占領地域の人々には理解困難であり、日本国民にも浸透したとは言えなかった。
結果論かもしれないが、「自存自衛」という相応の戦争目的を確立し、そのための宣伝を行なうべきであった。この点、米国の「リメンバー・パールハーバー」は目的が明瞭であり、国民を振起する絶好のスローガンとなった。

第二に、心理戦や宣伝のための調査研究が不十分であった。

占領地における行政や被占領地住民に対する宣伝は民族、文化、宗教などの理解を踏まえたものでなくてはならない。

この点、わが国は南守北進が主流であり、急遽、南進を決定したために南方地域の調査研究が不十分であった。しかも同地域は広大な面積に、言語・風俗・習慣の異なる多種多様の民族を抱えていたので、その実情を理解することが困難であった。

また、わが国は伝統的にドイツ、ソ連、中国に対する情報収集や民族・風土などの調査研究を重視していたため、主敵となった米国および米国人の調査研究についても不十分であった。

そのため、ゼロアワーなどの対敵宣伝は、その聴衆である対象の慣習から発生する考え方、心理を反映していたとはいえなかった。

第三に、宣伝、心理戦を統制する国家レベルの組織が不在であった。このため陸軍、海軍、外務省に独自の活動を許し、統一性を欠いた。陸軍と海軍は互いに功名争いと確執を繰り広げた。[17]

陸軍の中でも、宣伝報道を計画する第八課と、それを実践する報道部との関係は険悪であったようである。また第八課について当時の情報参謀杉田一次（のちの陸上幕僚長）は「日中戦争以後の戦争の泥沼状態の中で、第八課は中国大陸における政治工作に没頭し、全体を見通した宣伝戦、世論形成への対応ができなかった」[18]と述べている（杉田一次『情報なき戦争指導』）。

ただし、瞠目すべき活動もあった。秘密戦のための専門教育機関である陸軍中野学校を創設し、同校卒業生をもって南方地域の宣撫工作にあたらせた。南方地域には、ドイツ宣伝中隊を参考にした宣伝班が編成された。[19]ドイツが戦闘員のみをもって構成したのに対し、日本軍は非戦闘員を中核として戦闘員を従属させたが、わが軍の作戦第一主義と精神主義がこうした斬新な試みを阻んだ。

第四に、宣伝に関わる部署はほとんど素人集団であった。

「報道部など、真の武人のいくところではない」と見下され、報道部員は二・二六事件以来の粛軍人事による穏健派集団となったといわれている。

戦時中に報道班員と呼ばれた従軍の新聞雑誌記者、従軍作家への対応も日清日露戦争時に比べて軽視され、[20]ゼロアワーなどの対外謀略放送宣伝でも有能なジャーナリズムの専門家を欠いたようである。[21]

第五に、日本人および日本全体に「傲慢不遜」「横暴」などが横行し、的確な判断力を失った。的確な判断ができなければ、敵軍などに対する心理戦、宣伝はできない。

日本は第一次世界大戦で戦わずして戦勝国となり、「富める国」となったことから精神的頽廃が始まったとの見方は多い。「一等国」という意味のない自己陶酔と妄想、貧富の格差と農村の疲弊、政党と財閥による金権政治、東洋人に対する蔑視などが次第に増幅されていったのである。

その結果、日中戦争では、わが国中央が不拡大方針を打ち出しているにもかかわらず、現地では「暴《ぼう》支膺懲《しようちよう》」という言葉が象徴するように現地のおける国民党軍などに対する過小評価が生まれ、戦争拡大思想が蔓延していった。

まとめ

日本軍が実施した心理戦から多くのことを教訓として学べる。

まず、日本が第一次世界大戦に本格的に参戦しなかったことで、中国、英国、米国などが展開した心理戦に対する経験が不足し、その後の日本軍の心理戦が効果を上げられなかったことが指摘できる。

ほかにも、前述のように日本の思想的統一、国家レベルの組織の不在、宣伝および報道という総力戦やそれを支える調査や情報の軽視などに問題があった。

なかでも情報軽視について言及すれば、日本人には的確な情報よりも、精神論やその場の空気に流される傾向が強いように思われる。

一九四一年六月二二日、ドイツが不可侵条約を破ってソ連に侵攻した際、当時の大本営第二部(情報部)の部長(岡本清福少将)は、ドイツ大使館付武官からの転出であったこともあり、ドイツが「二〜三か月でウラルに進出するだろう」との楽観的見積りに傾斜していった。情報部の中には「スターリンの政治力は強固であるので、この年の冬を見なければ判断できない」という慎重な意見もあったが、ヒトラーに心酔する情報部内の空気がこのような慎重論を排除し、日中問題の解決を脇において、北のソ連、南の英米との二正面での戦争を模索するに至った。空気のような根拠のない〝心酔〟が希望的な情勢判断を生み、数や力の論理で反対意見を封殺したのである。

当時を回顧して「正体なき魔力」「姿なき幻影」に突き動かされたなどの指摘が多々あるが、日本および日本人は集団論理、同調思考が強いようである。つまり、自らの情報により判断するよりも、情報を鵜呑みにしてその判断すら他者に委ねる傾向が見られる。

筆者は、そのような問題の本質は今日も改善されず、存続していると考えている。

わが国は、過去の戦争の敗因を「情報軽視、軍部の独断専行」の一言で片づける傾向にあるが、実は集団・同調主義、忖度、内弁慶などの日本および日本人の内面的要因こそが心理戦敗北の主因ではなかったかと思っている。

今日のウクライナ戦争においても、日本は〝欧米心酔病〟に冒されていないだろうか。そして欧米が主導する善悪二元論への盲従には、危うい〝集団論理〟が働いていないだろうか。

今後、ICT（情報通信技術）環境がさらに進歩するなかで、さまざまな領域において偽情報が横行し、認知戦が展開されると予想されるが、あらためてこの問題を考える必要があると思う。

（1）日本側が偽文書とした理由は作者が不明であること、日本の首相による文書なのに日本語の原文もない（現在も確認されていない）ことが挙げられる。形式的な不備に加えて内容についても不審な点が多々散見された。たとえば「山縣有朋がワシントン条約に関する御前会議で反対した」と書かれているが、ワシントン条約締結時には山縣は死亡していて御前会議に出席できるはずはない。現在では、田中上奏文は偽造であることがさまざま証明され、偽書と認める中国側の研究者も増えているという。

（2）二〇一五年四月一六日付『産経新聞』「『南京事件』世界に広めた欧人記者、国民党宣伝機関で活動 台北の史料で判明」。

（3）結局、この騒動（極東二次危機）は英国のGC&SCが、重光葵駐英大使が松岡外相に宛てた「我々は英領に対する攻撃の意思のないことを明確に示す必要性がある」との暗号電信を傍受・解読したことで収まった。

（4）当時、日本電報通信社（一九〇七年設立）と新聞聯合（一九二六年誕生）が激しく競争していたが、激烈な取材競争により、両通信社ともに経費が膨張し、報道内容にも食い違いが生じた。このため政府部内や新聞業界では、両社を統合する機運が高まっていた。

（5）情報事務は内閣情報部と外務省情報部、陸軍省情報部、海軍省軍事普及部、内務省警保局検閲課、逓信省電務局電務課の各省・各部課に分属されていた。
(6) 総裁、次官の下に一官房、五部一七課が置かれた。第一部は企画調査、第二部は新聞、出版、報道の取り締まり、第三部は対外宣伝、第四部は出版物の取り締まり、第五部は映画、芸術などの文化宣伝をそれぞれ担当した。職員は情報官以上五五人、属官八九人の合計一四四人からなる。
(7) 初代の第八課長には「支那通」の影佐禎昭(かげさきさだあき:一八九三〜一九四八年)砲兵大佐が、支那課長からスライドして補せられた。その主任として影佐を補佐したのが、中野学校の生みの親の岩畔豪雄(いわくろひでお)である。
(8) 第八課の設置以前は、参謀本部第二部の地域課が各国の大公使館に駐在する武官などから報告を受けて情勢を判断していたが、新設された第八課が国際情勢の判断を行なうことになった。このほか第八課は一九四一年に陸軍中野学校を所管するとともに大東亜戦争開始後の翌四二年には陸軍第九科学研究所(通称、登戸研究所)を指揮下に置いた。
(9) 一九三七年、大本営陸海軍部にそれぞれ報道部が設けられた。報道部の任務は「戦争遂行に必要なる対内、対外並に対敵国宣伝報道に関する計画及び実施」であり、編成は陸海軍によって多少の差異があったが、少将または大佐の部長一人、佐官または尉官の部員が四〜七人、高等文官または佐尉官の部付が一〜二人、それに付属の下士官または判任官が数人というものであった(冨永謙吾『大本営発表の真相史』)。
(10) 伝単とは、戦時において敵国の民間人、兵士の戦意喪失を目的として配布する宣伝謀略用の印刷物(ビラ)。その語源は物事を伝える紙片という意味の中国語。伝単作成のための作業所は一九四〇年八月に創設。
(11) ゼロアワー放送の班長は満潮英雄であり、彼が「ゼロ・アワー」と命名した。「ゼロアワーとは突撃を発起する瞬間を意味するもので、打合わせてある時刻を時計の針がさした瞬間にワッと飛び出してゆくその緊張の一瞬である」と名称の由来を紹介している(恒石重嗣『心理戦の回想』)。
(12) 戦後、GHQに付随して来日した記者らは血眼で東京ローズを探したようである。帰還兵士に取材したところ、兵士たちは特定の一人の女性アナウンサーを指して「東京ローズ」と呼んだのではなかったようである(ドウス昌代『東京ローズ』)。
(13)駿河台技術研究所の所長は、藤村信雄元外務省アメリカ局一課長であったが、駿河台分室そのものを作ったキーパーソンは恒石重嗣少佐であった。
(14)大本営発表の名称は、はじめ「大本営陸軍部発表」と「大本営海軍部発表」だったが(共同の場合は「大本営陸海軍部発表」)、一九四二年一月八日より「大本営発表」に統一された。一九四五年八月二一日以降は「大本営及び帝国政府発表」という名称も用いられた。一般に大本営発表は以上のものを総称する(冨永『大本営発表の真相史』辻田真佐憲「解説」より抜粋)。
(15)当時、日本軍は宣伝戦ということを嫌い、これを心理戦と呼んでいた(ドウス昌代『東京ローズ』)。
(16)恒石重嗣は一九四〇年に陸軍大学を卒業し、在満第一二師団の参謀を経て、一九四一年一一月から陸軍参謀本部第八課に配属され、先任の桑原少佐とともに宣伝担当となった。恒石は終戦時までわが国の対米宣伝の主務者となり、戦後に『心理作戦の回想』(一九七八年)を執筆した。
(17)この点に関して、一九四一年に参謀本部部員(第八課)、兼ねて大本営陸軍部報道部員、兼ねて陸軍中野学校教官として、宣伝と思想戦を担当した桑原長(少佐)は以下のように述べている。
「陸軍、海軍の両報道部は政府を無視し、情報局を侮視し、自己等が不正にも、紙やフィルム、電波等を手中に握り、自己宣伝に汲々としたのである。そして、あげくの果ては『敵は米、英にあらずして陸(海)軍なり!』との言語道断的醜状にまで立ち到り、その悔いを後世にまで残さなければならなかった。私共宣伝に任ずる者は、しばしばエライ人から呼びつけられて、『今日の新聞は海軍の新聞ではないか、お前等がボヤボヤしているからだ。しっかり陸軍のことを書かせろ!』とよくよく叱られたものである」

また、桑原は報道部長以下の報道部員について「東条一派の拡声器であり、『海軍を敵としても』の陸軍自体の自己の宣伝に没頭せんとする、笑止極まりない権謀小策家にすぎなかったのである」と痛烈に批判している(桑原長『一武人の波瀾の生涯』）。

（18）課長の影佐らは国民党のナンバー2の汪精衛（汪兆銘）を担ぎ出し、親日政権を樹立させることを目的とする「汪精衛工作」に従事した。

（19）宣伝班は約一五〇人の文化人と戦闘員二〇〇余人からなり、マレー、ジャワ、フィリピン、ビルマにそれぞれ一隊ずつ配属された。一隊三〇〇万円が認められた。

（20）報道部員の平櫛孝は回顧録において「……北支、中支、比島に従軍した朝日新聞の田中利一記者など、口をそろえて『近代戦は総力戦だとはいうものの、実は戦争は軍人だけがやるもので、従軍記者などは軍馬、軍犬なみ、それ以下とみていた第一線部隊の将校が多かった』」（平櫛孝『大本営報道部』）と述べ、従軍記者を軽視する風潮を解説している。

（21）L・D・メオ『オーストラリアに対する日本のラジオ戦』(Japan's Radio War on Australia)では「多分、宣伝活動において最も重要なことは、有能なプロパガンディストを集めることであろう。この最も必要なる点が残念ながら東京放送には欠けていた」（ドウス昌代『東京ローズ』）との指摘がある。また『東京ローズ』では「たとえば、アナウンサーがすでにジャーナリズムの最先端をゆく職業だったアメリカでは、正規の放送教育を受けた者がしのぎを削った末に残った優秀な人材を集めていた。もっともNHKも人材集めを無視したわけではない。戦前に幾人もの二世や在米日本人を呼び寄せていた。しかしその場合でも、ただジャーナリズムまたは芸能界にいたというだけで招かれた者がほとんどだった」と記述している。

第4章　冷戦初期の米ソの心理戦

本章では冷戦初期における米ソの心理戦組織の確立やヤルタ会談や朝鮮半島をめぐる米ソの心理的な駆け引き、第三次世界大戦の瀬戸際までいったキューバ危機などを取り上げる。

冷戦期、米ソは国連安保理常任理事国として直接衝突を回避する努力を継続した。一方で、イデオロギーの優越性を競い（イデオロギー戦）、また相手側の意図と能力ギャップに対する疑心暗鬼に駆られ、水面下での熾烈な諜報戦や心理戦を展開した。

また、キューバ危機を経て核による〝恐怖の均衡〟に依存する「デタント」、「平和共存」などが生まれたが、これらは心理戦の効能であったといえよう。

1、冷戦初期における米ソの心理戦

ソ連に翻弄されたヤルタ会談

一九四五年二月一一日、ルーズヴェルト、チャーチル、スターリンの連合国三首脳がヤルタに集合した（ヤルタ会談）。

ルーズヴェルトに随行してヤルタ会談に参加した国務長官ステチニアス（当時）の自著『ヤルタ会談の秘密』の中で次のような経緯を述べている。

●ルーズヴェルトは「日本の降伏は一九四七年末まで実現しないかもしれない。ソ連が対日参戦しなければ、日本の征服にはアメリカは一〇〇万人の死傷者を出すだろう」と彼の軍事顧問から忠告された。

●これに対し、スターリンは「対日参戦は議会と国民を納得させる必要がある」として、参戦の条件に日露戦争により日本に移譲した権益の回復など数項目の条件を示した。

●ルーズヴェルトはスターリンの条件を全面的にのんで、ドイツ降伏後のソ連による対日参戦に関する秘密協定（「日本国に関する協定」）を作成した。すなわちソ連への樺太南部の返還や千島列島の引き

渡しを条件に、米国はソ連に対して対日参戦を要請した。（ステチニアス『ヤルタ会談の秘密』から抜粋要約）

ソ連は一九四五年八月八日、日ソ中立条約（一九四一年四月）を破棄し、満洲（中国東北）の関東軍への攻撃を開始した。秘密協定にはソ連による朝鮮進駐は含まれていなかったが、ソ連は八月末までに朝鮮北部の全域に進駐した。

米国に少しの危機意識があれば、ソ連が朝鮮に進駐することは容易に想定できたではずであるが、こうした見通しの甘さは原子爆弾の実験成功（一九四一年七月四日）と、有力な戦略空軍を擁しているとの慢心から生じたのであろう。

さらにルーズヴェルトはスターリンの巧妙な欺瞞にしてやられた。ヤルタ会談のお膳立てをした駐ソ大使ハリマンやルーズヴェルトの側近ホプキンスは「スターリンはロシアの国家主義者または愛国主義者であって、革命的共産主義者ではない」とルーズヴェルトに語った。

また、ルーズヴェルトに随行し、ヤルタ会談に参加した政府高官アルジャー・ヒス（一九〇四～一九六年）はソ連スパイであった。第二次世界大戦開始前から、ソ連は米国に共産主義を輸出し、米国政府の中枢にはすでに複数のスパイが巣食っていたのである。こうしたスパイ浸透による影響工作が米国の意思決定を左右した。

スターリンの思惑と謀略

一九五〇年六月二五日、金日成率いる北朝鮮が三八度線を越えて韓国に侵略して始まった朝鮮戦争は、スターリンからすれば共産主義の拡大を狙った対米戦争であった。つまり、共産主義の拡大と対米優位を狙いに北朝鮮に代理戦争を行なわせたのである。

二〇一九年二月三日に放映された「NHKスペシャル　朝鮮戦争秘録～知られざる権力者の攻防～」では、当時封印されていた電報資料などを紐解き、スターリンの謀略の実態を報じた。

以下、報道の概要を整理する。

●一九四九年三月、金日成がスターリンのもとを訪問。国内での権威固めと朝鮮統一の好機を逃さないために韓国への軍事侵攻したいと説明し、スターリンの支援を要請した。スターリンは唯一の核保有国である米国との全面戦争を恐れ、北朝鮮軍の支援に消極的であった。

●一九四九年八月、ソ連は原子爆弾の開発に成功。スターリンは米国に対抗する自信を深め、金日成に北朝鮮を支援する用意はできている旨の電報を送った。

●スターリンには朝鮮戦争を北朝鮮にけしかけるもう一つの思惑があった。ソ連は第二次世界大戦直後に旅順港を日本に代わって支配したが、毛沢東は中国建国後、「旅順港を返還し、ソ連軍は旅順区域から早急に撤退するよう」要求した。旅順は太平洋につながる戦略上の要衝と見るスターリンは強く抵抗した。

●スターリンは旅順を手放さないための策略を考えた。最終的にまとまった中ソの軍事協定には「両国が戦争に巻き込まれそうになった場合、ソ連は引き続き旅順港を使用する」ことが記されていた。

●金日成は二〜三か月で朝鮮を統一できると見積もり、当初はそのとおりに作戦が進展したが、一九五〇年九月一五日、米国が主導する国連軍が仁川に上陸したことで状況が一変した。

●当初、金日成はスターリンに援軍を求めたが、彼はソ連が犠牲になることを懸念し要請に応じなかった。そこで金は毛沢東に援軍を求めたが、毛はスターリンに参戦は難しいと弁明した。

●スターリンは、いずれ日本の軍国主義が復活し、朝鮮半島の戦火は中国に及ぶと毛沢東に揺さぶりをかけた。こうして毛は二六万もの大軍を朝鮮半島に派遣した。

このようにスターリンは、中国軍を参戦させることに成功し、米国をアジアに釘付けにして欧州での覇権争いを有利に進めようと考えた。

ソ連心理戦の戦略・戦術

スターリン時代、党中央委員会のもとに置かれた宣伝煽動部（アジ・プロ部、一九二一年設置）と、地方に置かれた同支部が心理戦で大きな役割を果たした。

北朝鮮、ベトナム、日本共産党などには同様のアジ・プロ部が設置され、朝鮮戦争やベトナム戦争ではソ連は同部を通じて心理戦のための教育や支援を行なった。

またソ連は、各国の共産主義との連携を図るためコミンテルン（一九一九～四三年）を運用した。

しかし、独ソ戦が勃発し（一九四一年六月二二日）、英ソ軍事同盟の締結（一九四一年七月）などにより存在意義が喪失したことでコミンテルンは一九四三年五月に閉鎖した。

だが、対外ラジオ放送[1]、各国共産党との連絡網、通信社、ソ連内にいる各国共産党員と彼らの教育のための党学校、外国語による出版機関などのコミンテルンが築いてきた財産を放棄するのは忍びないと考え、国際情報部を設置（一九四三年六月一二日）し、コミンテルンの解散を偽装した。

一九四七年一〇月五日、国際共産主義運動を推進するためにコミンフォルム（共産主義情報局）を設置した。これは名前を変えて蘇った〝コミンテルン〟であった。

スターリンが死去（一九五三年三月）するとソ連の覇権主義に対する各国の批判が集まり、一九五六年にコミンフォルムは解散するが、国際共産主義の連帯努力が失われたのではないことはその後の歴史が証明している。

スターリン死後、情報機関内部での勢力争いや諍いなどを理由に情報機関が整理、再編された。

一九五四年四月に国家保安委員会（ＫＧＢ）が設立され、ここにＫＧＢと、国内政争に巻き込まれずに生き残った軍の情報総局（GRU）との二本立て体制が確立された。

KGBは国内外における防諜、国外における政治・経済・科学技術情報の収集、スパイ浸透、破壊、偽情報の流布などの積極工作（影響工作）を広範に展開していった。一方のGRUは軍事と軍事に関連する情報の収集、軍事に関連する秘密工作などに携わった。

また党中委員会の隷下の国際部はコミンフォルンの任務を引き継ぎ、諸外国共産党や友好団体と連携を保持し、秘密放送にも関与した。また国際情報部はタス通信、ノーボスチ通信、プラウダ、イズベスチヤ、モスクワ放送などを指導した。

ソ連の敵対プロパガンダは、ソ連国内と米国と中立国の三つの前線で行なわれた。ソ連の国民に対しては映像など用いて「金権政治」米国の悪印象を刷り込み、米国民には共産主義の素晴らしさを喧伝し、中立国には米国は好戦的な帝国主義であるとの中傷を流した。

マルクス、レーニン、スターリンなどによって確立されたソ連の心理戦の戦略・戦術の要点を整理すれば次のとおりである。
●心理戦は、政治・経済・文化のあらゆる分野を活用し、計画に実施する。
●党は決定的な機会が訪れるまでは表に出ない。
●党の政治指導は大衆に対し、党の政策が正しいものだと思わせることに重点を置く。

●戦略的には、政治戦争と軍事戦争の境界は設けず、両者を統一的に行なう。
●戦術的には言葉と行動を一致させる。プロパガンダ、煽動、組織化、強制は一貫した連鎖活動であり、言葉だけではなく組織行動を重視する。
●党活動委員会および細胞は大衆での煽動、プロパガンダ、組織化活動の中核となる。党活動委員会は書物・小冊子・宣伝文などを迅速かつ確実に配布するため組織網を築く。これらの活動は党中央および地方の「宣伝煽動部（アジ・プロ部）」が主として行なう。
●プロパガンダは、たくさんの理念を一人か数人の対象に示す。プロパガンダはコミュニケーション技術を活用する。プロパガンダは前衛を説得する機能である。
●煽動は一つか若干の理念を大衆に示す。煽動には、コミュニケーション技術、示範行為のみならず、巧みな幹部要員の潜入も含まれる。
●プロパガンダおよび煽動は教育に立脚する。プロパガンダと煽動は帝国主義者間の対立と矛盾を利用し、強制と説得を併用する。
●すべてのマスメディアを掌握して、同じテーマを集中的に大量反復して流す。（以上、さまざまな資料から筆者が整理）

ソ連の心理戦はマルクス思想、共産主義イデオロギーに基づく組織化を重視しており、それは革命のための心理戦であったと総括できる。

北朝鮮軍による「心の侵蝕」

北朝鮮はソ連の心理戦の戦略・戦術を忠実に履行した。軍事と非軍事の両面でのプロパガンダの訓練を重視し、北朝鮮軍の中隊単位にまで宣伝隊を設置した。

北朝鮮側は、韓国人の「心の侵蝕」を図るため、南侵の数か月前から綿密な計画を立てた。まず、ソウル地区を重点に共産主義同調者、李承晩政権の反対者ならびに支持者らの名簿を整備した。名簿の中から宣伝、煽動、組織化の中核要員を選定した。

南侵後直ちにソウル中央放送局を占拠して、反動主義者以外は敵としないとする放送を開始した。「諸君の政府は逃亡した。今や人民共和国が支配している。諸君は職場に戻れ。仕事に戻るならば、誰もが許される」

岩島久夫は『心理戦争』の中で、プロパガンダによる韓国人への「心の侵蝕」について次のように述べている。

「政策の重点は、『婦人の解放』『資本家の搾取からの解放』『青年に機会を』『農地の再配分』等魅惑的なスローガンの下に、政策の重点は『社会福祉』計画におかれ、広く共鳴を人々の間に呼び起こすことに成功した。こうして、ソ連を『祖国』と感じさせるよう傾注するとともに、『朝鮮人のための朝鮮』『朝鮮の統一』を押し出して国民的協力の獲得に努力した。こういう努力が効果を上げた原因の一つに、『反米』感情よりも『反李承晩』路線を強力に打ち出し、米国政府の攻撃ではなく、南鮮政府の欠陥と不備を攻めることに重点をおいたことがあげられる。一般民衆にあまりよく知られていないなじみの薄い米国のことより、現実腐敗の元凶を槍玉にあげる方が、訴える力が大きかった。また米国をとりあげるとしても、それよりはずっと身近な常に憤りの対象としているような国——つまり日本——を引き合いに出して宣伝した。米国の好意（援助）は、昔の日本と同じ姿であるとして、その手口をけなしたのである」

また、北朝鮮はマスメディアをすべて独占した。韓国が使用していた放送局を占拠し、主要な放送要員はモスクワで訓練された者をもって充てたが、大多数の局員には韓国側の職員をそのまま活用した。ソウルにあった主要新聞社には業務停止を命じ、米軍政庁当局から発行停止を受けていた『朝鮮人民報』を復刊させた。映画は占領当初の数週間無料で上映された。ソウル市内には大衆用ラウドスピーカーが大量に設置され、主要テーマが反復して流された。

すべてのマスメディアを掌握し、同じテーマを集中的に大量反復するやり方は、ソ連およびかつてのナチスと同様である。これに加えて、個人と組織による口コミ宣伝を用いて、強制と説得によって効果を高めた。こうした北朝鮮の手法は、前述のソ連共産主義の心理戦の戦略・戦術に基づくものであった。

北朝鮮軍の心理戦は効果を上げたが、その破綻は意外に早く訪れた。一九五〇年九月一五日、国連軍が仁川に上陸すると、北朝鮮軍はそれまでの紳士的仮面を投げ捨て、暴行・掠奪のかぎりをつくし、およそ価値あるものはすべて持ち去り、民衆の信用を失った。プロパガンダによる約束が事実によって裏付けられなければ、民衆からの同調、支持を得ることはできないのである。

米国における〝赤狩り〟旋風

第二次世界大戦以前から米国内にはソ連KGBスパイなどが浸透し、米政権内に協力者(エージェント)が存在していた。米国人協力者の共産主義への幻滅は、すでに一九三〇年代のモスクワ留学から始まっていた。そこで彼らは、共産主義は虚像で、階級差別が存在し、権力者が国民を愚弄している実態に気づいた。しかし、反ファシズム精神が彼らを共産主義にとどまらせたが、スターリンの大粛清や独ソ不可侵条約(一九三九年八月二三日)により多くの人が共産主義に幻滅していった。

戦後、共産主義に幻滅した米国人協力者はFBIに出頭し、自白の過程で仲間を告発し、新たな容疑者が次々と逮捕されるという状況が生起した。

同時に、中国の建国（一九四九年一〇月）、ベルリン封鎖（一九四八〜四九年）、ソ連の原爆開発（一九四九年八月）、朝鮮戦争の勃発（一九五〇年六月）などの出来事が米国の不安を増幅し、社会全体が姿の見えない共産主義イデオロギーに怯えた。

こうしたなか一九四八年から五〇年代前半にかけて、上院議員マッカーシーを中心に「赤狩り」（共産主義者の摘発）が沸騰した[2]。防諜機関ＦＢＩ[3]が容疑者を摘発し、非米活動委員会が証人喚問を行ない、容疑者となった政府高官は共産主義の〝手先〟として世間から非難の目を向けられた。

マッカーシーらに「共産主義者」、「ソ連のスパイ」だと糾弾された者は米国の政府、軍関係者のみならず学者、ハリウッド関係者などに幅広く及んだ。さらに「赤狩り」は英国、カナダ、日本などの西側諸国全体に波及した。

赤狩りは、一九五三年七月に朝鮮休戦協定が成立したことで次第に下火になり、五四年一二月に上院がマッカーシー非難決議を可決し、ようやく沈静化した。

ただし、その後も米国では共産主義イデオロギーは自由主義社会にとっての危険思想として排除しようとする動きは永く続くことになる。これが冷戦期の米ソ対立を決定的なものにし、また、キューバ危機やベトナム戦争へとつながる序章になったのである。

米国の心理戦組織とプロパガンダ

共産主義の拡大を食い止めるためには、前述のような防諜の徹底とともに、自由と民主主義の優越性をプロパガンダすることが重要になる。

第二次世界大戦前、米国はホワイトプロパガンダを担当する戦時情報局（OWI）とブラックプロパガンダを担当する戦略諜報局（OSS）を有していた（71頁参照）。

戦後、OWIは国務省広報部（BPA）の管轄下になり、数度の改編を経て一九五三年に国務省から独立して広報文化交流局（USIA）になった。

同局は「ボイス・オブ・アメリカ（VOA）」や「ラジオ・フリー・ヨーロッパ（RFE）」などの放送事業のほか、各国における非公開の世論調査、親米的な国際世論の醸成、東側諸国に対する自由主義の優越性を喧伝した。

他方、OSSは一九四七年にCIA（中央情報局）に発展した。一九五三年にアイゼンハワー政権下で不世出のアレン・ダレスが長官に就任するとCIAの規模は急速に拡大した。

トルーマンは第二次世界大戦の教訓から、心理戦には議会活動、政治・外交活動、軍事作戦、情報活動、メディアコントロールなどが重要であることを学んだ。また、朝鮮戦争で心理戦の重要性を認識し、国家、軍、情報機関、民間からなる「心理戦略委員会（PSB）[4]」を一九五一年に設置した。

同委員会は、国務次官、国防副長官、中央情報長官、またはその指名された代表者で構成され、心理戦の計画と調整に携ったが、一九五三年九月に作戦調整委員会（ＯＣＢ）に改編され、一九六一年二月にケネディ大統領によって廃止された。

ただし、岩島久夫は「ケネディがＯＣＢを廃止したのは、心理戦を軽視したからではなく、逆にそれを重んじたが故に、自ら心理戦を行うために無用な下部機構を廃止したのである」（岩島『心理戦争』）と述べている。

2、キューバ危機での外交心理戦

半世紀近く続いた冷戦期において、第三次世界大戦の瀬戸際までいった出来事はキューバ危機が唯一である。

米ソはこの危機をいかにして回避したか、心理戦の視点から考察する。そもそもキューバ危機そのものが、両国指導者による息継ぎの暇もない外交心理戦であり、そこからは多くの今日的教訓が得られる。

キューバ危機の勃発

一九六二年春、ソ連のフルシチョフ首相はキューバの軍事援助の要請に応え、キューバへの米国の武力侵攻を防ぎ、米国に対するソ連の立場を強化するために、キューバへの核ミサイル配備を決断した。

彼はミサイル配備によって、東西のミサイル・ギャップの是正を考えていた。また米国のミサイルが一九六一年からトルコ、イタリアに配備されたことに脅威を感じていた。

フルシチョフはソ連の核ミサイルが劣勢にあることは知っていたが、一九五七年に世界初の大陸間弾道ミサイル（ＩＣＢＭ）の開発と人工衛星「スプートニク1号」の打ち上げ成功を背景に、ソ連があたかも核ミサイル戦力で優位にあるように装い、米国を核軍縮管理の道に誘った。しかし、米国はミサイル・ギャップが虚構であることを見破り、これに応じなかった。

そこで、フルシチョフは新型ＩＣＢＭを配備することで、自国の立場を強化し、その上で米国との核軍縮管理に進もうとした。しかし、ＩＣＢＭ開発は期待どおりに進まず、しかもソ連経済は危機的な状況を迎えていった。

こうした手詰まり状況の中で、フルシチョフはキューバにミサイルを配備すれば、ハワイ州とアラスカ州を除く米本土のほぼ全域を攻撃できる、それで東西のミサイル・ギャップを挽回することができると考えたのである。

ソ連はミサイルや核弾頭のキューバへの持ち込みを秘密裏に行なうため、経済援助物資に偽装しての輸送が一九六二年七月から開始された。

これに関して、ケネディ政権にいくつかの疑惑情報が寄せられ、ソ連に核ミサイル配備の事実を問い質したが、ソ連は一貫として否定した。しかし、一〇月一四日、米空軍のU-2偵察機が撮影した写真により、ソ連が地対地ミサイル基地の建設を進行中であることが判明した。すなわちソ連の嘘が暴露され、ここから一〇月二七日までの一三日間にわたる息詰まる外交心理戦が展開された。

一〇月二七日午後八時頃、ケネディの「海上封鎖」の決断がフルシチョフに伝達され、ソ連は翌二八日九時にキューバからミサイルを撤去するとラジオ発表した。

かくして、世界が固唾を飲んで見守った緊迫の一三日は終わった。

外交心理戦を支えた意思決定機構

ケネディ大統領は状況を冷静に判断し、フルシチョフに外交心理戦で勝利した。それはケネディが信頼を寄せる外交アドバイザーを集めた省庁横断的な機構「国家安全保障会議執行委員会(エクスコム)」のお陰であった。

一〇月一六日、ケネディ大統領はエクスコムを招集したが、そこでの意見は最初から大きく割れた。

米統合参謀本部はキューバ国内のミサイル基地を爆撃したうえで、上陸・侵攻することをケネディ大統領に進言した。

一方、ロバート・マクナマラ国防長官は、いきなり「武力侵攻」をするのではなく、まずは「海上封鎖」で圧力をかけることを主張した。

ケネディ自身はソ連のミサイル発射装置への先制爆撃は承認せざるを得ないとの危機感を持っていたが、議論に影響を与えないよう何も言わなかった。

その結果、一〇の選択肢が徹底的に議論され、大統領の意見も変わり始めた。

ケネディは、海上封鎖は間接的手段でありミサイル撤去にはつながらないかもしれないと考えていたが、キューバのような小国に、大国である米国が奇襲攻撃を行なえば、道義的責任を国際社会から非難されると考えた。

かくして核戦争が回避され、交渉による平和がもたらされたのである。

エクスコムは一九六一年のピッグス湾上陸作戦[5]が失敗したことを教訓に設置された機構である。つまり、結束の強い小集団では少数意見や地位の低い者の意見を排除し、集団内で不合理あるいは危険な意思決定がなされるとの反省に立った改善処置であった。

エクスコムでは次のようなルールが設けられた。

①会議中は活発な討議を妨げる身分の相違や厳格な手続きが排除された。
②各アドバイザーは自分の管掌部門の代弁者として討議に参加することが禁じられた。
③中堅職員と部外の専門家を検討の場に時々招き、新鮮なものの見方と偏見のない情報や分析が得られるようにした。
④エクスコムのメンバーを小グループに分けて、二つの行動方針案を作成させ、両者の間で議論させ、一方の小グループは軍による空爆の計画案を作成し、他方は封鎖戦略を起案した。
⑤腹心の司法長官ロバート・ケネディと大統領顧問セオドア・ソレンセンの二人に「悪魔の代弁者」の役割を命じた。
⑥参加者が率直で忌憚のない意見を言えるように、ケネディはわざと何回かの会議に出席しなかった。
⑦メンバーには、提案を一つにまとめるのではなく、グループごとに提出するよう求め、その中から適切な行動方針を選択するという責任を自分（ケネディ）で引き受けた。（マイケル・A・ロベルト『決断の本質』）

意思決定を支える立派な組織があっても最終的な決断は国家指導者に委ねられる。だから指導者や指揮官はいつも孤独である。

フルシチョフは、ケネディの警告に対し、勇ましい書簡で応じたが、行動そのものは慎重であった。ソ連の貨物船が公海上での臨検を受け入れた場合は米国の「恫喝」に屈服することになり、さまざまな軍事機密が流れてしまう恐れがある。また海上封鎖を突破し攻撃を受けた場合は即座に報復合戦となり、全面核戦争になる可能性さえあると判断した。そしてソ連貨物船に海上封鎖線を突破させず、Uターンして引き返すよう命じた。

表面的にはフルシチョフはケネディとの外交心理戦に敗北したが、彼の判断は国家の危機を救った。だが、彼の対応は弱腰と国内で批判され、一九六四年に反対派によって一方的に解任された。ところで現在のプーチンは少数の意見のみを採用し、ウクライナでの戦略目標を達成できると誤信した可能性がある。だが、フルシチョフの結末を知るプーチンには停戦や妥協という選択肢はないであろう。

テレビ報道下のメディア戦

キューバ危機の最大の特徴はテレビ報道下のメディア戦であるといえる。

時計の針を少し巻き戻す。およそ二年前の一九六〇年九月二六日、米大統領選で初のテレビ討論会が行なわれ、その様子は全米に放映された。

若さ、さわやかな弁舌、テレビ映りのよいケネディが、病み上がりで無精ひげを生やしたニクソンを圧倒した。このテレビメディアを活用する戦術こそが、政治経験の豊富なニクソンに対し、ケネディが勝利できた最大の要因であった。

ケネディはキューバ危機でも、テレビを通して強固な意思を国内外の聴衆に示した。ソ連が嘘をついてキューバに核ミサイルを配備しようとしていることの証拠を提示し、「配備を中断しなければ『海上封鎖』を行なう」と警告した。

これにより危機は白日の下にさらされ、全世界が二人の指導者の対応を〝固唾を飲んで〟見守った。ケネディは自らの正義と自信を世界に示し国際世論を味方につけ、フルシチョフに対しては陰謀的な工作が無駄であると牽制した。一方、隠密裏にキューバへのミサイル配備を進めてきたフルシチョフは、自らの行動の正当性をメディアに発信できなかった。

こうしてケネディは巧みなメディア戦でフルシチョフを心理的に追い込み、外交上の成果を収めた。

まとめ

本章のまとめとして冷戦初期の心理戦の特徴を述べる。

第一は、イデオロギー戦で有利に立つための心理戦が展開された。米ソ双方は心理戦機構を整備し、新聞、ラジオ、映画などによる大衆プロパガンダを駆使して自らの政治主義体制の優越性を喧伝した。また、ソ連はアジ・プロ部など人間による口頭での説得を行なった。

すでに結論は出ているが、イデオロギー戦ではソ連が完全敗北した。その原因は共産主義の理想と現実のギャップであった。だから、ソ連が目論んだ米国国内における共産主義は拡大しなかったし、米国人のソ連エージェントは共産主義から離脱した。

大多数に支持されなくなるとイデオロギーは弱体化する。そして恐怖政治のみでは組織を維持する力は失われ、人心はますます離れる。このような衰退の連鎖に陥った。

しかしながら、現在の国際社会は、冷戦期のイデオロギー戦に代わって「欧米主義体制と中露権威主義体制」の大国間競争に再突入している。すなわち、形を変えた政治戦、思想戦が復活している。格差社会などの自由・民主主義体制の弱点を突いた心理戦、さらに後述する発展型の認知戦が継続、拡大することには警戒が必要である。

第二は、核兵器が心理戦の兵器であることが実証された。

米ソ双方は核兵器を保有していたので、キューバ危機は戦争へと発展しかねない事態であった。だが核戦争への恐怖が心理的抑止効果となり危機事態が回避されたことも事実である。

ケネディは奇襲的に大規模な爆撃を行なっても、残存の核ミサイルで米本土が反撃される危険性を認識した。つまり核の恐怖が海上封鎖という慎重な対応をとらせた。

核の抑止効果を認識した両国は一九六三年に部分的核実験禁止条約の締結で合意し、六五年には相互確証破壊理論の下で「敵対的平和」の状態に入っていく。

核兵器が冷戦期の相対的平和を創出したことは事実であるし、外交心理戦の武器にもなる。

しかしながら核抑止は、双方による合理的判断が前提であり、テロ組織や〝ごろつき国家〟には通用しない。また、核抑止はボタンのかけ違いで重大な惨事を招くことは認識しておかねばならない。

第三は、外交心理戦には軍事力とインテリジェンス力が不可欠ということが実証された。

ケネディは核ミサイルでソ連よりも優位に立っているとの自信、背後に軍事力を持っていたから、フルシチョフに対して強気でいられた。そして軍事力で優位に立っていることをインテリジェンス力で実証した。

当時、ソ連がICBMとスプートニクの開発に成功し、一九五八年頃から米国はミサイル技術でソ連に劣っているとの「ミサイル・ギャップ」が発生した。

米国はU-2偵察機により、それが虚構であることを解明した。しかし、ソ連が実際にどの程度のミサイルを隠し持っているのか、ミサイルの製造能力はどの程度かなどは依然として謎であった。その謎は、英米が使っていたソ連スパイのオレグ・ペンコフスキー大佐(6)から得た秘密情報により解明した。これによりソ連のミサイル数がフルシチョフの誇張であることを知った。

また、ペンコフスキーの情報にはキューバのミサイル発射基地の計画案が含まれていた。この計画案に基づいてU－2がキューバ上空からミサイル基地を撮影し、確定的な証拠を掴んだうえでソ連との外交心理戦に臨んだ。

第四は、バイアスを排除し、事態を客観的に見ることの重要性が認識された。

ケネディは大統領に就任してすぐにピッグス湾侵攻で敗北を味わった。一方、フルシチョフはICBM開発と人工衛星発射を成功に導き自信を得た。

こうした対照的な状況下、民間出身で年齢も若いケネディを前任のアイゼンハワーよりくみしやすいと、フルシチョフは舐めてかかった節がある。つまりキューバに核ミサイルを配置してもケネディは忍従するだろうと誤信したのではないか。

また、米国はマコーンCIA長官を除くすべての分析担当者が、キューバにミサイルを配備するほどフルシチョフは大胆かつ軽率ではないと考えた。

相手側を心理的に屈服させるためには相手の心を読むことが重要であるが、しばしば読み間違えるものである。とくに陥りやすいのが、相手も自分と同じような考えをすると思い込む「ミラーイメージング（鏡像効果）」である。

ミラーイメージングの回避には「他国の靴を履いて見る」（相手の立場で考える）ことが重要である。

この点、ケネディは相手の意図をよく洞察した。危機の期間中、自分がこういう行動をとったら、フルシチョフにはどんな影響を与え、彼はどのような行動をとるかの分析と判断に多くの時間を費やした。

そのうえでケネディは、フルシチョフを侮辱し、ソ連に恥をかかせないよう注意した。国益死守のためには対応をエスカレートするしかないとソ連が思い込み「窮鼠猫を噛む」の境地に至らないよう配慮した。

第五は、メディアは〝両刃の剣〟であることが認識された。ケネディはメディアを利用した主動的な情報発信で国際世論を味方につけた。しかし、メディア利用には大きなリスクがあることも認識された。つまり、いったんメディアにより情報を発信すれば、高揚する国内世論を前に引くに引けない状況になる。

まさにキューバ危機ではこの状況が生起した。一九六二年夏、米国では一一月の中間選挙を控えた野党が「ソ連はキューバに秘密裏にミサイルを配備している」としてケネディの「弱腰」を批判した。

そこでケネディは駐米ソ連大使にその事実を確認したが、同大使は明確に否定した。これを受けてケネディは弱腰批判を排斥し、国内支持を取り戻すために「ミサイル配備が発見された場合、自国と同盟国の安全を防衛するため必要なあらゆる手段をとる」との声明をメディアで発表したのである。

この声明は配備されていないことを前提にした公約であった。しかし、ミサイル配備の事実が明らかとなって前提が覆された。ケネディは柔軟路線への後戻りはできなくなったのである。だが、ミサイル基地を撤去できなければ米国は公約を守れない国と烙印を押され、信頼性は損なわれる。他方、キューバに武力を行使し、それに対しソ連がベルリンなどで報復行動に出て紛争が拡大すれば、やはり米国への信頼は損なわれることになる。

結果的に、ケネディの揺るがない姿勢にフルシチョフが屈したからよかったものの、メディアによる公表が政策路線の硬直化につながり、大惨事に発展しつつあったことは見落とすべきではない。

ＩＣＴ環境が発達するなか、外交政策、戦争とメディアとの関係はますます密接になっている。この点については次章の米国が関与した戦争の中でさらに考察する。

（１）一九四三年当時、ソ連はドイツ語、ポーランド語、チェコ語、スロバキア語、ブルガリア語など一八か国語のラジオ放送で、反ファシズム宣伝を行なっていた。

（２）ジョーゼフ・マッカーシー上院議員によって行なわれた共産主義者の摘発。一九五〇年、同議員は国務省に五七人の共産主義者がいると演説。この演説により、米全土で〝赤狩り〟が吹き荒れた。

（3）ＦＢＩは一九〇八年七月に結成された「特別捜査チーム」（捜査局と呼ばれた）に端を発する。一九二四年にエドガー・フーヴァー（一八九五～一九七二年）が捜査局長に就任。ルーズヴェルトが大統領に就任すると捜査局は捜査部に昇格し、一九三五年七月のＦＢＩとして正式に創設。第二次世界大戦中、ＦＢＩは軍情報組織から防諜任務を引き継ぎ、一九四五年には五千人規模の組織に急成長した。

（4）同組織は一九四八年九月にＣＩＡ内部に設置された政策調整室（ＯＰＣ：the Office of Policy Coordination）の後継組織。

（5）この事件は一九六一年に在米亡命キューバ人部隊がＣＩＡの支援の下で、キューバに侵攻してフィデル・カストロ革命政権の打倒を試みた事件。キューバのピッグス湾侵攻に至る意思決定を研究した心理学者のアービング・ジャニスは、その著書『グループシンクの犠牲者』で、集団浅慮は時間的制約、専門家の存在、特定の利害関係の存在などによって引き起こされると述べている。

（6）ペンコフスキーはソ連ＧＲＵの所属するミサイル技術の専門家であった。一九六〇年代初頭、英国ＭＩ6はＣＩＡと連携してロンドンでペンコフスキーに接触し、彼から秘密情報を受け取った。

第5章　米国のメディア戦と報道の統制

本章では、冷戦期からポスト冷戦期にかけて米国が関与したベトナム戦争、湾岸戦争、コソボ戦争、アフガニスタン戦争、イラク戦争におけるメディア戦と報道の統制に焦点をあてる。現在、ウクライナ戦争をめぐり欧米によるメディア戦が活発化しているが、過去の米国のメディア戦を見ることは大いに参考になる。

1、ベトナム戦争に敗北した米国

ベトナム戦争の経緯

日本がインドシナから撤退後、東南アジア最初の社会主義国（ベトナム民主共和国）が設立（一九四五年九月二日）。一九四六年一二月からのフランスとの間で行なわれたインドシナ戦争を経て五四年七月、ベトナムは北緯一七度線によって南北に二分された。

一九五四年八月、アイゼンハワー米大統領は共産化を阻止するため南ベトナムへの介入を決定し、CIA顧問を同地に派遣した。

一九五五年一〇月、ゴ・ディン・ジエムが南ベトナムの初代大統領に就任、CIA顧問の補佐を受けて国内統治を強化した。しかし、恐怖政治と汚職が国民の政治不信を引き起こし、反政府勢力の拡大につながっていった。

一九五九年頃から北ベトナムから南ベトナムへのゲリラ浸透が本格化し、南ベトナムではテロ活動が多発した(1)。

一九六〇年一二月、南ベトナムでは解放民族戦線（NFL、ベトコン）が結成された。これはホー・チ・ミンが指導する北ベトナムの傀儡組織であった。

一九六一年五月から六二年初頭にかけて、米国の特殊部隊とCIAは北ベトナム一帯で諜報、プロパガンダ（ビラの配布）、破壊などを行なったが、大きな成果は得られなかった。

一九六三年一一月、NFLはクーデターを起こし、ジエムを殺害し、政権を打倒した。しかし、このクーデターが北ベトナムによる共産革命であるとの認識は米国にはなかった。

ジェム政権崩壊の三週間後ケネディが暗殺された。大統領に昇格したジョンソン（副大統領）は当初は穏健な政策をとっていたが、一九六五年二月七日から〝北爆〟を本格化させ、同年三月七日に陸上部隊（海兵隊）を南ベトナムに上陸させた。

この頃から米国内に反戦運動が起こる。一九六五年四月、左翼の学生組織が、ワシントンDCで抗議を呼びかけたことがきっかけとなり、反戦運動は全国に拡大し、政治、文学、娯楽の世界からの著名人が参加した。反戦運動は黒人運動や労働運動とも結びついて高揚し、六七年にはベトナム反戦の声が世界に広がっていった。

一九六九年末から七〇年五月にかけて、ベトナム帰還兵の団体などによるベトナム反戦運動が再び盛り上がりを見せた。

これに対し、NFLは一九六七年一〇月から全面攻勢の準備に移行し、一方の北ベトナム正規軍（三個師団）は六八年一月二一日、非武装地帯から二八キロにある要衝ケサン基地に包囲攻撃を開始した。

同年一月末、NFLはサイゴン市内の米国大使館、国営放送局、空港などの主要目標に一斉に攻撃（テト攻勢）を仕掛けた。この衝突では、米軍や南ベトナム軍の死傷者は二万人を超え、一方のNFLも四万五千人の損害を出した。戦意をくじかれた米国国民は以後ベトナム撤退を主張するようになる。

一九六九年一月、ベトナム終結を公約に掲げる共和党のリチャード・ニクソンが大統領に就任したが、和平交渉は進展せず、カンボジア、ラオスへの戦線拡大など逆方向に進んだため、国民の苛立ちは高まり、政権の支持率は低下した。

一九七三年一月下旬、ニクソンはベトナム戦争の終結を宣言し、米軍が撤退した。米軍の後ろ盾を失った南ベトナム政府は風前の灯火となり、七五年四月三〇日、サイゴンが陥落し、ベトナム戦争は終わった。

解放民族戦線の口コミ説得術

北ベトナム労働党のもとで、南北ベトナム住民が米国に対する抵抗意志を燃やし続けたことが、ベトナムの勝因であった。

北ベトナム労働党は住民を味方にするため、マスコミを統制し、現地での米軍の失敗、堕落ぶりを喧伝し、無辜の民を殺害している残虐性を報道した。報道を裏付けるように解放民族戦線（ベトコン、NFL）は破壊活動、テロ行動を仕掛けて言行一致を作為した。

北ベトナム軍は、国境である非武装地帯を越えて侵入し、テト攻撃の際には数千人の南ベトナム市民を虐殺したが、報道陣を完全に締め出していたため、この虐殺はほとんど明らかにされなかった。北べトナム軍が多用したロケット砲は多くの市民を殺傷したが、その責任は巧みなプロパガンダにより、南ベトナム政府および米国に転嫁された。

米軍の爆撃に対して、北ベトナムとNFLは組織と民衆の心を一つにして戦った。ここには、ソ連仕込みの思想・情報の伝達戦法があった。

米国はマスメディアを活用する思想・伝達を行なったが、これに対し北ベトナムは口伝、噂、ゴシップなどの口コミと社会運動により思想・情報を伝達していった。

NFL中央委員会の指揮下に、地域、省・地区、村落、部落の四つのレベルの「アジ・プロ部」が設置された。アジ・プロ幹部は住民が自発的に共産主義を信奉するようになるまで思想改造を行なうことであった。

彼らは住民に思想を伝達するために「根と鎖」のシステムを用いた。これは説得の見込みがある「根」を見つけ出し、そこを教育して次の根を見つけるための「連結」役を果たさせる。こうして次々と「連鎖」を形成していく方法である。

彼らの思想伝達の特徴は次のとおりである。

①マスメディアも活用したが、口から口、面と面の伝統的チャネルを重視し、アジ・プロ幹部と労働者によって直接・間接的に思想を伝達した。

②基本的には理性的アピールをもって真実の主張を行なったが、状況に応じて非理性的アピールで村人の感情を動かし、激情、憎悪を醸成した。

③、デモ、パレード、運動、グループ批判や個人告発、闘争、近隣や職場の集会などの大衆心理を煽る戦術を採用した。

④多数の人々に一部の思想を付与する煽動と、一部あるいは少数に多くの思想を付与するプロパガンダを使い分けた。

⑤アジ・プロ幹部は、マスメディアよりも議論や集会を活用し、農村のベトナム人が理解できる言葉でＮＦＬの政策と計画を説明した。

⑥アピールは共産主義の教義、統一戦線の概念、階級意識、歴史的に決定された主義の必然的勝利を基礎としていた。

以上をまとめると、ベトナムの勝因は草の根の口コミと社会運動により住民を教育、説得したことにつきる。また、この種の説得戦法はメディア網が未開拓であり、識字率が高くないベトナムの風土によく適合した。

米国はなぜ敗北したのか？

南ベトナム兵自体の戦意が低かったということもあるが、米軍にも多くの問題があったために米国が自滅的敗北を喫したとの見方は一般的である。そこで米国がベトナム戦争に敗北した原因を心理戦という観点から整理する。

第一に、米国は軍事大国の驕《おご》りから、ベトナムを見下していた。米軍の作戦指揮官の「しょせんベトナム」という過小評価が重要な兆候を見逃し、有用なインテリジェンスを拒否した。

米国は北爆により、「もはや北ベトナムおよびベトコンは抵抗する気力を失った」と判断した。すなわち空爆という心理戦的な攻撃が成功したと思い込み、大局判断を誤った。

一九六八年一月のテト攻勢の前、ＣＩＡ、国防情報局（ＤＩＡ）は北爆の心理戦的な効果は限定的で、ＮＦＬによる大攻勢が起こる可能性があるなどの評価（インテリジェンス）を作戦指揮官に上げていたが、米国のベトナム派遣軍司令官（作戦指揮官）ウエストモーランド陸軍大将は空爆の成果を過信して派遣軍の勝利は間近であると判断した。そしてサイゴン（現ホーチミン）への大攻勢を示すさまざまな兆候は北部のケサン攻撃のためのプロパガンダ・欺瞞であると判断した。

彼は、ケサン防衛のために有力部隊の北方への移動を命じた。このためにサイゴンはまったくの無防備状態になり、これが大惨劇につながった。

情報機関が的確な情報見積りを出しても、使用者（作戦指揮官）がインテリジェンスを拒否し、独自に判断すれば情報活動は無意味であるという証左である。

また、ジョンソン大統領には、テト攻勢が起こり得るとの警告を在サイゴンの米国民に伝え、国外退避を準備させるという選択肢はあったが、その選択は「米国が戦争に勝利しつつあるのにどうして敵は大規模な攻勢を行なえるのか」という矛盾を国民から突きつけられることになる。

さらに、敵が攻撃してきても、米国は北ベトナムを敗北させる自信があった。そこで敵の攻撃を待って攻撃を撃退するという策が考えられ、これにジョンソン大統領は賭けたが、結果は無残にも大攻勢を受けてしまったのである。(2)

第二は、中国の秘密裏の作戦を見破られなかったことである。中国に対するインテリジェンスの失敗である。

米国は、中国とソ連が北ベトナムに兵站支援を行なっていることは知っていた。しかし、中国が北ベトナムの要請に応じて、相当規模の部隊を北ベトナム領内に駐留させ、戦闘に参加させていたことについて米国はまったく知らなかった。(3)

仮に、北ベトナムが自国領内に外国軍隊を駐留させていることが明らかになっていれば、「南ベトナムからの外国軍隊（米軍）を撤退させる」という北ベトナムの大義名分が成り立たなくなる。そのことに米国が気づいていれば中国・北ベトナム・ベトコンに対し国際世論をもって批判することができたであろう。

また、中国は香港、マカオ、北朝鮮、日本などの周辺国で中国情報機関（中央調査部）を使って米軍に対する籠絡《ろうらく》工作を行なっていたが、(4)これらについても米国は無防備であった。

第三に、米国は戦争大義の獲得に失敗した。米国は共産主義の封じ込めのために戦争に介入すると主張した。真珠湾攻撃から米国民の愛国心に火がついたが、ベトナムは距離的にも遠く離れ、脅威を国民に感じさせることができず、政府が掲げる戦争大義は国民には浸透せず、愛国心を発揚できなかった。

ウクライナ戦争では、ウクライナ側には主権・領土の防衛という明確な目的があるが、侵略するロシア側には正当性が欠ける。ここに両国軍の士気の高さに違いがあり、軍事力の規模では劣勢なウクライナ軍が善戦しているとされる。同様にベトナム戦争では、米国は戦争大義を欠いていたので、米軍の士気も上がらなかったといえる。

第四は、国内の反戦運動の高まりである。過去の二度の世界大戦および太平洋戦争と、ベトナム戦争の決定的な違いは国内での反戦運動の存在である。三つの戦争ではまったく発生しなかった反戦運動が、ベトナム戦争では米全土を席巻し、戦争の行方に計り知れないほどの影響をもたらした。

第五は、報道の統制の失敗が前述の反戦運動を拡大させた。これについては次項で詳細に分析する。

報道の統制の失敗

一九六〇年代前半のケネディ政権時代は、ベトナムでの報道統制は機能していた。ケネディ政権は記者会見でもベトナムのことについてはあまり触れない、記者からの質問に対しても話題になるような回答は避けるなど配慮した。

当時、サイゴン駐在記者は少なく、しかも経験の浅い若手記者が大半を占めた。ベトナムが新聞の一面を飾ることはほとんどなく、テレビニュースも数分程度に編集された一日遅れのものだった。

ところが、一九六三年のジエム政権崩壊以来、欧米メディアによるベトナム戦争の報道が増大して、作戦失敗や兵士の悲惨な状況がメディアで流されるようになった。これが米国の反戦運動に力を与え、多くの反戦運動家を生み出した。

一九六七年八月頃から世論調査で戦争反対が戦争支持を上回るようになった。このため米国政府は、戦争が計画どおり順調に進展していると情報発信して、国民の戦争支持を得ようとした。かつての日本軍の「大本営発表」のように戦果を誇張することで国民批判を回避しようとしたのである。

しかし、一九六八年一月のテト攻勢によりこの方法は頓挫した。そこで、米国が行なったのが広報戦略である。米国の中小のメディアをサイゴンに案内して特派員になることを奨励し、外国の報道機関にも積極的に援助し報道を奨励した。報道を奨励することで彼らの愛国主義を高め、共感させることにより、軍の宣伝機関のようにして統制することを狙ったのである。

しかし、特派員の数は増大し、政府の公式見解には従わない独自取材が横行した。社会全体に対するテレビの影響力が急速に増大していたため、報道統制が複雑となり、結果として米国にとって不利な報道が頻繁に行なわれた。

「ベトナム戦争は史上初めて、戦場ではなく新聞の紙面やテレビの画面で勝敗の帰趨が決まった戦争」（松岡完『ベトナム戦争』）というように、メディア統制の失敗が米国を敗戦に導いたのである。[5]

2、戦争の大義と報道統制の問題

湾岸戦争の勃発とその特徴

一九九〇年八月二日、イラクがクウェートに侵攻した。これに対して、米国のブッシュ（父）政権は国連非難決議を異例の速さで取り付け、石油の禁輸といった厳しい経済制裁を発動させた。さらに国連安保理決議で対イラク武力行使承認を得る手順を尽くし、広範な多国籍軍を編成した。

一九九一年一月一七日より米軍主体の多国籍軍が空爆を実施、二月二四日からは地上戦も開始され、三月三日、イラクは暫定停戦条件を受諾した。

湾岸戦争の原因はイラクによる侵略であり、国際法違反であるが、なぜクウェートに侵略したのかについてイラク側の視点から整理しておく。

イラン・イラク戦争で疲弊した経済を立て直すために、イラクは命綱である石油輸出の収入利益を増加させることを目論み、OPEC（アラブ石油輸出機構）に石油減産で合意するよう働きかけた。

しかし、クウェートはこれに応じなかったため、イラクの石油輸出価格は値下りし、イラクの経済は窮地に追い込まれた。さらにクウェートはイラクとの国境にまたがるルメイラ油田の発掘を開始した。これに激怒したサダム・フセイン大統領はクウェートに軍事侵攻することで、諸問題の解決を図り、同時にクウェートへの懲罰を行なおうとした。

フセインにとって心配の種は米国の出方であった。そこでクウェート侵攻の数日前に、駐イラク米国大使エープリル・グラスピー（当時）と会談した。この時、グラスピー大使は「米国はアラブ諸国同士の問題に関心がない」旨の発言をした。

グラスピー発言の真意は現在に至るも不明であるが、この発言をフセインはクウェートに侵攻しても米国は介入しないと解釈した可能性がある。

戦争はしばしば相手の意図を誤解することから生起する。今回のウクライナ戦争では、プーチン大統領が、NATO加盟国ではないウクライナには兵を派遣しない旨のバイデン米大統領の発言を、ウクライナの早期の抵抗意志の瓦解につながると判断して、軍事侵攻した可能性が指摘される。

湾岸戦争の特徴の第一は、国連の集団安全保障が初めて機能したことである。この戦争は第二次世界大戦時の〝ヒトラーの戦争〟と基本的には同じ性格である。つまり覇権を求めての武力侵攻であったために、国連の軍事介入が認められた。このことは、一国が他国に対する侵略戦争を行なってはならないとの国際ルール、つまり国際社会での「領土保全の原則」が確立されつつあるとして評価された。

他方、冷戦終結後の米国の軍事的優位、ソ連の崩壊、天安門事件（一九八九年六月）による中国の孤立などの要因が「湾岸戦争プロセス」を成立させた。つまり、大国間の利害の一致という状況が集団安全保障を機能させたといえる。

第二は、新たなICT（情報通信技術）環境下での戦争であった。米国は圧倒的な軍事力の格差を世界に誇示し、勝利を獲得した。それは情報あるいは情報戦／情報作戦の勝利であるともいわれた。

米軍は指揮・統制・通信・コンピュータ・情報・監視・偵察のC^4ISR(6)を駆使した一元的な指揮統制と長距離精密誘導兵器（PGM）を中核とした航空戦力の圧倒的な威力を示し、冷戦後の新たな戦争の形態を示した。

第三は、メディア戦の強い影響を受けた戦争であった。湾岸戦争はテレビによって生中継された史上初めての戦争だった。

CNN(7)は空襲などの一部始終をリアルタイムで家庭の茶の間に届けた。視聴者は遠く離れた自宅からでもリアルな戦場を目にしているかのような気分を味わった。また、ブッシュ大統領やベーカー国務長官の演説はCNNで報じられた。

メディア戦による戦争大義の獲得

戦争の大義(正当性)を獲得することは心理戦の要訣である。このことは太古から不変の原則であり、湾岸戦争でも同様であった。

当時、サウジアラビア、トルコ、イスラエルは米国の同盟国であった。同盟国の安全を守り、地域の秩序安定のために米国が湾岸戦争に介入することに大義はあった。

しかし、米国が石油欲しさのために中東の地域紛争に介入したとの国際批判が起こる恐れもあった。そこで米国は「悪のイラクからクェートを助ける」というメディア戦を発動して戦争介入の正当性を補強した。

米国内のマスメディアは、フセインの悪行を事実検証なしに拡散し、米国政府の思惑に加担した節がある。以下はその代表的な事例である。

●米国政府はフセインを第二次世界大戦での〝悪役〟ヒトラーになぞらえ、メディアは「ヒトラー二世」という見出しをつけた記事などを配信した。

●一九九〇年一〇月一〇日、米国議会人権委員会で「クウェートから逃げてきた」という一五歳の少女ナイラが、クウェート市内の病院にイラク兵が乗り込み、保育器から幼児を取り出して放置したことなどを涙ながらに訴えた。当時、フセインを非難する時に毎回のようにこの事例が引用された。しかし、このナイラ証言はニューヨーク市に本拠を置くPR会社である「ヒル・アンド・ノウルトン」社による演技指導を受けた嘘の発言であった。実際には、ナイラは当時のクウェート駐米大使の娘であり、クウェートには一度も行ったことがなかった。

●「油まみれ水鳥」の映像が流された。これは視聴者に対して「イラクがペルシャ湾へ原油を放出した」との心理・認知操作の効果をもたらし、イラクは国際的な犯罪者であり、イラクを攻撃するのは当然であるとの世論が広範囲に形成された。しかし、原油流出は米軍の誘導爆弾によってクウェートにある「ゲッティ・オイル・カンパニー」の原油貯蔵施設から油が流出したことが原因であった。この施設は当初から米中央軍の攻撃目標であったとされ、米国は自らへの批判の矛先を相手側に振り向けた格好となった。駐日イラク大使のアルリファイは『アラブの論理』（講談社）で、偽情報の流出は米国情報機関の仕業だと反駁した。

●イラクの軍事拠点とされる精密爆撃の映像が連日テレビ放映された。これにより米軍による爆撃は軍事施設のみを狙い、人員を殺傷しないきれいな戦争であることを印象づけた。しかし、ピンポイント爆撃に使用されたスマート爆弾の使用はわずかであり、イラクの制裁を意図的に強化するため、非軍事のインフラ目標に対して計画爆撃を行なったとの指摘もある。

●降伏した大勢のイラク兵の長い列を報道した。これにより、地上戦はすぐに決着し、米軍兵士の犠牲はない、戦争はすぐに終わるという楽観的観測に国民を誘導した。

以上の事例は、反米国政府の立場で書かれた記事もあり、さらなる検証も必要とされるが、少なくとも米国政府の公式見解や政府系米国メディアの情報発信には少なからぬ疑義があることは間違いない。

湾岸戦争における報道の統制

前述のような戦争の大義の獲得やフセイン大統領を〝悪の権化〟とする国際世論の形成は、米政府による報道の統制（メディアコントロール）と一体になって行なわれた。

ベトナム戦争では報道統制に失敗し、それが国内の反戦運動へとつながり、ベトナムからの不名誉な撤退を強いられた。その教訓から、湾岸戦争では記者の行動も記事の内容も軍がほぼ管理した。

まず、現地の記者を制限する取材制度（プールシステム）を取り入れた。これは代表取材制度ともいい、政府とメディア側が協議により、一定数の代表者のみに取材を許可し、取材場所と取材方法が事前に決定され、報道内容についても軍が検閲した。

この方法は非常にうまくいった。取材陣はプールから外されることを恐れて軍の統制に従った。一方、プールに入った記者には一種の特権意識と軍に対する仲間意識、そして愛国的な感情が芽生えた。また、限られた取材人数をめぐり報道機関同士に競争意識が芽生え、それによって軍や政府への不満や反発が起きない効果も生まれた。

軍による検閲による情報操作も成功した。軍の検閲官が映像や記事を許可する最終権限を持ったわけではないが、軍の判断に異議を唱えれば結論が出るまでに時間がかかる。そうするとニュースの鮮度は落ちていくので、報道機関は即時性を重視して、軍の意見に従うしかないという結果になった。

ピート・ウィリアムズ国防省報道官は、「プールシステム」で記者たちの自主的な動きを封じた湾岸戦争のメディア管理を「史上最良の戦争報道だった」と自讃した。

地上戦開始後、シュワルツコフ中央軍司令官は記者会見でイラクを欺瞞するために、ペルシャ湾からの上陸作戦に関する偽情報を積極的に流した。彼は地上作戦がうまくいったのはメディアのおかげだと情報統制の成果を語った。

しかしながら、一部の記者はイラクで独自取材を続け、その結果、米国政府が意図した方向に世論は向かわなかった側面もある。

また自由・民主主義国家にとって政府の報道の統制はどこまで許されるのかという問題も提起され、マスメディアは「プールシステム」の是非を再考するよう国防省に申し入れた[8]。自由な報道ができなかった湾岸戦争について、のちのニューヨークタイムズのメディア記者マーチン・アーノルドは、朝日新聞の取材に対し「今度の戦争で負けたのは、イラクとメディアだ」と応じた(木下和寛『メディアは戦争とどうかかわってきたか』)。

結局、プールシステムに対する批判が集まり、これは廃止になった。ただし、政府にとって報道の統制は重要であることは論を俟たない。そこでプールシステムの廃止による問題を米国政府は克服しようとした。これについてはその後のコソボ、アフガニスタン、イラクの状況を見ることにしよう。

コソボ戦争以降の報道統制

一九九八年二月に始まったコソボ戦争は、五、六千メートル上空からの航空機によるミサイル発射・

爆弾投下とアドリア海からの艦艇による巡航ミサイル発射に終始した。

地上戦闘には至らず、前線そのものが存在しなかったので記者は現地に行かず、そもそも報道統制の問題は生じなかった。

他方、国際紛争とメディアとの関係を研究した橋本晃によれば「アクセス規制・検閲のピークは湾岸戦争で、プロパガンダのピークはコソボ戦争にあった」という（橋本『国際紛争のメディア学』）。

サイバー戦の始まりとされるコソボ戦争では、外国メディアの記者はもちろん、約一万人に上るベオグラード市民らがインターネット経由で情報を入手・発信した。つまり、ICT技術の発達で、現地に行かずとも報道が可能となった。そのため、サイバー空間での世論に屈しないように、米英はミロシェビッチ政権をナチスになぞらえ、「われわれの側につくか、テロリストの側につくか」と〝善悪二元論〟のプロパガンダ（メディア戦）を展開した。さらに、米英はメディア戦で優位に立つために、セルビア国営テレビを攻撃した。

二〇〇一年のアフガニスタン戦争では、米国は十分な証拠もない段階で「9・11同時多発テロ」の首謀者をビンラディンであると特定した。これは米国国民の怒りと復讐心を結集し、「対テロ戦争」を支持する世論を結集するためであった。敵を早期に想定したため、世論の戦争支持は湾岸戦争を上回った。

アフガニスタンでは空爆を主体にしながら、ハイテク装備で武装した特殊部隊兵士らが地上の戦闘に投入された。他方、多くの報道機関やフリージャーナリストは戦地に赴いたが、軍の協力が得られず、地上戦の戦場から離れたカブール北方のバグラム空軍基地などに閉じ込められ、戦争の最前線の特定さえできなかった。

結局、米国政府はメディアの影響を受けずに情報を統制した。湾岸戦争と同様に情報保全を厳重に管理し、発表窓口を一本化するとともに、テレビカメラを戦場に近づけないなどの措置をとることで、アフガニスタン攻撃の目的をビンラディンとテロ支援勢力の壊滅であることを印象づけることに成功した。

しかし、報道過小という新たな問題が生じた。報道過小は情報の統制の面からは政府に有利であるが、国内外に戦争の大義を発信できず、米国の勝利を喧伝して戦意を鼓舞することもできない。湾岸戦争では報道過小は問題とならなかったが、アフガニスタン戦争ではアルジャジーラ(9)が登場した。米英の報道が過小なのに対し、アルジャジーラ側は映像を用いた印象的な報道を大量に流した。多くの聴取者(オーディエンス)がアルジャジーラの方に惹かれた。このため米国はアルジャジーラのカブール支局を爆撃する措置に出た。

二〇〇三年のイラク戦争では米国による政府・軍によるメディアに対する報道規制が大きく転換した。ラムズフェルド国防長官は「歴史的な転換」と自賛した。

イラク戦争では六〇〇人規模の従軍取材が認められ、砂漠を進撃する米軍部隊や戦闘の様子が衛星回線経由でリアルタイム動画として世界中に流された。

これはICT技術の発達で湾岸戦争型の報道統制が難しくなったことが背景にある。そして終わりが見えない対テロ戦争では米英の攻撃の正当性を大々的に喧伝する必要性から行なわれた。

また、戦争の大義を主張するために、イラクが大量破壊兵器を持っているとの誤った情報に依拠した。このため、米英の情報統制や世論誘導の手段が現在に至るも批判の対象となっている。

まとめ

今日、米国、日本および西欧は、戦争における政府とメディアとの関係はいかにあるべきという問いに明確な答えを見つけていない。

米国のような自由・民主主義の国家にとって、行き過ぎた報道の統制は国内外の批判を招くことになる。他方、統制なき自由な報道は、国家の政治政策や軍事作戦に困難を来すことになるので、プロパガンダあるいは広報を強化して世論の理解や支持を得る必要性が生じる。(10)

さらにはアルジャジーラのカブール支局の爆撃のような、相手側のメディアツールを物理的に破壊

する、あるいは政府にとって好ましくない報道を自粛させるためにメディア側に身の危険を警告することもある。(11)

現在、欧米の自由・民主主義陣営と中露の権威主義陣営との大国間競争が激しくなっているなか、米国は発信力という点では中露を凌駕している。しかし、メディア、米国の「GAFA」などビッグテック(巨大IT企業)といった非国家アクターを統制しきれないことが自由・民主主義陣営の結束を危ういものにし、それらを統制し得る中露に非対称的な優位性を与えている。

また、ウクライナ戦争では、米国が主導するグローバルノース(先進資本国)は結束を誇示し、世界に向けて共同として対ロ経済制裁を行なうよう要請しているが、これは必ずしも、グローバルサウス(発展途上国)には届いていない(294頁参照)。

(1) 南ベトナムでは毎月六〇〇～八〇〇人の住民がゲリラに殺害されたとされる。ケネディが大統領に就任した一九六一年一月の時点で、ホー・チ・ミンは約一万五〇〇〇人のベトコンを南ベトナムで活動させていた(ノーマン・ポルマー『スパイ大事典』)。

(2) だから多くの人々は、それが奇襲ではなかったのにもかかわらず、この攻撃が奇襲であったと考えるに至ったのである(『インテリジェンス―機密から政策へ』)。

(3) 一九六八年頃からは中国は、ラオス国内の共産勢力を支援するためにこれまた数万人規模の軍隊を送ったが、米国は「中国軍の北ベトナム、ラオスの進出・駐留を一九八〇年代の終わりまで知らなかった」(三野正弘『ベトナム戦争―アメリカはなぜ勝てなかったか』)
(4) 大量の偽米ドルを流通させ、米国経済の混乱を画策した。ベトナム米兵の士気喪失を目的に中国製アヘンを輸出し、南ベトナムでは売春宿を経営し(ハニートラップ)諜報活動と秘密工作を展開していた。
(5) 一九六八年一月末のテト攻勢の状況は、米国内の各家庭に衛星テレビ中継によって史上初めてリアルタイムで、しかもカラー映像で放映された。
(6) 四つのC、指揮(Command)、統制(Control)、通信(Communication)、コンピュータ(Computer)と、情報(Intelligence)、監視(Surveillance)、偵察(Reconnaissance)を指す。
(7) 一九八〇年にテッド・ターナーによって設立された、世界初の二四時間放送のニュース専門のチャンネル。
(8) 一九九一年六月、CNNやニューヨークタイムズなどの主要マスコミは湾岸戦争でのプールシステムや検閲などを再考するよう要望書を国防省などに提出した。
(9) アルジャジーラは一九九六年カタールにおいて発足した中東の衛星テレビであるが、戦地にもテレビカメラを送り印象的な映像を多く提供した。
(10)「記者、カメラマンらの前線へのアクセス規制・検閲などのメディア統制が不在または敷かれないコソボやイラクなどの戦争では、プロパガンダは空前の規模となり、二種の統制が厳格に敷かれた戦争では必ずしもプロパガンダは激化していない。戦時プロパガンダは狭義のメディア統制と表裏一体、反比例の関係にあるといえるだろう」(橋本晃『国際紛争のメディア学』)
(11) これに関し、米国防省のクラーク報道官は「敵国の首都から報道するような非愛国主義的な姿勢は評価できない。われわれに決定はできないが、記者をバグダッドに置くことがいかに極度の危険をともなうかは伝えることができる」と語り、別の制服組幹部は「イラク側から報道しようとする記者らは空爆される可能性がある」と述べた(橋本晃『国際紛争のメディア学』)。

第6章　米国の情報戦および情報作戦

1、米国のＲＭＡと情報戦および情報作戦

ＲＭＡとは何か

米国は湾岸戦争以後、ＲＭＡ（Revolution in Military Affairs：軍事における革命[1]）に対する研究や施策を進めた。

当時、米国の未来学者、アルビン・トフラーの『第三の波（The Third Wave）』（一九八〇年）と『パワーシフト（powershift）』（一九九〇年）が世界のベストセラーとなった。

トフラー夫妻は、社会、経済の側面で情報革命が訪れることを予測した。これに触発された軍事専門

家は情報革命が軍事の領域に及ぼす影響、すなわち情報RMAについての研究を開始した。[2]トフラー夫妻は『戦争と平和（war and Anti-war）』（一九九三年）で、彼らが一〇年前に立てた命題、すなわち「情報の波が訪れる」を裏付ける証拠として湾岸戦争を取り上げた。さらに同書で、今後の戦争では情報が重要な鍵になる、軍隊は統合作戦部隊の方向に向かう、組織のネットワーク化が進んで軍の部隊は戦場における自主性を得るなどを予測した。

米国の一九九二年の国防省報告『軍事技術革命—予備的検証』では、すでにRMAの到来を指摘している。九三年にはトフラーが脱近代型の「第三の波」型戦争を予言し、戦略理論家エリオット・コーヘンや当時の統合参謀本部副議長オーエンス提督（海軍大将）がRMAに関する議論を深めた。[3]オーエンス海軍大将らにより、米国は「システム・オブ・システムズ（SoS）」の概念を確立した。同概念では情報が戦闘力を飛躍的に向上させることが認識された。つまり情報は戦闘における支援的要素ではなく戦闘効率の飛躍的向上を担う不可欠な要素であり、情報技術をSoS実現のための中核的手段として捉えたのである。[4]

情報を中核とするRMA（情報RMA）では軍事の運用形態は統合運用となる。一九九六年、米統合参謀本部は『統合ビジョン2010』を発表した。同ビジョンでは情報優越を獲得するための新たな作戦概念として①支配的機動、②精密交戦、③全次元防護、④効率的兵站の確立の四項目を目指すことが規定された。[5]

二〇〇〇年、統合参謀本部は『統合ビジョン2020[6]』を発表し、さらなる情報優越を確保し得る体制整備を推進することを表明した。

SoSの戦いでは、艦艇、車両、航空機などのさまざまなプラットフォームのセンサーが探知した目標データを、コンピュータが自動的に処理し、最適の目標を選定し、この目標に対してミサイルを発射、誘導して目標を破壊するといった戦いが可能となる。つまり、レーダーシステムとミサイルシステムを連接してデータの自動送信を行なわせ、その間に判断・意思決定を持つコンピュータシステムを介入させることで、目標の探知、判断や意思決定、目標の補足・追尾、・撃破までの自動化を実現する。

SoSを具体化することで、米軍は精密誘導兵器によるピンポイントの爆撃作戦のレベルを向上させた。湾岸戦争でもピンポイント爆撃は脚光を浴びたが、コソボ戦争、アフガニスタン・イラク戦争では、精密誘導爆撃のレベル向上を世界に示したのである。

コソボ戦争では、湾岸戦争とは比較できないほどの大量の精密誘導爆弾(PGM)を投入し、地上部隊の派遣を待たずに航空部隊だけで戦争に勝利した。しかも、ベトナム戦争以来の悲願であった戦争における「戦死者ゼロ」を達成した。

アフガニスタン戦争では、洞窟に対する爆撃を主体に、遠隔地かつ未知の戦場に対し、最小限の地上兵力を投入するのみで、陸地における兵站基地を設置することなしに作戦を実行した。

イラク戦争では、リアルタイムな情報の共有と高精度のPGM、巡航ミサイルによるピンポイント攻撃によって、敵（点目標）を破壊して軍事作戦の勝利に直結させた。

情報戦および情報作戦という概念

湾岸戦争以後、「Information Warfare」という用語が世界を席巻した。

湾岸戦争では電子技術分野を制する者が戦場を支配するという新たな認識が生まれた。以後、コンピュータとネットワークにより、さまざまな情報が行き交う空間（サイバー空間）を使った戦いを、欧米などで「インフォメーション・ウォーフェア」と呼称するようになった[7]。

一九九三年の米国ランド社『サイバー戦争が来る（Cyberwar is Coming）』では、情報戦をネットワーク戦、政治戦、経済戦、指揮統制戦（サイバー戦含む）の四つに分けて定義した。
（1）ネットワーク戦（net warfare、netwar）
国民が望ましい国家行動をとるよう国民の意識に影響を与える、またはその意識を管理する活動。ネットワーク化された通信手段によって、社会全体の情報を管理するもの。
（2）政治戦（political warfare）

政治システムに指向され、国家指導層の意思決定や政策に影響を及ぼす活動。

（3）経済戦（economic warfare）

経済システムに指向され、国家指導層の意思決定や政策に影響を及ぼす活動。

（4）指揮統制戦（C^2W、command and control warfare）

情報に基づき軍事システム（指揮統制）に対する物理的破壊を含む軍事作戦。心理戦、欺瞞、電子戦サイバー戦など。

一九九五年、当時の情報戦理論の第一人者のマーティン・リビックは、情報戦は指揮統制戦、インテリジェンス基盤戦、電子戦、心理戦、ハッカー戦、経済情報戦、サイバー戦の七つの形態に分類することが可能であるとした。(8)

以上のように湾岸戦争以後、米シンクタンクなどで情報戦の定義や分類が行なわれた。ただし、米国政府は現在、戦術レベルの情報作戦（ＩＯ：Information Operation）の定義は有するが、(9)情報戦の正式な定義を有していない、との見解を提示している（樋口敬祐ほか『インテリジェンス用語事典』）。

つまり、情報ＲＭＡの最先端を走る米国であっても、ＩＣＴ、ＡＩなどにより戦争環境が劇的に変化するなかで、情報戦の理論を体系的に整理することは困難になっている。

2、米国国家戦略の転換と大国間競争の復活

米国の国家戦略の転換

二〇一二年、オバマ政権は「国防戦略指針」を発表し、「アジア太平洋へのリバランス」の方針を打ち出した。これは一〇年にわたるアフガン・イラク作戦の重視から中国重視への切り替えを示唆するものであった。

二〇一三年九月、オバマ大統領（当時）が「米国は世界の警察ではない」と宣言したことから、中東ではＩＳＩＬが台頭し、中露がウクライナ、南シナ海で力による現状変更の試みを企てた。すなわち、米国の〝世界の警察官〟の返上によって「中露の権威主義対欧米の自由・民主主義」という大国間競争が復活したのである。

その後の米国の国家戦略の変遷を辿ってみよう。

オバマ政権は二〇一五年七月、国家軍事戦略（ＮＭＳ：National Military Strategy）を発表し、米国の国家安全保障上の利益を脅かすような形で行動する「修正主義国家」として、ロシア、中国、イラン、北朝鮮を明示的に列挙した。またＩＳＩＬなどの暴力的な過激派組織が差し迫った脅威になっている

とした。

二〇一七年一月に発足したトランプ政権は、「米国第一主義」とともに力による平和を掲げ、軍の再建や同盟の重視などの方針を打ち出した。

二〇一七年一二月、トランプ政権は国家安全保障戦略（NSS：National Security Strategy）を公表し、米国、同盟国およびパートナーに対して競争を仕掛ける主要な挑戦者として、中国およびロシアという「修正主義勢力」、イランおよび北朝鮮という「ならず者国家」、ジハード主義テロリストをはじめとする「国境を越えて脅威をもたらす組織体」の三つを掲げた（『防衛白書』）。

また、二〇一八年一月に国家防衛戦略（NDS：National Defense Strategy）では、米国の安全保障上の主要な懸念は、テロではなく、自由で開かれた国際秩序を阻害し、独自の権威主義モデルによって世界を形成しようとしている中国およびロシアとの長期にわたる戦略的競争であると指摘した。

このようにトランプ政権は、オバマ政権の脅威認識を基本的に引き継ぎながらも、中露がもたらす脅威を優先的に対処すべき課題として位置づけたのである。

とくに米国が脅威と認識したのは中国である。米国は、加速した南シナ海における中国の進出を念頭に、二〇一六年から「航行の自由作戦」を継続していく姿勢を示した。

二〇〇〇年代、米国がアフガニスタン、イラクでの対テロ作戦にとらわれている間、中国が軍近代化を進めたため、東アジアにおける米国の軍事的優位は減少した。

オバマ政権は対中宥和策をとっていたが、ようやくその誤りに気付き、対中牽制にシフトした。オバマの戦略方針の転換は、トランプ政権そして現在のバイデン政権にも引き継がれている。

自由・民主主義対権威主義

二〇二〇年初頭から猛威を振るったコロナ禍の中では、米国と中国の双方が相手を非難し、自らの統治体制の優越性を喧伝する状況が生起した。冷戦期の共産主義イデオロギーは権威主義体制に名前を変えて、「自由・民主主義 vs 権威主義」という対立構造が顕著になった。

経済に目を向けてみると、コロナ禍以前の二〇一八年七月から、米中は輸入品に制裁関税をかける貿易戦争を展開した。

この米中貿易戦争には、これまで述べたような統治体制を異にする大国間競争の復活という構造下にあるが、経済要素からは「反グローバリズム vs グローバリズム」の対立と捉えることもできよう。

中国は、WTOに加盟することで経済のグローバリズムの恩恵を受け、低賃金で大量の労働力により世界の工場となり、安価な中国製品を海外に輸出することで経済を発展させた。

経済のグローバリズムはヒト、モノ、カネの移動を促し、安価な中国製品が世界に広がる一方で、移民労働者を生み、米国の白人労働者の利益を奪い、イスラムやマイノリティの移民による文化摩擦も生じさせた。

二〇一七年のトランプ米政権は反グローバリズムの波を誕生させた。つまり経済グローバル化によって職業を失われ、農産物の輸出減少によって貧困化した白人労働者が支持基盤となった。そこでトランプ大統領は「米国第一主義」を掲げ、中国製品の輸入にストップをかけ、メキシコとの国境に壁を作ることを公約し、移民政策に「NO」を突きつけたのである。

欧州においても反グローバリズムの波が起こり、移民反対を唱える愛国主義（ナショナリズム）政党が伸長した。英国のEU脱退も反グローバリズムの潮流が引き起こしたものといえる。

グローバリズムの潮流の中でコロナ禍が生起し、海外のサプライチェーンが寸断されることになり、過度なグローバリズムに対する警戒も世界的に起きている。

しかしながら、グローバリズムをイデオロギーや政治要素から見た場合、これは国境なき世界の支配を目指す主義・体制を意味し、国家の伝統、文化を守るナショナリズムと対比する概念となる。前者は米国ユダヤ系知識人層を基盤とするネオコン（新保守主義）であり、共和党、民主党の垣根を越えてこのグループは存在する。(10)

ネオコンはナショナリストのプーチン、トランプを攻撃し、ここに両者の協調、米国内での「グローバリズム対ナショナリズム」の構造が生まれる。すなわち、米国は国内のイデオロギー、政治対立という深刻な問題に直面している。これも自由・民主主義体制の弱点であり、権威主義国家からの攻撃を受けやすくしている。

DXをめぐる米中対立

米中対立のもう一つの側面はデジタルトランスフォメーション（DX）をめぐる対立である。米国は中国のDXへの取り組みを米国主導の国際秩序への挑戦と見て警戒している。

DXは、ビッグデータやAI技術を取り入れた社会変革を指すが、日米や西欧の自由・民主主義体制下では個人のプラバシーや選択の自由を保障する配慮がなされている。

米国は情報開放やDXの推進が権威主義国家に風穴を開け、民主化に向かわせるものと期待していたが、中国はDXを監視のメカニズムとして利用して、民主化の波を阻止している。

DXにおいて重要な役割を果たすのがICT（情報通信技術）である。だからICTをめぐる覇権競争が米中貿易戦争の背後にある。

二〇一八年に貿易戦争が開始される以前から、米国は中国に対して対中貿易赤字を削減するほか、「中国製造2025」（203頁参照）の重点産業に対する補助金を停止すること、米国企業の知的財産や企業秘密へのサイバー攻撃をやめることなどを要望していた。

この「中国製造２０２５」の重点分野の筆頭が第5世代移動通信技術（５Ｇ）をはじめとするデジタル技術である。

米国は、中国が米国企業のＩＣＴに関わる先端技術の知的財産をサイバー攻撃などの非公然・非合法手段によって入手し、国家のテコ入れによって中国ＩＣＴ大手を世界トップ企業に発展させ、中国が国家的にＩＣＴ覇権を握ることを企んでいるとみた。そこで、米国は中国通信企業大手の華為（ファーウェイ）の５Ｇネットワークの世界市場への進出拡大を阻止する策に打って出た。

二〇一八年に米国企業に対し華為との取引禁止を通告し、同年末には同社副会長兼ＣＦＯの孟晩舟が米国の対イラン制裁に違反した容疑によりカナダで逮捕されるが、これに米国政府が関与したことは疑いない。

二〇一九年九月の関税制裁（第4弾）の発動では、米国は米企業アップルが中国に生産を委託しているスマホにも追加関税をかけようとした。つまり、米国は中国ＩＴ企業のみならず米国ＩＴ企業にもメスを入れるという「肉を切らせて骨を断つ」という策に出たのである。(11)

3、米国の進化する情報戦

ソーシャルメディアを活用した民主化工作

第5章で述べたように、米国は過去の戦争で大手メディアや民間PR会社を使って、戦争の大義を獲得するためのメディア戦を展開した。

一九九一年の湾岸戦争ではイラクのフセイン政権の極悪ぶりを喧伝した。一方、民間目標を避けた軍事施設へのピンポイン攻撃という映像発信によって「きれいな戦争」を演出して戦争の大義を得た。

一九九九年のコソボ戦争では、ボスニアやコソボのイスラム系住民がセルビア人から一方的に迫害、虐殺され、「民族浄化された」という報道が主力欧米メディアから流された。この時に「民族浄化」というキーワードが注目されたが、これはボスニア外相が米国のPR会社に依頼した「情報戦略」であった（NHKスペシャル「民族浄化 ユーゴ・情報戦の内幕」）。

二〇〇〇年代初頭、東欧、中央アジアで起きた「カラー革命」について、ロシアはCIAやジョージ・ソロスら国際金融資本の手によって計画された謀略であると見ている（223～227頁参照）。

そして、二〇一〇年代初頭に起きた「アラブの春」は、米国のネオコン（後述）などによるソーシャルメディアを活用した民主化工作であったとの見方は根強い。その根拠に挙げられるのが、ツイッター（二〇〇四年設立）やフェイスブック（二〇〇六年設立）など米国企業が運営するソーシャルメディアの使用である。(12)

また、長期独裁政権として倒されたのは、エジプトのムバラク政権、リビアのカダフィ政権、チュニジアのアリ政権であり、これらはいずれも冷戦時代から続く親ソ連・ロシア派の社会主義政権であり、同じ長期独裁政権であってもサウジアラビア、クウェート、ヨルダンなどの親米派政権は健在であった。

これらのことから、「アラブの春」は「カラー革命」と同様、米国がソーシャルメディアという新時代のＩＣＴツールを使用して仕掛けたデジタル民主化工作であるとの見方が根強い。少なくとも中露は「アラブの春」を米国による民主化工作であったと見なしていることは間違いない。

ソーシャルメディアを使った選挙工作

ソーシャルメディアは政治、経済、社会などさまざまな領域に影響を及ぼすが、政治では前述の民主化工作のほかに選挙工作での活用が注目されている。

オバマ大統領は、歴代の米大統領の中でもテクノロジーに精通しているとされる。二〇〇八年の大統領選挙で、オバマ候補は選挙運動でソーシャルメディアを盛んに活用した。当時、ヒラリー・クリントンをはじめとするほかの候補もウェブサイトは保有していたが、従来型の選挙広告にとどまっていた。しかし、オバマ陣営のウェブサイトは草の根団体向けのプラットフォームとして機能し、投票促進運動を盛り上げた。

さらに大統領就任後もオバマはユーチューブを通じて毎週恒例の大統領演説を配信した。二〇一二年の大統領選挙では、オバマ陣営はフェイスブックに「私は投票した」といった記事を投稿することで民主党に有利な選挙区の投票者数を増やしたといわれている。

二〇一六年の大統領選挙ではソーシャルメディアの影響はさらに拡大した。トランプは当選後に「大統領選の勝利はフェイスブックとツイッターのおかげだ」と米CBSテレビに語っている。

民主主義の米国にとって、インターネットやソーシャルメディアは弱点にもなる。それらを介在して民主主義の根幹である正当な選挙が揺さぶられることになる。

これに関連して、英国のデータ分析会社のケンブリッジ・アナリティカ（CA）によるソーシャルメディアによる選挙工作は有名であるが、CAの元社員によれば、二〇一六年の米大統領選挙でCAはフェイスブックの個人情報を不正利用して次のようなマイクロターゲティングを試みた。[13]

●サイコグラフィック（心理的要因）により有権者のセグメンテーション（選別）を行なう。

●候補者を決めかねている層を特定する。
●特定層の個人の思考や思想を把握し、その人たち向けの「カスタマイズされた情報」および対立候補のスキャンダルなどを意図的にフェイスブックのタイムラインなどに流して、特定候補へ肩入れさせる。

ただし、このマイクロターゲティングの試みがトランプ勝利にどれほど貢献したかについては評価が分かれる。

ほかにも二〇一六年の大統領選挙では、CAの営利目的とは異なり、ロシアが「ハイブリッド戦争」の一端として国家的な選挙工作を行なった（251頁参照）。

トランプ勝利は反グローバリズム、白人労働者の凋落と不満、格差社会などの構造的要因によるものとみられるが、マイクロターゲティングなどの手法が反クリントン票をトランプ支持に誘導した可能性はあるだろう。

米国は中露がサイバー攻撃や情報空間での影響力を拡大し、自由・民主主義の脆弱性をついて国内対立を煽る試みを警戒している。トランプは二〇二〇年八月、中国ソーシャルメディア「Tiktok（ティックトック）」と「Wechat（ウィーチャット／微信）」との取引を禁止したが、これはソーシャルメディアを通じた情報の流出と各種の影響工作に対する懸念が背景にある。

米国もデジタル影響工作を採用か

二〇二二年九月、「米国がソーシャルメディアに偽アカウントを開設し、相手の国の言葉で偽ニュースや憎悪をあおるような内容を集中的に投稿して世論操作を試みている」との報道があった。同年一一月、NHKは次のように報じた。

●激化する情報戦で米軍に「ソーシャルメディア上に偽のアカウントを作成して米国に利益となる情報やプロパガンダを流していた」という疑惑が浮上している。

●米軍の関係者たちが中央アジアや中東、北アフリカなどで暮らす住民たちを装ってアカウントを作成。そのうえでウクライナに軍事侵攻したロシアに対する批判や、ロシア、中国、イランを非難する内容を相次いで投稿していた。

●八月に発表されたスタンフォード大学の研究グループの報告書では、フェイスブックにロシア語メディアや、中央アジアに住む女性の写真を装った偽のアカウントが開設された。調査の結果、この写真は実在する米国の俳優の顔写真をもとにAIで作られたものだと判明した。

●メタ（旧フェイスブック）は報告書の中で「このプロパガンダ戦の背後にいた人たちは自分たちの

正体を隠そうと試みたが、私たちの調査で米軍の関係者であることがわかった」と記した。
●疑惑について米国防省は、調査に乗り出しているとしている。今後の焦点は組織的な作戦だったかどうかである（二〇二二年一一月二八日のＮＨＫ配信記事を筆者要約）。
民主主義を信条とする米国は言論、表現、報道の自由を保障する必要があり、中露のように国民を監視して都合の悪い情報を提供するインターネットやソーシャルメディアを強制的に遮断することはできない。

米国のこうした点を弱点とみて中露などの権威主義国家はそこにサイバー攻撃やデジタル影響工作[14]を仕掛ける。

他方、米国は過去にラジオ、テレビを活用し、世界のメディア戦を主導してきた。湾岸戦争、コソボ戦争、アフガン・イラク戦争では、米国は真実の声を伝える一方で、対象を悪者に仕立て、国際世論を米国支持に向かわせるメディア戦を展開した。

今日の米国ではＣＮＮよりもフェイスブックを見る国民の方が多くなっており、米国がラジオ、テレビに変わる新しいツールとしてソーシャルメディアを活用し、自由・民主主義の普及や、権威主義国家の民主化を画策することは何ら不思議なことではない。

ウクライナ戦争では、米国はロシアの偽情報あるいは偽旗作戦を論破し、ロシアの悪評を拡散している。だが、米国もロシア同様の〝ダーティー〟な活動を行なっていることはほぼ間違いない。要するに国際政治や戦争における情報戦では「目的のためには手段を選ばない」というのが常識なのである。

4、米軍のマルチドメイン作戦とサイバー戦略

米軍の軍事戦略

米軍は二〇〇一年のアフガン戦争や〇三年のイラク戦争において、ＰＧＭなどのハイテク兵器による作戦を実施したが、この間、中露は独自の路線で米軍の弱点を追求するための戦力強化を目指した。それは一言で言えば「超限戦」や「ハイブリッド戦争」ということになる。

ハイブリッド戦争に対応する米陸軍の概念が「マルチドメイン作戦（ＭＯＤ）」である。ＭＯＤとは、従来の陸上、海上、航空の領域（ドメイン）に加え、宇宙、サイバー、電磁波といった新たな領域を含めた多領域（マルチドメイン）での作戦をいう。「ＭＤＯは、すべての領域における能力を横断的・有機的に結合し、その相乗（シナジー）効果により全体としての能力を増幅させることを目指して計画・遂行される」ことになる[15]（日本安全保障戦略研究所『近未来戦を決する「マルチドメイン作戦」』）。

二〇一八年一月、米陸軍の訓練教義コマンドは「マルチドメイン作戦における米陸軍２０２８」を発

表した。さらに米陸軍はＭＤＴＦ（マルチ・ドメイン・タスクフォース）という部隊を保有し、ＭＯＤ作戦能力を強化している。

米陸軍はロシアによるハイブリッド戦争に呼応するかのようにＭＯＤの研究を進化させてきた。ただし、米陸軍はＭＤＯ構想について中国とロシアに焦点を当てているとは言っているが、その最大のターゲットが中国であることは間違いない。

二〇一〇年、米海軍・空軍は中国の接近阻止／領域拒否（Ａ２／ＡＤ）に対し、「エアシーバトル（ＡＳＢ：Air Sea Battle）」構想を打ち出した。これは、陸軍がアフガニスタン・イラク戦争に集中せざるを得ない状況の下、海空軍が共同で二〇〇九年から着手した軍事コンセプトであった[16]。

軍事戦略において先行する海空軍に対して、起死回生とばかりに打ち出されたのが陸軍のＭＯＤなのである。

つまり、ＭＤＯは最大の敵である中国のＡ２／ＡＤの打破を目指す作戦構想であるといえる。ＭＤＯは海兵隊も同意した作戦構想であるが、陸軍としては海軍と空軍も含めた統合作戦にしたいという希望を持っているようだ（渡部悦和『現代戦争論—超「超限戦」』）。

海兵隊は「機動展開前進基地作戦（ＥＡＢＯ：Expeditionary Advanced Base Operations）を推進し、制海と海洋拒否の任務を重視した海兵沿岸連隊を創設し、地域に配備する考えを表明している。

海軍は「分散型海洋作戦（DMO：Distributed Maritime Operations）」を推進し、インド太平洋地域におけるプレゼンス強化を目指している。

これらの作戦構想はすべて中国のA2／ADに対処する作戦構想であり、相互に密接に連携しているといえる。

サイバー戦能力の強化

MDOの核心となるのが、情報優位を追求する情報作戦（IO：Information Operation）である。[17]

米軍は情報作戦を、コンピュータ・ネットワーク作戦（CNO：Computer Network Operation）、心理作戦（PSYO：Psychological Operations）、電子戦（EW：Electronic Operation）、作戦保全（OPSEC：Operations Security）、軍事的欺瞞（MILDEC：Military Deception）の五つに区分している。

CNOはサイバー戦と同一視されるが、サイバー戦はCNOを包含する上位の概念である。つまり、サイバー戦には戦略的な情報優位を獲得するためのサイバー空間のさまざまな利用を包含する意味がある。

サイバー戦は一般的には「コンピュータやネットワークによって構築された仮想的な空間（サイバー

空間）で行なわれる戦争」である。
その攻撃的な手法には以下のようなものがある。
●不特定多数のコンピュータをコンピュータ・ウイルスに感染させて使用を困難にする分散型サービス拒否（ＤＤｏＳ）攻撃。
●コンピュータ・ウイルスを密かに仕込んだ偽メールを送りつけるなどしてシステムを乗っ取り、その内容を盗み見たりする標的型攻撃（ＡＰＴ）。
●敵の通信・電力施設などの重要インフラに障害を与える破壊型攻撃。

これらのサイバー攻撃が戦争であるか、それとも犯罪であるかはグレーである。コンピュータとそれに連接する情報資産の詐取を狙った攻撃であれば、それは犯罪といえるかもしれない。しかし、コンピュータと連接された軍の施設や重要インフラが攻撃の目標となった場合、攻撃のための偵察活動を含めて、それはサイバー戦と呼ぶべきであろう。

一九九八年のコソボ戦争では米国がミロシェビッチ大統領の海外口座に侵入して資金を盗み出そうとしたとされる。これは、軍のシステムを直接的に狙ったものではないが、指揮中枢の個人にダメージを与えたと指摘されている。その意味では、物理戦と併用して行なわれたサイバー戦であったともいえる。

二〇〇〇年に米議会調査局は報告書『サイバー戦争』を発刊し、中国軍がサイバー戦への取り組みを強化しつつあることを警告した。(18)

二〇〇一年のアフガニスタン戦争、〇三年のイラクの戦争で米国が本格的なサイバー戦を行なったとの確たる証拠はないが、〇五年三月、米国はサイバー軍(JFCC‐NW:Joint Functional Component Command-Network Warfare)を組織した。つまり将来戦の重要な一角を占めるサイバー戦への準備に向けた大きな一歩を踏み出した。

二〇〇九年六月、ゲイツ国防長官は統合軍の下にサイバー空間における作戦を統括するサイバーコマンドの創設を決定し、翌一〇年から運用を開始した。また、一〇年二月には「四年ごとの国防計画の見直し(QDR:Quadrennial Defense Review)」を公表し、陸・海・空・宇宙とともにサイバー空間を米軍の作戦領域の一つであると規定した。

二〇一一年六月、ゲイツ国防長官は「外国政府によるサイバー攻撃を戦争行為とみなす」との方針を表明し、同年七月、米国防省は「サイバー防衛戦略」を発表した。同戦略では、サイバー空間を陸・海・空および宇宙に次ぐ新たな戦場であると位置づけ、国内の民間企業だけでなく、同盟国との連携を強化すると発表した。(19)

二〇一八年五月、戦略軍の隷下にあったサイバー軍を、統合軍に格上げした。そして同年九月、米国防省は「新たなサイバー戦略（以下、新戦略）」を打ち出した。

新戦略では、「米国が中露との長期的な戦略的競争関係にあり、中露はサイバー空間における活動を通じて競争を拡大させ、米国や同盟国、パートナー国への戦略上のリスクになっている」と指摘したうえで、①サイバー軍の能力構築の加速、②悪意あるサイバー活動への対抗・抑止のための防衛、③同盟国およびパートナー国との協力促進といったアプローチが示されている（『防衛白書』二〇一九年）。

サイバー攻撃では、攻撃側が圧倒的に優位で強い。攻撃を仕掛けることで、自らのシステムにも同様の脆弱性を発見し、修正することもできる。つまり、米国は新戦略でサイバー「攻撃は最大の防御」という思想をもとに、状況に応じてサイバー軍による先制攻撃もありうることを示したのである。

サイバーセキュリティの強化

米国はサイバーセキュリティの強化にも余念がない。二〇〇九年五月、『サイバー空間政策見直し』を発表し、「サイバーセキュリティのリスクは、二一世紀の最も深刻な経済的・安全保障的な挑戦」だと指摘した。そしてサイバーセキュリティ調整官をホワイトハウスに新設し、同セキュリティに関わる関係省庁間の調整を行なわせることとした。

二〇一一年一〇月、米政府は『サイバー空間で米国の経済機密情報を盗む外国情報機関』と題する報告書を発表し、中露両国の諜報活動を名指しして警告した。

二〇一五年四月、米国防省は『サイバー戦略（THE CYBER STRATEGY）[20]』を発表した。同戦略の趣旨は、米国の国益を擁護する抑止と防御的な態勢を重視し、必要であればサイバー攻撃も選択するというものであった。

米国は『国家安全保障戦略』（二〇一七年一二月）において、米国に対してサイバー攻撃を加える相手を抑止・防御し、必要であれば打ち負かすとした。また、米国防省は『国家防衛戦略』（二〇一八年一月）において、サイバー防衛、抗たん性、運用全体へのサイバー能力の統合に投資していく方針を示した。

二〇二一年五月、バイデン大統領はサイバーセキュリティ強化のための大統領令に署名した。これは同月に起きたコロニアル・パイプラインへのサイバー攻撃などに対応すべく、政府と契約する情報通信サービス企業との間で、サイバーセキュリティ分野での官民連携を深めるものである。

大統領令によれば、連邦政府と契約する情報通信サービス企業は、政府機関に情報を共有し、サイバー攻撃の情報を開示する義務が生じる。

サイバー攻撃の対象は民間が管理する重要インフラに及ぶので官民協力が欠かせないが、民主主義体制下では、国家が民間資源の統制にどの程度関与すべきかの議論は避けられないだろう。

宇宙戦への取り組み

サイバー戦とコンピュータ・ネットワーク作戦（CNO）および電子戦の明確な境界を設けることはできないが、サイバー戦は宇宙戦とも密接不離の関係にある。

現在、宇宙空間には各種の衛星が打ち上げられ、社会、経済、科学など幅広い分野における重要インフラとなっている。

インターネットやスマホなどの情報通信ネットワークは宇宙の衛星と地上の電磁波に依存している。現代の指揮・統制を弱体化させる目的で、宇宙空間の衛星と地上の基地局に対する電波妨害などを仕掛けることは常套手段である。

サイバー攻撃に対処する意味からも電子戦、宇宙戦は重要である。なかでも地上から遠く離れた宇宙では、地上戦とは異なる独自の戦いが必要となる。

二〇一九年八月、米国は地域別統合軍として宇宙コマンド(21)を創設するとともに、同年一二月には六番目の軍種(22)として空軍省内に宇宙軍を創設した。(23)

宇宙軍（約一万六千人）はあくまでも軍種であって部隊ではない。実際の作戦は、宇宙軍に所属する要員から構成される宇宙コマンドが、統合軍の作戦指揮下で人工衛星の運用、宇宙空間の監視、ミサイル警戒などの任務に従事する。

米国は中国が二〇〇七年に衛星破壊兵器の実験に成功したことに触発され、中露による衛星に直接打撃を与える兵器の開発、衛星システムへのサイバー攻撃に対する警戒を高めてきた。

二〇二三年一月末、米宇宙軍トップのチャンス・サルツマン作戦部長は、ロシアによるウクライナ侵攻に関し「開戦直後から双方が衛星活動を攻撃した」と指摘した。彼は「宇宙がいかなる現代戦争でも重要な側面であるとこれまでより思いを強くした」と述べた。

サルツマンは「地上ネットワークのサイバー防衛について考えないと衛星活動を無効にする裏口が生じるかもしれない」として、サイバー戦と宇宙戦は一体で行なう必要があることを啓発した。

まとめ

米国は湾岸戦争以後、ＲＭＡ（軍事における革命）を推進するなかで、情報を戦闘効率の飛躍的向上を狙う不可欠の要素として認識し、「システム・オブ・システムズ」の概念を確立した。さらに情報を使用して相手のシステムなどを攻撃し、自軍の情報優越を獲得する情報戦の能力を強化してきた。

しかしながら、情報システムが高度で複雑になればなるほど、それはサイバー攻撃などの弱点を露呈する。中露など権威主義国家は、そこに勝ち目を見出し、非対称戦の一端としてサイバー戦を強化している。米国がサイバーセキュリティを強化したとしても、中露が手を変え品を変えてサイバー攻撃を仕掛けるといった〝いたちごっこ〟の状況は回避できないであろう。

非戦場においては、米国（とくにネオコン勢力）はソーシャルネットを活用し、権威主義国家に対し民主化工作を仕掛けている節が見られる。これに対し、中露は海外のソーシャルメディアに依存しないよう独自のソーシャルメディアを発達させており、さらにはデジタル・トランスフォメーション（DX）を国民監視のメカニズムとして利用している。そのため米国の民主化工作が中露の権威主義体制を溶解するには至っていない。

また、自由と民主主義を信条とする米国はプライバシーや個人の選択の自由を尊重する必要性から、ソーシャルネットワークなどにおける反社会的活動を十分に統制できていない。一方の中露はこれを米国の弱点として認識して、政治工作や社会の不安定化工作を仕掛ける可能性がある。二〇一六年のロシアによる米大統領選挙での工作はその顕著な事例である。

現在、中露が米国に対抗する新たな勢力圏を獲得しようとするなかで大国間競争が復活し、「自由・民主主義vs権威主義」という対立構図において、DXをめぐる米中覇権競争が熾烈になっている。今後は、ＡＩをめぐる米中の覇権競争とそれに巻き込まれるわが国という様相を呈することが予想される。このあたりのことについては、後章でさらに分析する。

（1）Revolution in Military Affairs。アルビン・トフラー『戦争と平和』（一九九三年一月）によれば「戦争形態の飛躍的変化であり、軍事科学技術、運用思想および軍事思想の変革を同時に伴うもの」といったような定義になる。トフラーは、農業の誕生以来、戦争形態は生産形態と並行して発展してきた、情報が戦争形態の新たな変化を起こそうとしていると指摘した。防衛庁（防衛局防衛政策課研究室）では、ＲＭＡに関する見解をまとめた冊子『情報ＲＭＡについて』（一九九八年一二月九日発刊）の中でＲＭＡについて明確な定義はないとしたうえで、次のように定義できるとしている。
①不意かつ劇的に発生する軍事分野での非連続的な変革である。
②軍事技術、軍事思想、軍事組織、軍事資源等の変化によって生起する。
③革命と呼ぶにふさわしい社会的で広汎な影響が発生する。
ＲＭＡに関する議論は、一九八〇年代初め「技術革新による戦略的優位」を目指した旧ソ連軍の戦略家たちの議論が発端になる。その中心的人物はオガルコフ元帥であった。オガルコフらは、先端技術の発達により、長距離攻撃が可能な通常兵器が核兵器と同等の戦略的有効性を持つ時代が到来することを予測した。

（2）米国におけるＲＭＡという用語の使用は、一九九四年一、二月号の『フォーリン・アフェアーズ』誌に投稿された、ハーバード大学教授ジョゼフ・ナイと元米国統合参謀本部副議長ウィリアム・オーエンス提督による共著論文「米国の情報の強み（American｀s Information Edge）」で初めて使用された。

（3）オーエンスは「高度情報化社会に対応した軍隊の在り方の追求」という問題意識から、先進諸国で発達した情報通信技術という長所をさらに発展させることを主張した。

（4）このことは『米国防報告』（一九九九会計年度）において「information-based RMA（情報RMA）」という用語を使用し「情報化時代の幕開けによって、情報技術と情報処理能力の飛躍的な進歩が導火線となった新しいRMAへの道が開けた」と述べていることからも明らかである。

（5）二〇〇〇年九月発刊防衛庁防衛局防衛政策課研究室『情報RMAについて』から要点を抜粋・整理。

（6）「統合ビジョン2020」では「統合ビジョン2010」の四つの概念を継承する一方、「民間の工業・技術基盤のボーダレス化に伴い、米国が有する技術的な優位性はいずれ失われる」として人的資質の向上、組織的変革、ドクトリンの革新に努めることによって自らの優位を維持していくとしている。

（7）ただし、インフォメーション・ウォーフェアの使用は湾岸戦争が最初ではない。この用語は一九八〇年代に国防省とホワイトハウスの科学顧問であったトーマス・P・ローナ（一九二三〜二七年）の論文『武器システムと情報戦（weapon Systems and information war）』の中で使用された。その後、中国では軍人の沈偉光（当時、少佐）が九〇年に『信息戦』（信息はインフォメーションの意味）を出版した。喬良、王湘穂『超限戦』によれば「おそらく、これは情報戦を研究した最初の専門書である」とされる。なお、わが国の『防衛白書』で「情報戦」という用語が登場するのは二〇〇〇年版以降のことである。

（8）Livicki’ M. “What is information Warfare? “center for advanced Concepts and Technology” National Defense University,1995

（9）米国防省では情報作戦は「軍事作戦中に、他の作戦ラインと協調して情報関連能力を統合的に使用し、敵対者および潜在的敵対者の意思決定に影響を与え、混乱させ、腐敗させ、または簒奪する一方、自国の意思決定を保護すること」と定義されている。

（10）ネオコンはかつて共和党タカ派に属していたが、「アラブの春」を期に民主党のヒラリー・クリントン派として鞍替えしているとの指摘がある。ネオコンはアメリカの掲げる自由と民主主義を絶対的な価値観と考え、その実現のためには武力行使を躊躇しない。ブッシュ政権が共和党政権であり、副大統領を務めたチェイニーがそのネオコンの代表格であることから、ネオコンと言えば共和党のイメージが強いが、この思想は共和党・民主党を超えて広く共有されている。民主党のバイデンの思想はネオコンそのものとの評価がある。同政権で国務次官に出世したヌーランド、彼女の夫のロバート・ケーガンもネオコンの代表格として知られている。

（11）二〇二〇年一月の米中貿易協議「第一段階の合意」では、中国による全面的な譲歩という形で合意に至ったが、「中国製造2025」の重点産業に対する補助金の停止については合意事項から除外され、先送りされた。つまり、中国は最大の〝砦〟ともいうべき国有企業への補助金供給は守り、その他の点では米国に譲歩したとの見方もできる。

（12）アラブの春については、カラー革命のように、デモを指導する組織や指導者が明確にならなかった。よって独裁政権下で政治的腐敗や経済的不公平ゆえに高学歴や能力を活かすことができなかった若者が偶発的な事件を契機に自発的にデモに参加したとの見方がある。また当時の中東におけるソーシャルメディアの普及率は低く、インターネットと衛星テレビといった従前のメディアが真のデモ拡大の要因であるとの見方もある。

（13）詳細はブリタニー・カイザー『告発』、クリストファー・ワイリー『マインド・ハッキング』による。

（14）サイバー攻撃は、ネットワークやコンピュータシステムに対する物理的な攻撃であり、ウイルスやマルウェア、フィッシング攻撃、DDoS攻撃などである。一方、デジタル影響工作は、インターネットやソーシャルメディア上での偽情報・誤情報の拡散、フェイクニュース、偽アカウントの作成、インフルエンサーの操作などが挙げられる。サイバー攻撃はネットワークやシステムに対して直接的に攻撃を行ない、物理的な被害を与えることが目的であるが、デジタル影響工作は情報を操作することで社会や政治に間接的な影響を与えることが目的だといえる。

（15）領域横断作戦のことを日本の新防衛大綱（30大綱）ではクロスドメイン作戦（CDO）と呼んでいる。国防関係者は「MDOとCDOとは、若干のニュアンスの違いはあるが、ほぼ同義語と認められる」との見解を呈している。（『近未来を決する「マルチドメイン作戦」』）。

（16）同構想は二〇一二年一月には、統合作戦アクセス構想（JOAC：Joint Operational Access Concept）に修正され、一三年には公式エアシーバトル（ABC）として公表されたが、当時のオバマ政権はABCを正式の作戦構想に認めるまでに至らなかった。その理由は「ASBは中国本土縦深に対する攻撃も辞さない構想であり、核戦争にまでエスカレートする可能性があるという批判、そしてASBの中核となる兵器（F－35長距離爆撃機など）を整備するためには膨大な軍事費がかかり、ASBは金喰い虫だという批判があったから」と渡部悦和は『現代戦争論―超「超限戦」』で述べている。

（17）情報作戦は「自らは敵の情報作戦から防護する対策をとりつつ、敵および潜在的敵対勢力の意思決定に影響を及ぼし、崩壊・混乱させるため、ほかの作戦と連携して情報関連の能力を統合して運用すること」（『米国防省用語事典』）と定義される。

（18）「中国は積極的にサイバー戦争を軍事用語、組織、訓練およびドクトリンに導入しようとしており、産業社会における機械化された戦争に代わる意思決定や統制の戦争、知能の戦争、知性の戦争に移行しつつある。また、中国は大学や研究機関、訓練施設などで訓練を受けた予備役のコンピュータ専門家から構成されるネットフォース概念を追求しており、一九九七年以降、大規模な訓練を数回行っている」などと指摘した。

（19）二〇一〇年頃からイランの産業関連のコンピュータ約三万台が「スタックスネット」と呼ばれるワームに感染した。これに関して『ニューヨークタイムズ』は二〇一二年六月、米国家安全保障局（NSA）とイスラエル軍情報機関がこのワームをイラン攻撃用に作成したと報じた。またソ連に亡命した元NSA職員のエドワード・スノーデンは『シュピーゲル』誌のインタビューで、このワームはNSAとイスラエルが共同で開発したと語った。

（20）二〇一五年四月に公表された「米国防省サイバー戦略」は、サイバー脅威について、国家主体および非国家主体が米国のネットワークに対する破壊的なサイバー攻撃や米国の軍事技術情報の窃取などを企図しており、米国は深刻なサイバー脅威にさらされているとの認識を示している。そこで、国防省は、①国防省のネットワーク、システムおよび情報の防護、②サイバー攻撃による深刻な結果からの米国およびその権益の防護、③軍事作戦の支援のための統合的なサイバー能力の提供、の三つをサイバー空間における主要な任務とし、当該サイバー能力には、敵国軍事システムの破壊を目的としたサイバー作戦が含まれるとしている。組織面では、戦略軍隷下のサイバーコマンドが、陸海空海兵隊の各サイバー部隊を統括し、サイバー空間における作戦を統括する。また任務の拡充にともなってその組織を拡充し、国防省の情報環境を運用・防衛する「サイバー防護部隊」をすでに保有していることに加え、国家レベルの脅威から米国の防衛を支援する「サイバー国家任務部隊」、統合軍が行なう作戦をサイバー面から支援する「サイバー戦闘任務部隊」を創設し、これら三部隊を「サイバー任務部隊」と総称している。

（21）ロナルドレーガンの時代の一九八五年九月に創設されたが、二〇〇二年九月末に廃止。

（22）米国では陸海空軍、海兵隊および沿岸警備隊に加えて宇宙軍の六つが軍種。

（23）渡部悦和は『現代戦争―超「超限戦」』の中で、米宇宙軍は「海兵隊以上、陸・海・空軍以下」に位置づけられると分析している。

第7章　中国の情報戦と新領域での戦い

1、中国の情報戦への取り組み

情報化局地戦への取り組み

一九九三年、中国は、湾岸戦争（一九九一年）における米軍のハイスペックな戦い方を教訓に、「ハイテク条件下の局地戦（局部戦）」に勝利することを方針とした。これを中国では「機械化」と呼称した。

一九九八年から九九年のコソボ戦争以後、中国軍は「情報化」という用語を使用し始めた(1)。

アフガン・イラク戦争では、湾岸戦争とは比較にならない物量の精密誘導兵器が使用された。また、湾岸戦争では見られなかった、C^4ISRによる戦力の高度な一体化が行なわれた[2]。

二〇〇三年、こうした状況を分析した中国軍は「ハイテク条件下の局地戦」を進展させた「情報化条件下の局地戦」に勝利することを新たな目標に設定した。

二〇〇四年の『中国の国防』（国防白書）では「情報化条件下の局地戦」の勝利に向けて「中国の特色ある軍事改革」を推進していく方針を示した。

二〇〇六年の『中国の国防』では「機械化」を基礎にして「情報化」建設を推進する旨が記述され、そのための「三段階発展戦略」[3]が提起された。

中国軍は「三段階発展戦略」に基づき、統合作戦のための指揮・訓練・支援体制を強化する、情報化条件下の作戦を遂行し得る質の高い人材を育成する、近代的な国防動員態勢を確立するなどを戦力整備の基本方針とした。

中国軍は、統合運用能力を高めることを「統合化」と呼称し、「情報化」と「統合化」を意識した組織改編、訓練などを強化している。

「超限戦」思想の登場

中国は「情報化条件下の局地戦」の勝利を目指す一方で、米軍との圧倒的な力量差を補うため、弱者の戦法である「非対称戦[4]」の研究にも取り組んだ。

一九九九年、二人の中国空軍の現役大佐が共著で『超限戦[5]』を発表した。

中国軍は、湾岸戦争での米軍の戦い方に触発されて機械化を進めたが、コソボ戦争では米軍の技術はさらなる進化を遂げていた。「米軍との技術格差を埋めることは容易ではない、〝真っ向勝負〟では勝ち目はない、だから米軍の弱点を追求する非対称戦を重視する」との思想が超限戦の原点であろう。

著者らは超限戦を駆使することで「圧倒的に優位に立つ軍隊」に勝利できることを主張している。名指しこそしていないが米軍が超限戦の対象であることは間違いない。図らずとも、「9・11同時多発テロ」により、彼らの指摘が現実となり、『超限戦』は世界的なベストセラーになった。

超限戦とは字義どおり、「限界を超えた戦争、すなわち限度、限定、制限、境界、規則、定律などを超えた戦争」である。それは、境界線にとらわれず、あらゆる戦法を混合（複合）した戦争である。つまり、中国軍は二一世紀を前に、ハイブリッド戦争の概念を取り入れようとしていたのである。

超限戦では「戦争ではない軍事行動[6]」（原文：非戦争軍事行動）と「軍事ではない戦争行動」（原文：非軍事戦争行動）という二つの概念が重要である[7]。

前者の行動の主体は主権国家に所属する軍隊である。軍事の領域に限定したあくまで戦争に至らない状態の行動である。

軍　事	超軍事	非軍事
原子戦（核戦争）	外交戦（外交戦）	金融戦（金融戦）
常規戦（通常戦）	網絡戦（インターネット戦）	貿易戦（貿易戦）
生化戦（生物化学戦）	情報戦（情報戦）	資源戦（資源戦）
生態戦（生態戦）	心理戦（心理戦）	経援戦（経済援助戦）
太空戦（宇宙戦）	技術戦（技術戦）	法規戦（法規戦）
電子戦（電子戦）	走私戦（密輸戦）	制裁戦（制裁戦）
遊撃戦（ゲリラ戦）	毒品戦（麻薬戦）	媒体戦（メディア戦）
恐怖戦（テロ戦）	虚擬（威懾）戦（模擬戦/威嚇戦）	意識形態戦（イデオロギー戦）

図1　中国の複合戦

後者では、活動の主体は、軍隊には限定されず、テロ組織や一人のハッカーなどのすべての人類に及ぶ。そして活動は、政治、経済、文化、外交、宗教などの非軍事の領域に及ぶ。そして外観上は戦争に決して劣らない〝もう一つの戦争状態〟となる。

『超限戦』では「デマや恫喝で相手の意思を挫く心理戦」「視聴者を操り世論を誘導するメディア戦」「先手をとってルールを作る法規戦」など、さまざまな作戦方式が列挙されている。

著者らは、軍事領域ではサイバー空間を利用した戦いが行なわれ、非軍事の領域では輿論形成、国際法による規制と圧力、金融制裁などさまざまな手法が駆使されることを強調している。

今後の戦争は「軍事」から「戦争ではない軍事行

動」を超越して「軍事ではない戦争行動」へ向かってシフトすると予測した。
また「テロ戦」「心理戦」「インターネット戦」「貿易戦」「金融戦」など計二四の戦い方と、「軍事＋非軍事＋超軍事」の行動を組み合わせた「複合戦」に注目するよう示唆した（図1参照）。

三戦の総合的運用

二〇〇三年一二月、中国軍が「政治工作条例」の改訂の中で「三戦（心理戦、輿論戦、法律戦）」を提起した。前述の『超限戦』における代表的な戦い方の中に法律戦、心理戦、メディア戦（輿論戦）も含まれている。つまり、中国軍は対米戦略態勢の劣勢下、『超限戦』の思想を取り入れ、「三戦」を弱者の軍事ドクトリンとして位置づけたのである。ただし、三戦の適用は軍事に限らず、政治、外交、経済、情報などに幅広く適用できることは言うまでもない。

同政治工作条例では三戦についての定義や解説記事はない。[8] そこで、まず二〇〇八年『米国防省年次報告』の記述を引用して、三戦の概要を押さえることとしよう。

同年次報告では「二〇〇三年、中国共産党中央委員会と中央軍事委員会は「三種戦法（三种战法）"Three Warfares" 概念を承認した」として以下のとおり記述した。

●心理戦（英文「Psychological Warfare」）

プロパガンダ（propaganda）、欺瞞（deception）、威嚇（threats）、強制（coercion）により敵の認知（understand）と意思決定に影響を与えるもの。

●輿論戦（同「Media Warfare」）

情報（information）を流布して輿論（public opinion）に影響を与え、中国の軍事行動に対する国内および国際の人々から支持を獲得するもの。

●法律戦（同「legal Warfare」）

国際法および国内法を用いて、国際社会の支持を獲得するとともに中国の軍事行動に対して予期される政治的反動を管理するもの。

次に、中国および西側の三戦に関する各種記事をもとに筆者の分析および解釈を述べる。

（1）心理戦

心理戦は敵軍の抵抗意志の破砕を目的に、相手の認知に働きかけて影響を及ぼすものである。

中国では心理戦は伝統的な戦法である。古代中国では、『孫子』の「攻心為上、攻城為下（心を攻めるのを上策、城攻めを下策）」の思想に基づいて「戦わずして勝つ」ことが追求された。すなわち、軍事力によらずして、心理戦により勝利を得る戦いを追求したのである。

三戦の各要素はすべて人の心を攻撃するという非物理的戦闘であり、その意味では中国の伝統的な心理戦から誕生し、これからの認知戦の基礎となる。

中国では湾岸戦争後から、軍事作戦の一環としての心理戦の研究が本格的に開始され、当時、総政治部(当時)所属の西安政治学院が心理戦の中心的拠点となった(9)。同学院における心理戦教育を皮切りに、軍区、軍兵種においても心理戦の教育と訓練が開始された。

同学院の教育課程も逐次充実され(10)、二〇〇一年六月には総政治部所属の南京政治学院上海分院にも心理学科が開設され、逐次、心理戦の教育は拡大した。

二〇〇〇年代以降においては、心理戦部隊も逐次新設され、軍事演習の中でも心理戦部隊を参加させる試みを行なった(11)。

米国が情報RMAを開始し、諸外国が情報戦能力を強化するなか、まず中国は伝統的な心理戦分野から強化していくことを目指したのである。

(2) 輿論戦

輿論戦(12)は要するにメディア戦である。つまり、第一次世界大戦以降、心理戦の手段であるプロパガンダが高度な情報（ICT）環境の中で進化した戦いである。

中国軍は米軍の戦い方を研究し、従前の心理戦に内包されていたプロパガンダなどの戦術・戦法を中国軍が適用できるよう工夫して輿論戦と名付けたのであろう。

二〇〇四年、当時の『解放軍報』は中国の軍事専門家による輿論戦の記事を取り上げた。そこでは「劣勢であっても輿論戦の運用次第では有利に立てる」ことを米軍のアフガン・イラク戦争などから具体的事例を挙げて解説している。[13]

二〇〇四年、南京政治学院に新聞（メディア）学部に、輿論戦の教育に関する専門課程が設置され、ここでは米軍が参加した戦争に関連するメディア研究が行なわれた。

二〇〇七年九月に国防部報道官制度（国防部新聞発言人制度）が新設された。[14] 輿論戦は国際社会に向けられるメディア戦であるので、この制度開始の意義は大きい。

二〇〇九年五月の四川大地震の頃から、国防部報道官はメディアに頻繁に登場するようになった。

二〇〇九年八月、国防部ウェブサイト『中国軍網』が開設された。当時の『人民網』は同ウェブサイトの開設を「国防部報道官制度に続く軍事透明化の措置」と自画自賛した。

二〇一一年四月二七日、国防部報道官による初の定例記者会見が行なわれ、以後、毎月一回（最終週の木曜日午後）に定例記者会見が行なわれるようになり、その内容は国防部のウェブサイトに掲示する形式となった。

国防部は定例記者会見などを、「中国軍の状況をより正確に各国に伝えることが目的だ」などとして軍事の透明性配慮を誇示している。しかし、これまで、『中国軍網』の記者会見欄の掲載記事では、中国当局にとっての一方的な見解のみが述べられ、都合の悪い内容はウェブサイトから削除されたりするなどの状況も確認されている。

つまり、国防部が自ら積極的にメディアを統制・使用することで、自己に有利な世論環境を形成することを狙いにした「輿論戦」の一環なのである。

二〇一二年の日本政府の尖閣諸島国有化に際して、国防部報道官がCCTV(中国中央テレビ)などの国営メディアを通じ、「中国の東シナ海の軍事訓練は国際法に基づく正当なものである」「日本側は大げさに騒ぐな」「中国の無人機が攻撃されたら反撃する」など、三戦の展開を意識させる発言が繰り返されたことは記憶に新しい。

(3) 法律戦

中国はアフガン・イラク戦争での米軍の活動から軍事行動には合法性が必要不可決であることを認識した。(15)

法律戦（legal warfare）は、中国独特の言い回しである。(16) ここには独自の恣意的解釈であっても、法律上の理屈を得ることが重要であるとの認識がうかがえる。

中国には、法律を盾に自身の軍事行動上の合法性と正当性を獲得し、国内外の理解と支持、外国からの干渉を排除する狙いがある。同時に、敵の軍事行動などに対する違法性を指摘し、相手方の戦闘意志の発揮を心理的に制約することを狙っている。

中国軍はこれまで法律学教官の養成教育、法律戦理論の研究、平時の訓練および演習を通じた法律戦訓練などを行なってきた。

法律学教官の養成では、各軍種の政治学院や政治部などに専門の法律学部などを設置し、戦争法などの専門教官を養成してきた。

法律戦理論の研究では、主として軍事科学院、国防大学などが行ない、各種論文や書籍を編纂している。

教育訓練では、政治将校などが「三大規律八項注意」、捕虜の取り扱いなどを教育している。そのほか演習では戦争捕虜収容所を設置し捕虜の取り扱い要領や民間人の生命財産の保護などの訓練を行なってきた。

法律戦は戦略レベルでも運用される。「三戦」が提起された二年後の二〇〇五年三月に制定された「反国家分裂法」を、中国による法律戦の実践であるとして、台湾は警戒感を表明した。

中国は法律戦により、台湾に統一を迫り、米国の影響力を削ぎ、米国と同盟国の間にくさびを打ち込み、自らの専制主義的体制に都合のよい規範を作ることに取り組んでいる。


三戦の各要素にはそれぞれ特性や差異がある。指向する対象で見た場合、心理戦は敵の軍隊、輿論戦は大衆、法律戦は主として国際社会に向けられている。運用レベルでは、輿論戦と法律戦は戦略面に適用され、心理戦は作戦・戦術面においてより多く適用されている。

しかしながら、このような差異はあくまでも相対的なものであり、三戦の各要素を総合的に運用して政治・軍事的な戦略・作戦目標を達成することになる。

つまり、法律闘争により敵の違法性を追及し、メディアを活用して違法性を喧伝し、輿論を中国側に有利に仕向ける。輿論戦と法律戦を利用して心理戦の効果を高め、相手側の戦闘意志を瓦解させるのである。

実戦経験のない中国軍は米軍の実戦を研究し、その利点や欠点を明らかにして、三戦の概念を誕生させたといえる。そこには、なりふり構わずあらゆる手段を適用し、対米戦略態勢の劣勢を克服しようとの強い意思がうかがえる。

サイバー戦への取り組み

中国軍は、湾岸戦争、コソボ戦争での米軍の戦いを教訓に「情報化条件下の局地戦における勝利」をスローガンに軍近代化を推進している。しかし、いきなり米軍に伍した情報戦能力を構築することは不可能であるので米軍の弱点を追求する非対称戦を重視してきた。

米国は中露をしのぐサイバー攻撃能力を有しているが、一方でテクノロジーに依存した高度な情報システムが弱点となる。そこで中国は非対称戦の一環としてサイバー攻撃を重視してきたのである。

中国は二〇一〇年『中国の国防』(二〇一一年三月発表)で、軍の任務に「サイバー空間における国家の安全保障上の利益を擁護する」の一文を新たに追加した。

二〇一一年五月、中国の国防部報道官が「広州軍区内から三〇人余りの専門家を招集し、サイバー空間における安全防護を行なうサイバー対抗部隊(藍軍)を創設した」と発表した。[17]

当時の中国軍の権威ある教範、『戦略学』と『戦役学』では、情報の優越が航空優勢と海上優勢のための前提であるとして、「情報戦は作戦の当初に用いられる」と記述している。これは、中台有事などを想定したもので、米軍のC⁴ISRなどをサイバー攻撃して、その情報機能の麻痺を狙っていると指摘された。

当時、中国を発信源と見られるサイバー攻撃が世界の注目を集めた。[18]二〇一〇年一月には、サイバー空間での情報漏洩などの被害を受けた欧米は、中国が国家ぐるみでサイバー戦を行なっていると指摘した。(19)これに対し、中国は国家や軍の関与を完全否定し、中国もサイバー戦の犠牲者であると主張した。

これまでサイバー攻撃が中国の国家的な行為であると断定するまでに至らず、(20)中国は欧米批判をかわしつつ、サイバー攻撃能力の強化を継続しているとみて間違いないようである。

2、中国の国家戦略と習近平の軍改革

中国の長期目標

二〇一七年の第一九回党大会で、習近平主席は新たな国家発展の長期目標を定めた。これは二〇年から今世紀中葉までを二つの段階に分けて次の目標を達成するものである。

●第一段階（二〇二〇〜二〇三五年）は、小康社会の全面的完成を土台に、さらに一五年間奮闘し、社会主義現代化を基本的に実現する。

●第二段階（二〇三五年〜今世紀中葉）は、現代化の基本的実現を土台に、さらに一五年間奮闘し、中国を富強・民主・文明・調和の美しい社会主義現代化強国に築き上げる。

ここに初めて三五年の中間目標が出現した。また、従前は二一世紀中葉に設定されていた「現代化の

基本的実現」の達成時期が約一五年前倒しされた。

軍事面でも同様の計画が二〇一七年の第一九回党大会で発表された。二〇二〇年までを第一段階として「機械化・情報化建設の重大な進展・戦略能力の大幅な向上を基本的に実現できるよう保証」し、二〇二〇～三五年までの第二段階で「国防と軍隊の近代化を基本的に実現」し、三五年から二一世紀中葉までの第三段階で「中国軍を世界一流の軍隊に全面的に築き上げるよう努めるとした。これらは、「二一世紀中葉に国防と軍隊の近代化の目標を基本的に実現」という従来「三段階発展戦略」の前倒しである。

中国は国家経済の想定以上の発展を踏まえて国家目標の達成時期を早めており、軍事作戦能力の近代化についても同様にペースを速めている。

対米挑戦を意識した「一帯一路」構想

中国は二〇一九年に一人当たりGDPが一万ドルを超え、「GDPの壁」[21]に直面している。これを超えるためには製造・輸出体制の強化が必要であると中国は認識している。二〇一三年に習主席が掲げた「一帯一路」構想とAIIB（アジアインフラ投資銀行）の創設（二〇一五年一二月）は製造・輸出体制強化の一環である。

また、中国は（デジタル）人民元決済の拡大を狙っており、「一帯一路」による製品の輸出やインフラ整備などの決済を人民元で行なうことを企図している。

こうした中国の動向を、米国は自らが主導してきたＩＭＦ（国際通貨基金）やＡＤＢ（アジア開発銀行）といった既存の経済枠組みとドル基軸に対する挑戦だとして警戒を強めている。

中国は二〇一五年五月に発表された「中国製造２０２５」を発表した。これは次の三段階の発展を経出して「イノベーション先導で製造強国のトップクラスに立つ」という壮大な戦略なのである。

●第一段階……二〇二五年までに製造強国に邁進する。
●第二段階……二〇三五年までに中国の製造業を世界の製造強国陣営において中堅水準にまで高める。
●第三段階……新中国成立一〇〇周年（二〇四九年）に際し製造業大国の地位をより一層固めつつ、総合力で世界の製造強国のトップに立つ。

つまり、中国はＩＣＴやＡＩなどのＤＸ（デジタルトランスフォーメーション）の勃興を経済成長の新たな推進力として位置づけ、大型投資と輸出主導の従来型経済発展モデルからの脱出を図ろうとしている。

前述の「一帯一路」では約一〇億の海外のビッグデータを獲得することになり、ＤＸに有利に作用することになる。

「中国製造２０２５」では「第５世代移動通信技術（５Ｇ）」など一〇の重点分野[22]の技術開発を強化する方針が示された。

その最重点である５Ｇの世界市場への進出を中国は強力に推進しているが、これが二〇一八年からの米中貿易戦争の大きな引き金となった[23]。

また中国は、ＡＩを将来の最優先技術に指定し、二〇一七年七月に発表した「新世代のＡＩ開発計画」の中で「二〇三〇年までにＡＩで世界をリードする」という目標を設定した。中国のＡＩの経済、軍事、社会への活用を注視する必要がある。

軍の組織大改革

二〇一二年に軍トップ（党中央軍事委員会主席）に就任した習近平は、軍権の掌握を最優先課題としつつも、「情報化」建設の加速化と、陸・海・空の統合作戦能力の強化に努めてきた。

中国は台湾有事における対米勝利を念頭に「Ａ２／ＡＤ」（接近阻止／領域拒否）戦力の強化を目指してきた。中国は、前述のとおり、「国防と軍隊の近代化を基本的に実現」という目標の達成時期を前倒しした。これは二〇三五年までにその目的を達成できると判断した可能性を示唆する。

他方、米国の情報機関を統括する国家情報長官室は二〇二三年三月八日、世界の脅威に関する年次報告書を発表した。その中で、中国が二〇二七年までに台湾有事への米国の介入を抑止できる軍事力を築くことを目指していると分析した。

二〇二七年といえば、習近平の三期政権の最終年にあたり、中国軍の創建から百年目の節目にあたる。

歴史的偉業を残すことに貪欲であるとの見方がある習近平が台湾の軍事統一を視野に軍近代化に拍車をかけている可能性は否定できない。

こうした全体計画のもとに、中国は二〇一五年からは軍の組織大改革を断行し、兵力の削減や従来の陸軍主体の七大軍区体制から統合運用主体の五大戦区体制へ転換した。

中央の指揮体制では、統合作戦指揮センターを新設し、習近平が総指揮に就任した。また、戦区の兵站を支援する聯勤保障部隊と、後述する戦略支援部隊を新設した。

「軍民融合」戦略

中国が二〇三五年までに具体的な成果を上げ、二〇五〇年までに「中国の夢」をかなえるには経済と軍事を協調的に発展させることが重要である。この目標達成のうえで注目されるのが、「軍民融合発展」

戦略である。これは緊急事態を念頭に置いた国防動員態勢の整備に加え、平時からの民間資源の軍事利用や、民間技術の軍事転用などを推進するものである。

軍民融合は胡錦濤時代から注目されている用語であるが、(24) 習近平は二〇一五年に「軍民融合発展」を国家戦略に位置づけ、二〇一七年一月には党の元に「軍民融合発展委員会」を設置し、習近平が自らトップ（主任）に就任した。

二〇一七年の同委員会の第一回全体会議では、「軍民融合発展」の重点分野の一つとして海洋、宇宙、サイバー、人工知能（AI）といった中国の「新興領域」（新領域）における取り組みを強調したとされる。二〇一八年一〇月の第二回全体会議では、「民間の科学技術と協力し合いながら『軍民融合発展』戦略を推進していく」ことが徹底されたとされる。

3、中国の新たな領域での戦い

これからの新たな戦いは「平時とグレーゾーンと有事」の境界がますます曖昧になり、中露は「軍事と非軍事」の境界を意図的に曖昧にした現状変更の手法を多用することになる（『防衛白書』）。

また有事では、陸・海・空の空間（領域）に加え、電磁波、サイバー、宇宙の空間、さらに認知領域(25)

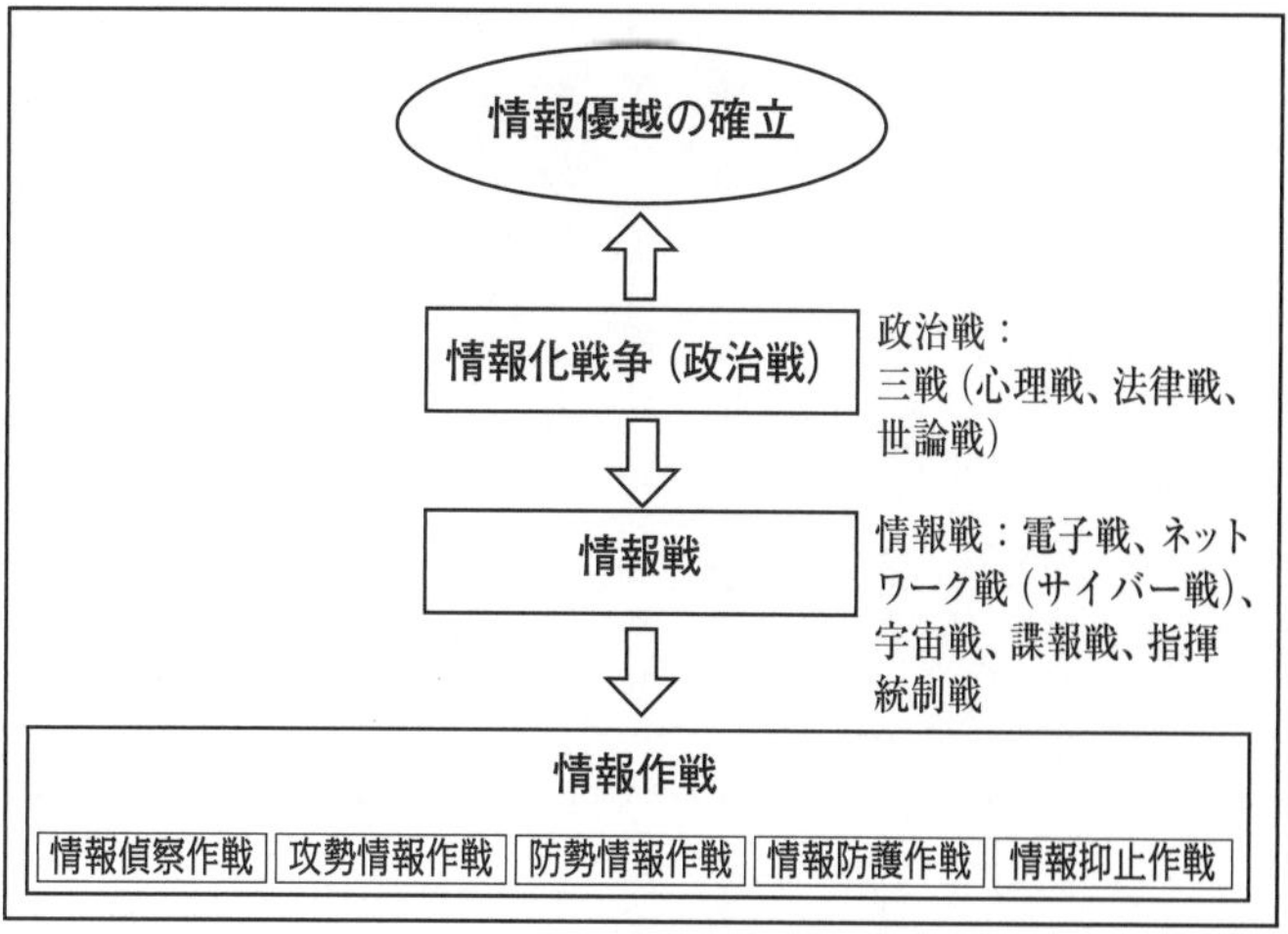

図2 中国軍の情報戦（情報優越の獲得）概念図

（ディーン・チェン『中国の情報化戦争』をもとに筆者作図）

を加えた「マルチドメイン（全領域）」の戦いが常態化する。

中国軍は広義の情報戦（情報優越の獲得）を「情報化戦争」「情報戦」「情報作戦」[26]の三つにレベル区分している（図2参照）。

情報化戦争の趨勢

情報化戦争とは戦略（国家レベル）の概念であり、米軍のマルチドメイン作戦に相当する。

これは軍事、政治、経済社会、技術などの全領域で「情報優越の確立」を目指すものである。政治戦とほぼ同義であり、三戦はこの中に含まれる。

中国が米国との覇権競争に勝利するためには、世界に進出し、第5世代移動通信技術（5G）を用いた情報通信網構築をめぐる主導権を確保し、経済発展を持続するためのエネルギーを確保し、人民元での決済などを一般化する必要がある。

中国は、これらの試みを「一帯一路」構想の一環として行なっているが、その際に取り組むべき課題が中国脅威論の排除である。

中国は脅威論を排除し、国際世論を中国寄り向けるために「パブリック・ディプロマシー（公共外交）」を用いてきた。これは、自国のイメージやプレゼンスを向上させる外交手法のことであるが、歴史的なプロパガンダあるいは今日のメディア戦との差異は明確ではない。

経済活動や文化交流、人物交流などのスマートパワーを強調する一方、水面下でのロビー活動、メディアに対する援助や買収、さらには軍事的示威活動による外交威嚇などを織り混ぜて、超限戦あるいは三戦と呼ばれる活動を行なっているのが実態である。

現在は、ICT環境が発達するなか、サイバー空間内で相手国の信用失墜、国内離間、意思決定を中国が望む方向に誘導するなどの工作が行なわれている。

中国情報機関は従来から情報の収集にとどまらず、「相手国および第三国の意思決定や世論形成に影響を及ぼす活動」である影響工作（Infulence Operation）を重視してきたが、その工作の場としてもサイバー空間が注目を集めており、最近流行のデジタル影響工作についても中国は余念がない。

サイバー戦、情報戦の趨勢

中国は一九八〇年代の改革開放以来、科学技術レベルの向上を重視し、非合法を含めた諜報活動(諜報戦)により米国などから先端技術を取得してきたとされる。米国などに研究者や留学生を大量派遣する一方、世界各国から優秀な研究者を中国に招致して共同研究を開催するなどの取り組みも行なってきた。

中国は「製造強国のトップクラス」および「AIで世界をリードする」という目標を掲げており、中国が発展するためには半導体などの先端科学技術に関わる情報が不可欠である。

中国は前述の「軍民融合発展」戦略の提起に加えて、二〇一七年には国家情報法を制定し、「いかなる組織および個人も国家の情報活動に協力する義務を有する」ことを規定した。

このことから米国が有する民用科学技術を中国が民間機関を使って非合法な諜報戦によって取得し、軍事に転用しようとしているのではないかとの疑念が生じている。(27)

現在、サイバー空間が重要な情報の在処《ありか》である。そのため、人的諜報と並行してサイバー諜報が常態化するようになった。米国はTikTokなどの中国製の動画投稿アプリから重要な情報が洩れることを危惧し、中国製品の使用制限に乗り出している。

有事を視野においた動向では、中国はサイバー、電磁波、宇宙の新領域での作戦能力を強化している。

二〇一九年の『中国の国防』では、「宇宙、電磁領域、サイバー領域の保護」を初めて中国軍の任務として明記した。

中国はサイバー戦と電子戦の連携を重視して、これを「網電一体戦（一体化ネットワーク電子戦）」と呼称している。「網電一体戦」は宇宙戦と一体となり、グレーゾーン段階から、戦略および戦術レベルで行なわれることになる。

これら新領域での戦いを主導する〝コントロールタワー〟が戦略支援部隊である。同部隊は二〇一五年に新設された新しい組織であり、従来の総参謀部や総政治部の情報任務の大半を受け継いだとされる。また従来、総装備部や第二砲兵に分割されていた人工衛星の管理なども戦略支援部隊が一元的に行なうと見られている。

中国はリアル空間での「戦狼《せんろう》外交」や「力による現状変更」と並行して、情報や認知といった仮想空間での体制優位、情報優越を成し遂げる試みを重視している。リアル空間では、中国の統治体制の優越性を喧伝する一方、偽情報などにより米国などの政治指導者および国民の判断を惑わせる。そしてサイバー空間では偽情報、誤情報を大規模に拡散し、指導者などの意識に影響を及ぼして言動をコントロールし、国民の不安を増幅させて政府と国民の分断を図ることを目指している。

その目標の先には、ＤＸやＡＩの利用を通じて米国に追い付き追い越し、世界覇権を成就するという中国の遠大な目標があるのであろう。

中国が認識する「認知領域」

中国は、『解放軍報』（二〇〇三年八月二六日）の中で、「認知領域は物理領域・情報領域に並ぶ戦争における三大作戦領域の一つであり『情報化戦争』における重要な空間である」と述べた。つまり、中国は「三戦」の提起（二〇〇三年一二月）と同時に、認知領域の戦いという概念も提起した。

その後、中国は認知領域の戦いに関する研究を開始したと推察される。これを受けて、わが国の『防衛白書』（二〇一二年版）は、中国の軍機関紙『中国国防報』（二〇一一年一〇月）を引用し、「近年、輿論対抗・心理競争・法理争奪などが、徐々に常態的な作戦手段および作戦様式となるにつれて、作戦空間も伝統的意味上の物理領域・情報領域から認知領域へと拡大発展していると中国が指摘している」と記述した。

これまでの中国の軍事専門家の文献などによれば、各領域の意義はおおよそ以下のとおりとなる。

- 物理領域
  武器・装備、作戦プラットフォーム、軍事施設などから構成される伝統的なリアルな空間
- 情報領域

情報化戦争における情報が生産、伝達、処理、発信されるバーチャルな空間

●認知領域

人々の感知、理解、信念、価値観といった意識が構成するバーチャルな空間

ここで、情報領域と認知領域の差異が着眼点として浮上することになる。情報領域の戦いはサイバー攻撃などによるプラットフォームなどの非人間が攻撃対象になる。他方、認知領域では主たる攻撃対象は人間で、しかも人間の心理・認知といった意識である。すなわち、認知戦は人々の意識を対象とする戦いであると中国軍は見ているようである。

中国軍が目指す智能化戦争

中国軍事専門家は認知領域ではＡＩ技術などの軍事への応用が進展して、新たな戦争の形態として「智能化戦争」が現出するとみている。

中国軍が智能化戦争を認識した契機は、米国が二〇一四年末に第三次オフセット戦略において、ＡＩなどの軍事開発利用を国防革新イニシアティブの中に位置づけたことにある。この頃から、中国の軍事専門家は「智能化戦争」と「制脳戦（人間の脳をコントロールする戦い）」という概念を並列して提起

した。

中国は二〇一九年の『中国の国防』で「情報化戦争への変化を加速し、知能化（智能化）戦争の端緒が見える」として、「知能化戦争」というキーワードを初めて使用した。[28]

防衛研究所の八塚正晃主任研究官は「人民解放軍の李明海・国防大学副教授の簡潔な定義を借りれば、智能化戦争とは「IoT（モノのインターネット）のシステムに基づき、インテリジェント（智能）化した武器装備とそれに対応した作戦方法を利用して、陸、海、空、宇宙、電磁、サイバー及び認知領域で展開する一体化戦争」と述べている（八塚正晃『中国の国防白書2019と智能化戦争』）。

智能化戦争は認知戦のさらなる先に登場する、人間の心理・認知を凌駕する戦いである。

中国は「AIが自分で判断して行動する」ことに対して慎重になるかもしれないが、AI先進国としての強み、少子高齢化時代の到来、人権意識の高まりなどを背景にAIによる軍事革命を推進することは既定路線であるだろう。

中国軍が「国防と軍隊の近代化を基本的に実現」する時期的目標である二〇三五年には、AIが攻防システムの至るところに導入され始め、戦争形態が次第に智能化に変容するといっても過言ではない。

その際、中国は人的損害が最低限に抑えるためにグレーゾーン事態から無人機を投入し、人員殺傷からインフラ破壊などのバリエーションに富んだ攻撃を持続的に行なうかもしれない。

まとめ

コロナ禍の当初において、中国は情報を隠匿したことで国際非難を浴びた。[29] 一方、強引ともみられる手法で人の往来や物流を停止し、国家動員態勢に基づく国家資源の重点投入により感染拡大を抑え、海外には膨大な経済支援の手を差し伸べた。

この際、共産党批判の情報はシャットアウトし、共産党系メディアにより、世界に向けて一元的に情報を発信した。習近平はコロナを〝悪魔〟と呼んで、「われわれ中国民族は結集して悪魔に勝利した」と宣言し、権威主義体制が危機回避に効果的であるという一面を強調した。

他方、中国指導部は国民の審判を受けない一党独裁の脆弱性も認識している。だから、米国などによる民主化の波が波及することを警戒し、海外へのインターネットアクセスを制限する一方、国内の百度（バイドゥ）や微信（ウィーチャット）などの独自のソーシャルメディアを発展させている。

さらに中国はＤＸを駆使して国内の監視体制を強化する一方、インターネット市場を媒介として中国の価値観を世界に拡散することを試みている。[30]

大国間競争が再開され、自身の経済が停滞期を迎え、さらに一人っ子政策による人口オーナス（生産年齢人口の比率の低下）が深刻化する中国にとって、ＡＩ覇権は重大な課題である。今後、中国は米国とのＡＩ覇権競争の勝利を目指し、他国からハイテク技術やハイテク人材の獲得を拡大することは必定であろう。わが国も経済安全保障の観点から注視しなければならない。

歴史に名を残す野心を持つとされる習近平にとって台湾統一は重大な問題である。少子高齢化を迎えた中国は、非物理戦である心理戦、情報戦、認知戦の強化と、戦争のＡＩ化を目指すことになる。これらについては第10章でさらに考察することとする。

（1）二〇〇〇年末、江沢民主席（当時）は中央軍事委員会拡大会議で「情報化が軍隊の戦闘力の倍増機である」と述べた。これが「情報化」という用語の公式的な初登場となり、以降『解放軍報』などで「情報化」という文言が頻繁に登場するようになる。

（2）司令部が戦場情報をリアルタイムで集約し、司令部の意思決定と戦場に対する命令下達が同時に行なわれ、後方からの精密誘導打撃と現場部隊の行動が一体的に行なわれた。

（3）二〇〇八年版『中国の国防』（国防白書）では、二〇〇六年版に記された「三段階発展戦略」の記述が一部修正され、第一段階（二〇一〇年まで）に「堅実な基礎を築く」、第二段階（二〇二〇年まで）に「機械化を基本的に実現し、情報化建設で重大な進展を遂げる」、第三段階（二〇五〇年まで）に「国防と軍近代化の目標を基本的に実現」するとされた。

（4）これは、米軍の通常戦力に対しては核戦力やサイバー戦で戦う、米空母に対して潜水艦で戦うという「弱者の戦法」。二〇〇〇年当時の中国軍は「非対称戦」を演習における重点項目の一つとしていた。

（5）超限戦はあくまでも執筆者らによる著作上の造語であって、中国の軍事戦略として採用されたものでない。そのためか、これまでの『防衛白書』では「超限戦」という用語の使用はない。

(6)「戦争ではない軍事行動」は、米軍の戦争ドクトリンの一つとして提起された「MOOTW(ムートワ):Military Operations Other Than War」に相当する。わが国では「戦争以外の軍事作戦」と訳し、具体例には平和維持活動、麻薬取締り、暴動の鎮圧、軍事援助、災害対処、テロ活動への打撃などが挙げられる。

(7) 著者は「文字が示している区別よりはるかに大きく、語順を並び替えた、ただの言葉ではない」と述べる。

(8) よく誤解されているが「三戦」は政治工作条例の中に明記された用語ではない。三戦は当時の『解放軍報』が便宜上、呼称したものであり、それが世界に普及・定着したのである。政治工作条例には「輿論戦、心理戦、法律戦を実行し、敵軍に対する瓦解活動の展開、対心理・謀略戦の展開、軍事司法および法律活動の展開」の一文があるのみ。

(9) 西安政治学院には修士研究課程が設置され、軍事法学と訴訟法学の二つのコースを設定している。また二〇〇〇年に国際法研究所を設置し、同年、総政治部は同学院を全軍の武力紛争法の養成拠点とした。そのほか二〇〇一年から軍事科学院と協力して戦争法博士の養成を開始した。

(10) 一九九三年には「心理戦専門課程」、一九九九年には「心理戦研究室」、二〇〇〇年代には「心理戦研究所」が開設され、二〇〇一年には中国軍初の心理戦将校が同課程を卒業し、陸・海・空軍に配属された模様である。

(11) 瀋陽軍区某集団軍が心理戦試験部隊、各軍区が心理戦部隊を創設した。また予備役部隊においても心理戦中隊お心理戦大隊が創設され、たとえば二〇〇三年一〇月には河北陸軍予備役砲兵部隊第72陸軍師団に予備役心理戦中隊が設立され、二〇〇四年五月には予備役心理戦大隊と心理戦教育訓練センター、ネット攻防研究室などの訓練室が設置されたとされる。このほか、心理戦を導入した訓練が逐次行なわれ、済南軍区で実施された「鉄拳2004」、同じく済南軍区で行なわれた「勇士2007」では、無人機による周波数固定のラジオを対抗部隊に投下し、心理戦部隊により投稿を呼びかける訓練などが実施された。

(12)『防衛白書』では二〇〇九年の初めての言及から「世論戦」ではなく「輿論戦」を使用している。これは、中国が〝Public opinion〟に「輿論」の字を当てていることから、中国の意図に忠実に表言するとの判断が働いているとみられる。これまで『防衛白書』では「世論調査」「国際世論」「世論形成」「世論の関心」などの使用例はあるが、「世論戦」という言葉は存在しない。「世論」も「輿論」も明治期には登場していたが、当時の知識人や新聞は両者を使い分けていた。すなわち、「輿論は天下の公論」として尊重すべきものとされ、「世論は外道の言論・悪論」として受け流すべきものとされていた。「輿論」は正確な知識・情報をもとにして、議論と吟味を経て練り上げられるべきものに対して、「世論」は情緒的な感覚、日本語でいえば「空気」のようなものであった。つまり、輿論は「Public opinion」であり、世論の方は「popular sentiments」の意味合いとなる。しかしながら、戦後、「輿」は一九四六年公布の当用漢字表に含まれなかったため、「輿論」はほぼ同義で使用されていた「世論」（よろん、せろん）に書き換えられた。このため輿論は時代経過とともに姿を消していった。

（13）アフガニスタン戦争で米国は軍事行動の一方で輿論戦を駆使し、難民の救済活動をマスメディアで報じ、自己の戦争に対する正当性を世論に訴えた。イラク戦争開始前、米国はイラクが大量破壊兵器を保有しているという輿論の形成を通じて、二八パーセントであった国内民衆の支持率は、正式な開戦時に五五パーセントまで上昇し、戦略的利益を得た。ソマリアの軍事独裁者のアイディードは、一九の米軍兵士の遺体を引き回している映像を米国のニュース・メディアに流し、米国の民衆の反戦気運を醸成した。以上『解放軍報』（二〇〇四年七月一六日）から抜粋要約。

（14）国防部報道官は中国語では「国防部新聞発言人」と称し、正の国防部新聞事務局局長（大校：上級大佐）と、副の事務局副局長（上校：大佐）がいる。

（15）当時の『解放軍報』（二〇〇四年六月一三日）に掲載された「法律戦の剣を磨こう」では以下の主張が認められる。「米軍の捕虜虐待事件が明らかになって以来、国際社会は米軍が国際法を踏みにじり、人権を侵犯したという野蛮な行動を非難した。こうした側面から「法律戦」の威力を見ることができる」「米軍は国際法の基本的な支柱である『ジュネーブ条約』に公然と違反したのであり、これによって国際世論の怒りを招き、同条約の締結国である米国が調査、謝罪を行なわざるを得なかった」「法律戦の展開が、国際社会の理解と支持を勝ち取り、民心や軍の意志を結束し、敵の意思を攻撃・瓦解させ、わが方の軍事行動空間や戦略的な主導権を拡大し、戦術上の効果の獲得に有利になる」

（16）国際的には「legal warfare」という言葉は流通してはいない。そもそも戦争や軍事行動では国際法、国内法を遵守することは原則である。だから「法律で戦う」という表現は国際社会では奇異である。

（17）国防部はサイバー対抗部隊の任務を「防衛レベルを高めること」と説明し、他国に攻撃を仕掛けるサイバー攻撃部隊であるとの疑惑は完全否定した。つまり米軍がサイバー戦能力を高めようとしているから、それに対抗してサイバー戦能力を強化する必要があるとの論理を展開したのである。

（18）二〇一〇年一月に公けになった中国からとされるグーグルへのサイバー攻撃は「オペレーション・オーロラ」と呼称。この攻撃は、グーグル、ヤフー、アドビシステムなど、三〇の企業に及び、企業のサイバー内の情報を盗み出すのなどが行なわれた。同時期に中国を発信源とする石油、エネルギー、薬品といった化学系の大手企業を狙った「ナイトドラゴン攻撃」が発生し、油田採掘の入札や開発に関する情報が狙われた。二〇一一年六月八日、国際通貨基金（IMF）は大規模なサイバー攻撃を受け、書類やEメールなどが流出した可能性があると発表した。この事件の調査結果では、侵入者の痕跡に中国の関与を示す証拠があったとして、IMFは報道で、事件の犯人は中国のサイバースパイであるとの見解を発表した（西本逸郎『国・企業・メディアが決して語らないサイバー戦争の真実』から抜粋要約）。

（19）被害対象となっている情報が中国の国家・軍事上の情報関心と共通すること、痕跡に見られるハッキング技術が高度であり、データ翻訳などを行なうために国家組織が必要であるなどから、欧米は中国が国家ぐるみで、サイバー戦を行なっていると指摘した。

（20）仮に攻撃に利用されたサーバーなどが中国国内に所在することが判明したとしても、それが中国の国家機構や軍事機構との関係していることの特定は不可能に近い。中国軍が秘密ルートを通して民間人のコンピュータ専門家をリクルートしたとしても、その特定は困難である。軍が否定する以上、それ以上の追及は困難である。

（21）GDPが1万ドルを超える頃から製造ための人件費が高くなり、エネルギー需要が高まり、経済の成長曲線は停滞するとされる。その先の「GDP2万ドルの壁」を越えるには、自由と民主主義の確立が不可欠との仮説もある。

（22）①次世代情報技術、②高度なデジタル制御の工作機械・ロボット、③航空・宇宙設備、④海洋エンジニアリング・ハイテク船舶、⑤先端的鉄道整備、⑥省エネ・新エネ自動車、⑦電力設備、⑧農業用機材、⑨新素材、⑩バイオ医療・高性能医療機械

（23）二〇二〇年のコロナ禍の状況下では、米国とその同盟国などが5Gを推進する中国ICT企業、華為（ファーウェイ）などを世界市場から締め出す動きがみせたのは記憶に新しい。

（24）胡錦濤時代の「第一一次五か年計画」（二〇〇六〜二〇一〇年）で、国家目標を達成するために軍と民間との連携を強化することが重要テーマとなり、「軍民融合発展」という言葉が盛んに使用されるようになった。

（25）中国では認知領域を、物理領域と情報領域に並ぶ戦争における三大作戦領域の一つとして捉える見方が一般的である。

（26）ディーン・チェン『中国の情報化戦争』によれば、戦術レベルの情報戦を「情報作戦」と呼称し、情報偵察作戦、攻勢情報作戦、防勢情報作戦、情報防護作戦、情報抑止作戦の五つに分かれるとしている。

（27）中央軍民融合発展委員会の全体会議を通した「通知」で、軍民融合プロジェクトには「中国、中華、全国、国家、国防、中国人民解放軍」などの文字を使ってはならないという指令が出されとの情報もある（遠藤誉『習近平の軍民融合戦略と、それを見抜けなかった日本』）。これが、民間に対する水面下での諜報活動の指示ではないかと、米国は警戒しているようである。

（28）二〇一五年の『中国の国防』では、兵器装備の長距離精密化や知能化などへの言及はあったが「情報化戦争への変化を加速している」という表現にとどまっていた。二〇一七年一〇月の中国共産党第一九回全国代表大会では、習近平主席が「軍事知能化の発展を進め、ネットワーク情報形態に基づく統合作戦能力、全域作戦能力を向上させる」と主張した。二〇一九年の『中国の国防』では「人工知能、量子情報、ビッグデータ、クラウドコンピューティング、Iot」などが軍事領域に応用され、「兵器装備の長距離精密化、知能化、ステルス化、無人化の傾向がますます明確になっている」と記述した。

（29）二〇〇二年一一月のＳＡＲＳ発生でも中国はその情報を翌年三月頃まで未発出であった。ここに権威主義体制では都合の悪い情報は上がらないという権威主義体制の本質が露呈している。

（30）高橋杉雄『現代戦略論』では、プライバシーや個人の選択の自由を重視する日米や西欧のＤＸと対立するものを「デジタル権威主義体制」と呼称し、これは「ＤＸを国民監視のメカニズムとして利用していくもので、中国を筆頭にロシアなどが続いている」と記述している。

第8章　ロシアによる情報戦とハイブリッド戦争

1、「カラー革命」を仕掛けたのは米国か？

カラー革命の勃発

「カラー革命」とは二〇〇三年のグルジア（ジョージア）での「バラ革命」、〇四年のウクライナでの「オレンジ革命」、そして〇五年のキルギスでの「チューリップ革命」を指す。

【バラ革命】
二〇〇三年一一月二日、グルジア議会選挙ではシェワルナゼ大統領が率いる与党が第一党になるが、サアカシュヴィリ（当時三五歳）が率いる野党が、選挙の不正を訴え「選挙やり直し」「シェワルナゼ退陣」を求めて大々的なデモを実施した。このデモによってシェワルナゼは退陣し、翌〇四年三月に行なわれた再選挙では、親米派のサアカシュヴィリが大統領に選出された。

【オレンジ革命】

ウクライナでは二〇〇四年一一月に大統領選挙の決選投票が行なわれ、最初は親露派のヤヌコーヴィチ首相（当時）が当選した。しかし、親欧米派のユシチェンコ元首相が率いる野党が「やり直し選挙」を訴えた。欧米が野党側の主張を支持するなか、クチマ大統領が再選挙に同意し、再選挙ではユシチェンコが大統領に当選した。

【チューリップ革命】

二〇〇五年二月と三月にキルギス議会選挙が行なわれ、親露派のアカエフ大統領を支持する与党が約七割の議席を確保した。しかし野党側から選挙に不正があったとして、抗議運動が各地で拡大、暴徒化した。アカエフ大統領は政権を放棄してロシアに避難、一五年続いたアカエフ政権は崩壊した。同年七月、反政府勢力のバキエフ元首相が大統領選挙で勝利した。

封鎖性の強い中央アジアの中にあって、キルギスはインターネットやメディア環境が発達しており、インターネットの閲覧や政治集会を開くことが比較的自由な社会であった。つまり、民主化革命の火をつけやすい社会基盤であったことが革命の成功につながった。

カラー革命には以下の共通点があった。

第一に、デモを動員するために携帯メールやインターネットが利用された。

この点からすれば、情報の発信および伝達手段を持った一般市民が、独裁的な政治体制に異を唱えて、政治の民主化を求めた自発的デモであるとの捉え方ができる。

第二に、グルジアのバラ革命の成功が、電波に乗って報道されたことが近隣国の民主化運動に勇気を与えた。つまり、発達するICT（情報通信技術）環境が民主化革命を成功に導いた。

第三に、いずれの革命においても、「野党側が選挙結果に不正があったとして、やり直し選挙を求める→市民がデモや暴動を起す→それを欧米が支持し、マスメディアが報道する→やり直し選挙により親露政権が打倒され、親欧米政権が樹立される」という画一性が認められる。

こうした画一性の背後には、米国などが意図的に独裁権威主義政権を打倒するために、背後で民主化ドミノを画策したとの疑惑も出てくる。

以下、米国などが民主化ドミノを画策したという仮説について検証する。

カラー革命の震源地は地政学上の要衝

二〇〇三年四月、米国はコーカサスの最大の石油大国であるアゼルバイジャンの原油を、ロシアを通さずにグルジアを経由してトルコに送るパイプライン（BTCパイプライン）の建設に着手した。

これに対してプーチン大統領はグルジアに圧力をかけて米国のパイプライン計画を阻止する反撃に出た。

ウクライナは、米国あるいはNATOにとって対ロシアの安全バッファーであり、ロシアの帝国主義の復活を阻止して、ロシアを民主化するための〝橋頭保〟としての価値を有している。なお、米元大統領補佐官のブレジンスキーはウクライナの地政学的価値を高く評価した[1]。

冷戦後にNATOおよびEUの東方拡大が漸進していくなか、二〇〇三年一一月にバラ革命が成功し、〇四年五月にはポーランド、スロバキアなどの東欧八か国がEUに加盟した。こうしたEUの東方拡大が進むなか、任期満了となるウクライナ大統領選挙が行なわれた。

キルギスが位置する中央アジアは、北方をロシア、東方を中国に挟まれた地域であり、天然ガス、石油、希少金属の宝庫である。つまり中露両国は当該地域を支配したいとの願望を常に内在させているし、米国はそのような野望を牽制する必要性を持っていたと考えられる。

前出のブレジンスキーは、コーカサスを含めてこの地域を「ユーラシア・バルカン」と呼んで、米国の総合的な対ユーラシア戦略の要衝としてみていた。

これら三か国は、米国が東欧、コーカサス、中央アジアを押さえるうえでの地政学上の要衝であったし、石油、エネルギー戦略の上でも有用であった。

ジョージ・ソロスの関与

グルジアのバラ革命では、ハンガリー出身の世界的投資家のジョージ・ソロスの関与が指摘された。ソロスは二〇〇〇年初めにグルジアを訪問し、「オープン・ソサエティ（開かれた社会）」財団の支部を結成しグルジアの反政府系NGOを支援し、シェワルナゼ前政権に対しても批判を繰り返していたとされる。

政権を追われたシェワルナゼは二〇〇三年一一月末に放映されたロシア公共テレビの討論番組に参加し、グルジアの政変がソロスによって仕組まれたと名指しで非難した。

ウクライナ大統領選挙では、共和党国際研究所（IRI）、民主党系の国家民主研究所（NDI）、欧州系の欧州安全保障協力機構（OSCE）、米政府系の援助団体であるUSAID、人権団体の「フリーダム・ハウス」のほか「オープン・ソサエティ」が選挙活動の監視にあたった。

キルギス選挙においても、フリーダム・ハウス、NDI、IRIといった米国NPOが活動した。

これらNPOは、キルギスでの米CNNの視聴拡大、ネットの普及促進、現地の反政府メディアの支援などを行なった。そのための資金は、米国の国家予算から捻出されたとの指摘もある。

つまり、米政府とNPO、潤沢な個人資金を有するソロスが連携して、当該地域の反政府民主化グループのデモを支援した可能性はある。

なお一九九九年に出版された『超限戦』では、これからの戦争においては「金融戦」に着目する必要性を指摘し、「この一節で重要な役割を果たすのは政治家でも軍事家でもなく、ジョージ・ソロスだ」と述べている点は興味深い。

米情報機関の関与

バラ革命で政権の座を追われたシェワルナゼは二〇〇三年一一月二八日の朝日新聞記者との会見で、抗議デモが三週間で全国規模に拡大した理由について、「外国の情報機関が私の退陣を周到に画策し、野党勢力を支援したからだ」と述べた。

つまり、シェワルナゼは名指しこそ避けたが、米国CIAの関与をほのめかした。

キルギスの政変では、モスクワに亡命したアカエフが「政変では米国の機関が重要な役割を果たした。半年前から米国の主導でチューリップ革命が周到に準備されていた」と述べた。

米ＣＩＡが歴史的に世界の政権転覆に関与し、親米政権を樹立する工作を行なってきたこと、米国「国家安全法」の中で秘密工作について規定されていることに鑑みれば、米ＣＩＡが背後で何らかの秘密工作を行なっていた可能性はある。

以上のことから、確証こそないが、米国が民主化ドミノを仕掛けた可能性は否定できない。少なくともプーチンは米国が民主化ドミノを仕掛けたとの確信を持っていたであろう。

2、プーチン大統領による巻き返し

国内権力の掌握と対中関係の強化

一九九八年七月、プーチンはＦＳＢ（連邦保安庁）長官に就任した。ＦＳＢはＫＧＢにあった複数の総局や局を統合したものであり、国境警備隊、政府通信情報庁、特殊部隊などを管轄する。つまり、プーチンは秘密権力の中枢を掌握した。

第一に、プーチンは「新興財閥（オリガルヒ）」の切り崩しを行なった。

ソ連が崩壊し、多くの国営企業が民営化されたが、実際には、一部の「オリガルヒ」が政府と結託し、国家の財産である「国営企業」を「タダ同然」で手に入れていた。

プーチンがFBS長官に就任した当時、ユダヤ系オリガルヒが国内の石油、銀行、メディアを一手に牛耳り、政治権力にも支配を及ぼそうとしていた。

当初プーチンは、ユダヤ系のオリガルヒで、エリティン政権下のロシア安全保障会議書記のボリス・ベレゾフスキーに接近し、彼を利用することで権力掌握を開始した。

一九九九年八月、プーチンは首相に就任し、ほぼ同時に生起したチェチェン紛争を制圧したことで権威を高め、同年末に大統領を辞任したエリティンに代わり大統領代行に就任、二〇〇〇年三月の大統領選挙で勝利した。

プーチンは大統領に就任するやいなや、「資産を海外に逃避させて納税を免れているオリガルヒがロシア経済の復活を妨げている」として、その粛清を開始した。

プーチンは、八〇以上の「連邦構成体」の上に八つの「連邦管区」を設定し、その長にはプーチンの息にかかった軍人を派遣して、オリガルヒと結託して汚職・腐敗の頭目である連邦構成体の首長を摘発した。

プーチンはユダヤ系オリガルヒの大物であるメディア王のグシンスキー、プーチンの大統領選出を演出した最大の功労者であったベレゾフスキー[2]、石油会社「ユコス」社長でエネルギー王のホドルコフスキー（二〇〇三年一〇月逮捕）を次々と失脚に追い込んだ。

第二に、プーチンはカラー革命成功を許した要因は欧米のＮＧＯの存在があると考えた。ここでいうＮＧＯとはシンクタンク、人権団体、世論調査機関、民間選挙監視団体などを指す。

二〇〇六年四月、プーチンは「ＮＧＯ規制法」[3]を制定し、国内で活動するすべてのＮＧＯに対して政府当局への再登録を義務付け、その再登録の条件を厳しく設定することで欧米のＮＧＯを事実上、締め出した。これにはチェチェンの人権状況を監視するＮＧＯの締め出しという狙いがあった。

第三に、国際関係において中国およびインドとの協調を模索した。二〇〇五年八月には初の中露共同軍事演習「平和の使命２００５」が開催された。その一方でインドとの関係も重視し、「露印戦略パートナーシップ」の強化も図った。

二〇〇一年九月一一日の同時多発テロ以来、中央アジアに進出する米国を、中国と協調する「上海協力機構（ＳＣＯ）」の枠組みを使って牽制した。[4]

近隣国への民主化ドミノを阻止

キルギスでのチューリップ革命に引き続き、ウズベキスタン暴動（二〇〇五年五月）が生起したが、カリモフ大統領は武力で弾圧した。

欧米は政府側の武力弾圧を人権侵害だと批判したが、ロシアと中国はカリモフ大統領を支持した。

中国では二〇〇五年三月から反日デモが生起していた。つまり「カラー革命」や反日デモが自国の新疆ウイグル問題あるいは香港問題などに波及するのを警戒したとみられる。米国がグルジア、キルギスでの革命成功を足がかりに、ウズベキスタン、さらに中央アジアの大国カザフスタンに民主化ドミノを拡散する思惑を持っていたとすれば、ウズベキスタンでの民主化革命の失敗は、米国の戦略の見直しを示唆したといえるだろう。

また、東欧でもウクライナの「オレンジ革命」の成功後に、ウクライナの北方に位置し、ロシアと国境を接するベラルーシでも、二〇〇六年三月、大統領選挙に絡んで、暴動騒ぎが起きた。この選挙では現職の大統領ルカシェンコが八三パーセントを獲得して圧勝した。しかし、ミリンケビッチ率いる野党陣営が「選挙のやり直し」を求め、西側メディアがそれに同調した。まさに、カラー革命と同じパターンが繰り返されようとした。

しかし、デモはすぐに下火となり、ミリンケビッチはデモ中止を宣言した。ルカシェンコが西側からの資金流入を遮断したことで、デモは失敗した。この〝金融戦〟ともいうべき対策はプーチンがルカシェンコに伝授したとされる。以後、ルカシェンコはソーシャルメディアが反政府運動につながるとみて、これを厳しく取り締まっている。これが奏功し、ルカシェンコ派以外が政権を担う力は皆無である。

ロシアは、中国などの反米勢力と連携して近隣国の権威主義を支えたことで民主化ドミノの波及を食い止めたといえるだろう。

親露政権への転覆を画策？

他方、カラー革命が成功した三か国の民主化がその後、進展しているわけではない。

二〇〇八年八月、親米政権（サアカシュヴィリ大統領）になったグルジアでは、南オセチア州をめぐってロシアとの間に紛争（南オセチア紛争）が勃発した。

この紛争で多くの戦死者を出したことが批判され、二〇〇九年、サアカシュヴィリの辞任を求める大規模な反政府集会が開かれ、市民六万人が集結した。同年五月、軍部によるクーデター未遂事件が発生するが、これはロシアが支援したとの指摘がある。

二〇一二年一〇月の選挙で、ロシアとの関係改善を目指す野党連合が勝利し、まもなくしてサアカシュヴィリ体制は終わった。なお、現在のグルジアは、ウクライナに同情的ではあるが、対ロシア経済政策には参加せず、ロシアに融和的な姿勢を継続している。

二〇〇四年のオレンジ革命によって、親米政権になったウクライナでは、〇五年九月、ユシチェンコ大統領は、オレンジ革命での政変による功績によって首相に指名した女性政治家ティモシェンコと対立し、彼女を解任した。

二〇〇五年三月から〇六年にかけてガス紛争（ロシア・ウクライナガス紛争）が勃発した。ロシアの国営企業「ガスプロム」がウクライナに供給している天然ガスの料金引き上げを要求し、これに従わなかったウクライナに対して、〇六年一月からガスの供給を停止した。翌二月、ウクライナ議会はガス紛争で政府の対応に問題があったとしてユシチェンコ政権を攻撃した。

同年三月のウクライナ総選挙では、ロシアとの関係強化を主張する野党が大幅に議席を伸ばし第一党になった。ティモシェンコもロシアに対する弱腰姿勢を批判し第二党に付け、ユシチェンコ大統領の与党は第三党に転落した。

同年八月に親露派のヤヌコーヴィチ前大統領を首班とする内閣が成立した。ヤヌコーヴィチ首相は「NATO加盟は国民投票で決定する」としてロシアに配慮した。

両国のガス紛争は二〇〇八年と〇九年にも再燃して、ウクライナを経由してガス供給を受けていた欧州諸国は影響を受けた。

二〇一〇年一月の大統領選挙ではヤヌコーヴィチが勝利し、大統領に復活し、ロシアへの融和政策をよった。(5)

こうしたウクライナの親露体制への復活には、プーチンのたゆまぬ秘密工作が成功したとの見方がある。

二〇〇四年のオレンジ革命以降、ロシアはクリミアの親露派勢力に資金を提供し、少数派のウクライナ人やタタール人を挑発していたとされる。「ウィキリークス」が暴露した在ウクライナ米大使の公電（二〇〇六年一二月七日付）でも「ロシアの秘密工作活動による世論操作と情報操作は成功を収めている」とされた。要するに、ロシアの「資源戦」「経済援助戦」「メディア戦」などが奏功したのである。

二〇〇五年の「チューリップ革命」によってキルギスの大統領に就任したバキエフは、民主化デモによって自らが危機に陥らないように長男を情報機関に配置してメディア規制に着手した。

また、次男を経済開発・投資機関の幹部に据えたが、これは欧米からの資金流入の遮断が狙いであったとも考えられる。しかし、次男が通信会社や電気会社を支配下に収めた際、電力の大幅な値上げが生じたため、野党や国民が反発し、それがバキエフ政権打倒の抗議運動の引き金になった。

二〇一〇年四月、景気低迷や政府によるメディア規制が起こるなか、首都ビシュケクを中心に野党側による反政府運動が激化し、数千人規模の反大統領デモとなった。政府軍側の発砲により大規模な武力衝突となった（死者七五人、負傷者は千人以上）。

その後、バキエフは大統領を辞職してベラルーシに亡命した。現在のジェーンベコフ大統領はロシアとの友好関係を重視している。「野党の政治家やジャーナリストたちを抑圧し、民主主義を危うくしている」との非難に屈せず、キルギスで台頭しつつある部族主義に断固対抗する姿勢を示している。

3、ロシアの伝統的な情報戦

ロシア情報機関の再編

最初にソ連からロシアへと再生する過程での情報機関の変遷を簡単に振り返ることにする。

冷戦期、ソ連のKGBは米CIAとの熾烈な情報戦を戦うなかで数々の秘密工作に手を染め、原子力開発のための機密情報の入手、東欧の民主化の阻止、中東における親ソ政権の樹立など多くの成果を上げた。

しかし、ソ連の崩壊とともにKGBの栄光の歴史は終わりを告げ、一九九一年一二月に解体された。その後、いくつかの過程を経て、現在は対外諜報庁（SVR）、連邦保安庁（FSB）および連邦警備庁（FSO）に分割された。

SVRは旧KGB第1総局を縮小・効率化して発足した。対外的な政治、経済、外交、科学技術、軍事技術に関する情報収集および分析、プロパガンダや影響工作などを任務とする。

FSBはKGBの大部分の組織・機能を引き継いだ。現在、質実ともにロシア最大の情報機関であり、通信傍受やインターネット監視もFSBが行なっている。

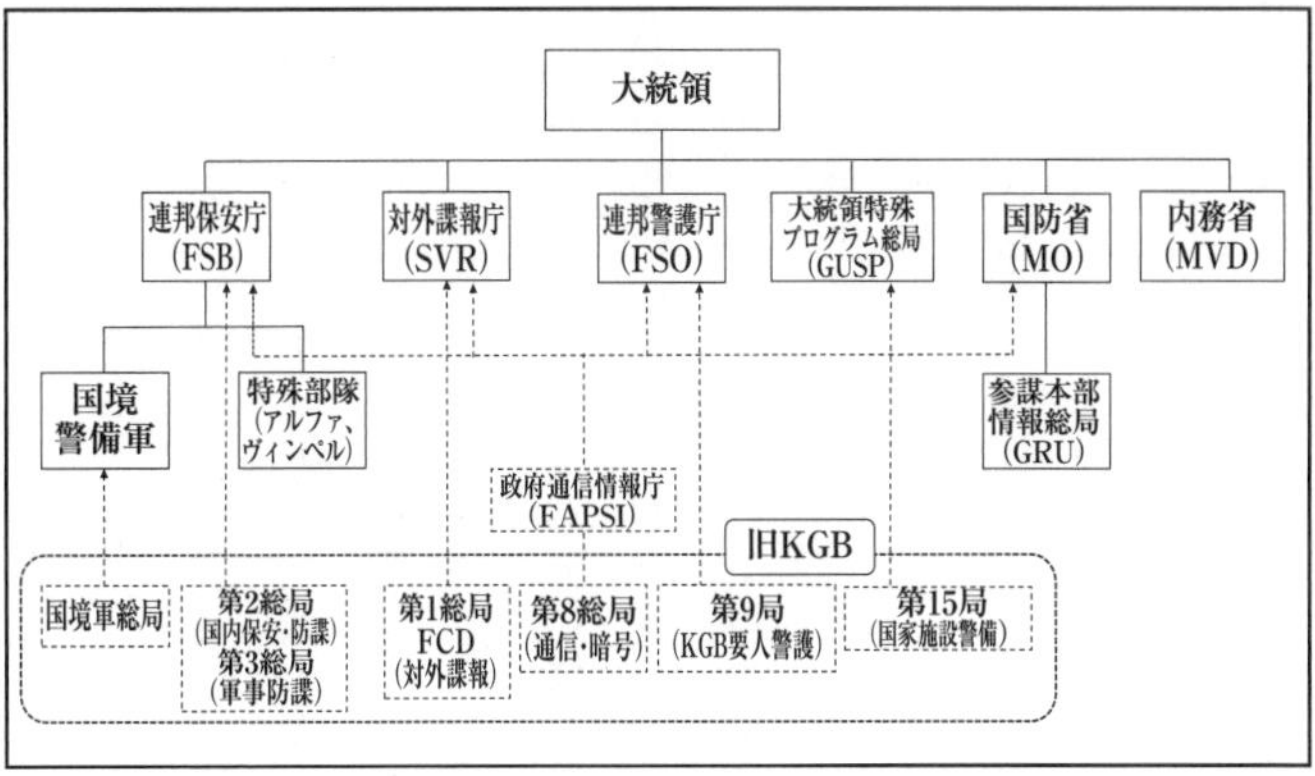

図1 ロシアのインテリジェンス・コミュニティー
(『世界のインテリジェンス』をもとに作図)

ＦＳＯはＫＧＢ第９局を引き継ぎ、大統領などの政府要人および施設などの警備、テロ対策を行なっている。

このほか、ロシア軍の情報機関として、赤軍第四部の流れを受け継ぐロシア軍参謀本部情報総局（ＧＲＵ）がある。ＧＲＵは冷戦後も、ほぼ従前の組織・機能をそのまま引き継ぎ、国防や安全保障に関わる政治、軍事、経済、科学技術などの情報収集と分析に携わっている（図1参照）。

ソ連の崩壊によって、ロシア情報機関の活動は停滞した。当時、プーチンはＦＳＢの中佐であったが、情報機関の将来に見切りをつけ政治の世界に進出した。

ところが、プーチンが国内権力を掌握するようになるにつれ、情報機関との結びつきは強くなり、一九九八年七月にＦＳＢ長官に就任した。さらには二〇〇〇年代のカラー革命に対する〝巻き返し〟を図るうえでも情報機関を最大の武器とした。

二〇〇三年、治安・情報機関の大規模な組織改編が行なわれ、FSBやSVRの権限が拡大された。とくにICT技術を活用した諜報機能の拡充が図られた。以降、ロシア情報機関による対象国の政府組織、民衆に影響を及ぼすデジタル影響工作が強化された。

また、GRUもほかの情報機関との連携を強化し、ロシア情報機関は機関相互の連携を図りつつ一体となって諜報・謀略活動を展開した。

二〇〇四年三月の大統領選で再選を果たしたプーチンは、〇五年一二月のSVR創立八五周年記念祝賀会において、「KGBの流れをくむSVRは世界で最も有効に機能している機関であり、政策決定過程で諜報活動が重要である」と述べた。

また、二〇〇七年一〇月、ミハエル・フラトコフ前首相をSVR新長官に任命し、「ロシア政府を三年以上率いたフラトコフがSVR長官に任命されたこと自体、諜報活動がロシア国家機関システムにおいて重要な地位を占めていることを示す」「諜報機関の努力はロシアにおける潜在的な産業力および国防力の強化に集中されなければならない」などと述べた。

こうしたロシアの動向に対し、欧米諸国では警戒感が高まり、二〇〇七年九月、米国のマコーネル国家情報長官が「中国とロシアが米国内で冷戦時代と同レベルの情報活動を行なっている」と警告した。

わが国においても、在日ロシア情報機関員による諜報活動が冷戦期同様に活発に行なわれていることを裏付ける事件が発生した[6]。

二〇一〇年代以降もロシア情報機関は、諸外国の政治、軍事、経済、科学技術などに関する諜報活動のほか、わが国を活動の場とした米国、中国、北朝鮮などに関する諜報活動も活発に行なっている。

二〇一二年、英国MI5（防諜部署）のジョナサン・エバンス長官は「英国での素性を明かさないロシアのインテリジェンス担当官は減少していない」と報告した。

後述するウクライナ危機および二〇一六年の米大統領選挙では、水面下でのロシア情報機関の活動が疑われるが、KGB出身のプーチンの自らの権力固めと、ロシアの大国主義の復活において情報機関を重用していることは間違のない事実であろう。

偽情報による影響工作

冷戦期のソ連情報機関はハニートラップを用いた情報収集、偽情報の流布、要人暗殺など数々の非公然で手荒な手口を駆使していた。

偽情報の流布はKGBの常套手段であったといってもよい[7]。KGBは冷戦期から、欧米の政治的分裂の拡大、作り話や陰謀論による信用の喪失、偽装団体やメディア拠点の創設など、広範囲におよぶブラックプロパガンダを行なってきた。

一九八三年、ＫＧＢが工作のために設立したインドの新聞『パトリオット（Patoriot）』にＨＩＶ（エイズ）は米軍による生物兵器研究の結果から生まれたとの論文が掲載されたが、これは「著名な米国人科学者・人類学者」を騙った偽論文であった。さらに東ドイツの二人の人物がフランス人科学者を騙って、その偽論文を裏付ける偽論文を発表した。この論文は四〇以上のソ連の新聞、雑誌、ラジオやテレビで取り上げられ、海外の親ソ寄りの報道機関などを通じて西側社会でも拡散された。

わが国おいてもＫＧＢによる「周恩来の遺書」という事件が確認されている。当時、産経新聞編集局次長の山根卓二は、『サンケイ新聞』（一九七六年一月二三日付）で「周恩来元首相（一九七六年一月八日死亡）が遺書を残し、その中で毛沢東が死ぬ直前に中国の指導部内で深刻な対立があったことを示唆した」という署名記事を書いた。

この記事の情報源は秘匿されたが、のちにこれは日中国交回復の妨害や、周恩来死亡後の中国指導部の信頼性失墜を狙ってＫＧＢが作成した偽文書であることが判明した。ＫＧＢはレーニンが死の直前に書いた手紙によってスターリンへの権力継承が遅れたことをヒントにこのような偽文書を思いついたとされる。

遺書が日本の保守系大手新聞で報じられたのをソ連のタス通信が伝える形をとったことで記述の真実性が担保され、拡散効果が高まった。つまり、ソ連がプロパガンダの主体であるにもかかわらず、それを秘匿した捏造記事により政治指導者や国民をソ連に都合のよいように誘導した。これはブラックプロパガンダの典型であったといえよう。

ソ連からロシアになったが、海外宣伝機関の強化は継続されている。プーチンは、二〇〇五年一二月にニュース専門局「RT（旧称ロシア・トゥデイ）」、一四年一一月に通信社「スプートニク」(8)を設立した。RTは米国では英BBCに次ぐシェアを誇り、スプートニクはロシアおよび世界のニュースを日本語含む各国言語に翻訳して伝えている。

ロシア政府は両宣伝機関の運営資金を予算から配分しているとされる。フランスのマクロン大統領をはじめ、西側メディアは両機関を偽情報の拡散組織と断じている。

要するにロシアは伝統的な偽情報の流布、影響工作などをICTの発達に即して巧妙かつより活発化させているのである。

暗殺はロシアの常套手段

トロツキーの暗殺を持ち出すまでもなく、ソ連時代の情報機関は暗殺を得意としていた。一九三〇年代、スターリンは政敵の粛清のために「カーメラ（特別室）」と称する研究所を設け、毒殺などの暗殺手段を開発させた。一九四一年、スターリンの政権下でラヴレンチー・ベリヤによって「スメルシ」という暗殺専門組織が設立された。

ベルリン危機が始まる一九六一年、ボグダン・スタシンスキー(一九三一〜?)というKGB将校がミュンヘンで逃亡生活を送っていたウクライナの民族主義者を毒薬特殊銃で暗殺した。[9]七八年、ブルガリアから米国に亡命したジャーナリストが殺害された。この暗殺では猛毒リシン入りの金属片を打ち出す「仕掛け傘」が使用され、その手口などからKGBの関与が疑われた。

一九九三年に制定されたロシア憲法二九条では、「個人の思想・言論の自由の保障」や「社会的、人種、国籍的、宗教的または言語的支配に関するプロパガンダの禁止」が規定された。しかし、言論の自由は保障されず、政敵やメディアの口封じのための暗殺は継続されているようだ。

二〇一四年〜一七年の間だけで、ネムツォフを含めて著名な反プーチン派の主要人物が三八人以上、放射性物質による毒殺や転落死など、不審な死を遂げた。プーチンが権力基盤を固めた一九九九年以降、数十人の独立系ジャーナリストが、プーチンの政敵たちと同じように不審な状況で殺害されている(『「いいね!」戦争―兵器化するソーシャルメディア』)。

ロシア情報機関が関与したと指摘される主要な暗殺事件は以下のとおりである。

二〇〇六年一一月二三日、アレクサンドル・リトビネンコが「ポロニウム210」によって中毒死するという事件が発生した。これはFSBの仕業であるとの見方が濃厚である。[10]

二〇一三年、プーチン政権の誕生をお膳立てしたベレゾフスキーは、プーチンと決裂後に英国に亡命していたが、二〇一三年に亡命先で死亡した。これは自殺だと報じられているが、リトビネンコ暗殺への関与が指摘されている。

二〇一八年三月、英国南部で起きた元GRU大佐のセルゲイ・スクリパリの暗殺未遂事件と、同年六月にエームズベリーで生起した男女二人の殺人事件(女性のみ死亡)についてもロシア情報機関による犯行との見方が強い(11)。

二〇二〇年八月、著名な野党指導者のアレクセイ・ナワリヌイはシベリアを訪問中に軍事用の神経剤「ノビチョク」を盛られた。この攻撃でナワリヌイは生死をさまよい、ドイツに搬送されて治療を受けた。

情報の統制・管理の強化

ロシアは情報を統制・管理するための法律を作り、違反した者に対して厳しい罰則を設けている。

二〇一二年に制定した「インターネットの違法なコンテンツに関する法律」および一四年に制定した「ブログ法」を根拠に、政府はインターネット上の情報管理・監視権限を拡大し、特定のウェブサイトやコンテンツへのアクセスを制限している。

さらに、ロシア政府は二〇一七年に「主権インターネット法」を制定し、ロシアのインターネットインフラを国内で独立化させ、インターネット・トラフィックの管理や検閲の円滑化を目指してきた。

ＦＳＢは「インターネット情報の保護に関する連邦法（二〇一二年制定、通称「ブラックリスト法」）」[12]や「Yarovaya法（二〇一六年制定）」[13]を根拠にインターネットの監視や規制を強化している。

ロシア政府は中国の「グレート・ファイアウォール」を参考に、「ＳＯＲＭ」と呼ばれるロシア版の〝グレート・ファイアウォール〟を構築し、ロシア国内の通信業者が提供する通信サービスを監視している。ＳＯＲＭはテロ対策および犯罪捜査のために警察当局が法的手続きに従って使用することが建前となっているが、政府はこのシステムを恣意的に運用して、反政府の活動家やジャーナリストなどの動きを違法に監視しているとの指摘は尽きない。

二〇一九年、米国カリフォルニア州を拠点とするサイバーセキュリティ企業の「ＵｐＧｕａｒｄ」社が発表したレポート[14]によると、ロシア最大の携帯通信大手ＭＴＳ（モービル・テレシステムズ）とパートナー関係にある「Ｎｏｋｉａ（フィンランドに本社）」から以下の情報が漏洩したとされる。

●機器タイプ、メーカー、シリアル番号、設置場所などのネットワーク機器の詳細
●回線、ネットワーク接続、スイッチ設定などインフラストラクチャの構成情報
●氏名、連絡先、役割、権限などのシステム管理者および技術者の個人情報

●ルーター、スイッチなどの配置ネットワークトポロジーおよびアーキテクチャー情報

以上から、ロシアのサイバー戦に携わるFSBは、画像データ、動画、文書、メール、ファイル情報など、ほとんどの情報を監視しているものと推察される。

ロシアは法律と監視システムにより、実効的にインターネット上の情報をコントロールしているといえよう。

4、進化するロシアのハイブリッド戦争

ハイブリッド戦争とは何か?

ハイブリッド戦争という言葉が使われるようになったのは、二〇一四年のロシアによるウクライナ危機が契機とされている。(15)

ただし、ロシアが自らのドクトリンを「ハイブリッド戦争」と呼称しているわけではない。また、ハイブリッド戦争は外国からロシアに仕掛けられているというのがロシアの認識である。(16)

他方、二〇一四年のクリミア併合時のロシア連邦軍の参謀総長ゲラシモフ上級大将は一三年に「予測

における科学の価値」と題する論文を発表した。

この論文は「一年後のウクライナ介入を予言したかのようだ」としてのちに注目を集めた。同論文では「「カラー革命」や「アラブの春」は二一世紀の典型的な戦争である。政治的、戦略的目標を達成するためには、情報戦、サイバー攻撃、経済制裁などの非軍事的手段が軍事力行使より有効であるといった論旨が展開されている。

ロシアが二〇一四年一二月に改訂した「軍事ドクトリン」では、現代の軍事紛争は、精密誘導兵器、極超音速兵器、電子戦装備、各種無人機などの集中的な使用や、ネットワーク型の自動指揮システムによる部隊や武器の自動・一元的な運用に加え、政治・経済・情報などの非軍事的手法と軍事力との複合的な利用、非正規武装集団や民間軍事会社による軍事行動への参加などの特徴を挙げている。つまり、文言こそないが「ハイブリッド戦争」が明確に意識されている。

ハイブリッドとは「雑種、異種のものを組み合わせたもの」なので、ハイブリッド戦争は「異種のものが組み合わされた戦争」である。つまり、陸、海、空、サイバー空間、宇宙などの領域にまたがるグレーゾーン・有事・軍事の境界がない、民間目標と軍事目標の区別がない、各種戦法が組み合わされた〝複合的な戦争〟をイメージさせる。

ハイブリッド戦争の一例として、二〇〇六年のレバノン戦争を挙げることができる。当時のヒズボラは、住宅地や国連施設の近くに拠点を設置し、イスラエル軍に対してロケット砲やミサイルを発射するなどのゲリラ攻撃を行なった。その結果、イスラエル軍によるレバノン市民や国連レバノン暫定軍（UNIFIL）への過剰攻撃を誘発させ、ヒズボラは国際世論を味方につけて国連による停戦案を引き出した。一方のイスラエル軍はヒズボラの拠点を完全に制圧できず、累計一〇〇人以上の戦死者を出した。このような作戦が一部の欧米研究者によって「ハイブリッド戦争」と呼ばれた。

ハイブリッド戦争が、ヒズボラあるいはISISなどのテロリストによる〝弱者の戦い〟にとどまるのであれば、今日のように注目されることはなかっただろう。しかし、ロシアが二〇一四年にウクライナ危機を醸成し、中国が一六年前後から南シナ海での人工島の構築および軍事的拠点化を加速させた。これらの状況から、米国はハイブリッド戦争という言葉を用いて脅威認識を啓発した。[17] なぜなら、中露のような軍事大国は、通常戦力を動員して非正規軍を支援し、さらには攻撃対象国、その同盟国や友好国からの反撃を抑止するために核戦力を使用することも考えられるからだ。

ところで、ハイブリッド戦争と米国が提起する「マルチドメイン作戦」とはどこが異なるのか。これに関して、国際政治学者の志田淳二郎は、自著『ハイブリッド戦争の時代』の中で、ハイブリッド戦争は平時からグレーゾーンまで、マルチドメイン作戦は有事になってからの概念であるとの認識を述べている。[18]

しかし、平時（非軍事）と有事（軍事）との境界は曖昧であり、国家防衛にあたる側には平時からの対応や、有事における軍事面にとどまらない対応が強いられることになる。(19) わが国は、中露などがハイブリッド的な戦略や作戦で現状の国際秩序を変更する試みを阻止することが重要なのであって、それが「ハイブリッドなのか、マルチドメインなのか」の論理は実務ではたいして意味がない。

なお本章では、ロシアによる現状変更の試みを、欧米の慣用に従ってハイブリッド戦争と呼ぶことにする。

エストニア、グルジアに対するサイバー戦

ロシアのハイブリッド戦争の核心はサイバー戦である。二〇〇七年四月、エストニアのインターネット関係のインフラが麻痺して、政府機関、銀行、物流、オンライン・メディアなどが被害を受けた。攻撃主体は特定されなかったが、エストニアの地政学的位置、同国の親西欧政策と、それに反発するロシアとの対立関係、ロシア系住民の暴動と同時に起こったサイバー攻撃のタイミングとその規模、ウエブサイト情報などから見てロシア政府が何らかの関与をしているのは明らかである（『近未来戦を決する「マルチドメイン作戦」』ほか）。

このサイバー攻撃では、エストニアの代表的な通信会社のサーバーが標的となり、複数のウイルスに

感染したパソコンなどからボットネットを使用したＤＤｏＳ攻撃が行なわれ、インターネット通信が断続的に遮断された。これは破壊妨害を目的とした史上初の国家に対するサイバー攻撃であったとされている。

二〇〇八年八月に勃発した南オセチア紛争（グルジア戦争）では、ロシアが南オセチアに軍事介入を行なった。この際、グルジアの大統領府、国防省、メディア、銀行などのウェブサイトに対して大規模なサイバー攻撃が実施され、ウェブサイトが改ざんされたり、閲覧が困難になったりした。

のちの調査により、サイバー攻撃に使われたウイルスはドイツとロシアのハッカーによるものであり、この攻撃で使われた通信環境がロシアＦＳＢの本部があるルピャンカ広場に関係していることがわかった。

グルジア戦争での通常戦と連携したサイバー攻撃が、歴史的に前例のない新たな戦争形態として世界の関心を集めたのである。

ウクライナ危機（クリミア併合）

二〇一三年一一月、ウクライナの親露派のヤヌコービッチ政権がＥＵとの連携協定調印をキャンセルしたことを契機に、ウクライナの首都キエフ（キーウ）で大規模な反政府デモが生起した。デモ隊が大統領府などに乱入したことにヤヌコービッチが身の危険を感じ、二〇一四年二月二一日、ロシアに脱出し、野党主導の暫定政権が発足した。

これと同時に、ウクライナ南部のクリミア自治共和国では「自警団」と称する謎の部隊が地方政府庁舎と議会の建物を占拠するとともに、空港やウクライナ本土に通じる幹線道路、主要なウクライナ軍の施設などを制圧した。実態はロシア軍の一部である武装勢力であった。

二〇一四年三月、ロシアは、「ロシアへの編入」の賛否を問う、同共和国における「住民投票」の結果を受けてクリミアを編入した。

クリミア併合が落ち着いた二〇一四年四月初め、ウクライナ東部や南部において、ロシア系住民からなる分離派武装勢力などが、ウクライナ暫定政権への抗議活動を活発化し、地方政府庁舎などの建物を占拠した。

これに対し、ウクライナ暫定政権は、ロシアが関与しているとして非難するとともに、軍などを投入して占拠している勢力の排除を試みた。

しかし事態の解決には至らず、二〇一四年五月、ウクライナ東部のドネツクおよびルハンスク州の一部において、分離派武装勢力の管理下で自治権拡大の賛否を問う「住民投票」が実施された。

二〇一四年六月、大統領に就任したポロシェンコ大統領は同年七月、分離派武装勢力に対する掃討作戦を再開したが、分離派武装勢力は、ロシアによる各種支援を受けて抵抗を続けた。

二〇一五年に入り、ウクライナ軍と分離派武装勢力の間での戦闘が再び激化したことを受け、同年二月、ドイツ、フランス、ロシアおよびウクライナの首脳がベラルーシの首都ミンスクで会談し、ロシアを後ろ盾とする親露派武装勢力とウクライナ軍による戦闘の停止など和平に向けた道筋を示した（ミンスク合意）。

こうした一連のウクライナ危機を通じて、欧米諸国などは、ロシアによる直接的な軍事介入の存在を明確に指摘しつつ、今般のロシアによる直接的または間接的介入を、破壊工作、情報操作など多様な非軍事手段や秘密裏に用いられる軍事的手段を組み合わせ、外形上「武力攻撃」と明確には認定しがたい方法で侵害行為を行なう、いわゆる「ハイブリッド戦争」であったとして、強く非難するとともに、厳しい制裁措置をロシアに対して発動した。

欧米が「ハイブリッド戦争」とみなす戦い方の様相を列挙すると以下のとおりである。
●二〇一三年秋から一四年三月にかけて、ウクライナの隣国ロシアは、政治的・経済的圧力、サイバー攻撃、国境付近での一五万人規模のロシア軍の「訓練」実施などを繰り返し、あらゆる領域でウクライナに圧力をかけていた。
●ロシアは官製メディアを使用し、クリミアのロシア系住民の人権状況が悪化し、彼らがウクライナ新政権に不安を抱いているなどのプロパガンダを展開した。
●クリミアでは当初ロシア軍部隊であることを隠した「自警団」（リトル・グリーン・メン）が、地方政府庁舎・議会・軍施設・空港などの重要施設を次々と占拠した。
●その後、ロシア正規軍も後続展開を開始し、ウクライナ軍は効果的に反撃できずに、あっという間にクリミア半島は占拠され、物理的にウクライナ本土から分離させられた。
●間髪を入れず住民投票を行ない、その勢いをもって一挙にロシアの併合を受け入れさせた。
●自警団と称する「兵力」がクリミア半島へ展開する際に、同半島にある国営通信社のサービスが遮断され、インターネットや携帯電話が不通となるなどのサイバー戦が実施された。
●ドンバス地方の分離独立運動では、ウクライナ軍と戦っているのは親露派の義勇軍だとしてロシア軍は直接の関与を否定した。しかし国境地帯のロシア側では正規軍が常時軍事演習を実施してウクライナ政府軍に圧力をかけるとともに、自由に国境を往来して義勇軍に兵器、物資、資金の供給を行なった。
●ロシアのメディアを通じて親露派の英雄的戦いを紹介する、ロシアに逃れた難民の苦境を伝えるなどの情報操作を行なった。

ロシアは、以上のような戦い方を巧みに組み合わせ、公式に戦争であることを否定しながらクリミアを併合した。

二〇一六年の米大統領選挙への介入

ロシアによる二〇一六年の米大統領選挙介入は「プロジェクト・ラフタ（Project Lakhta）」と呼称され、一四年五月頃に開始されたといわれている。

二〇一八年二月、米国のロバート・モラー特別検察官はロシアの「インターネット・リサーチ・エージェンシー（ＩＲＡ）」など三団体とロシア国籍一三人を起訴した。ロシア国籍者はＩＲＡ代表のセルゲイ・プリゴジンほか一二人がＩＲＡ所属であった。

モラーは起訴状でＩＲＡおよび複数のロシア人が二〇一四年から一六年の大統領選挙まで、トランプが有利になるよう選挙工作を行なったと発表した。

ＩＲＡを現地取材した『日本経済新聞』記者の古川英治は、ＩＲＡは「1日24時間365日、ネット上で世論工作をする「会社」だ。ネットスラングで『トロール（荒し）』と呼ばれる数百人の工作員が身分を偽って国内外のメディアのサイトにコメントを投稿、事実とは異なるフェイクニュースのサイトを運営し、フェイスブックやツイッター、ロシア版のフェイスブック『ＶＫ』などソーシャルメディアに偽情報を拡散する。架空の人物になりすましてブログを展開する部隊や、政治風刺画を手掛けるデザイン部、映像制作部もあった」と述べている[20]（古川英治『破壊戦』）。

プリゴジンはIRAの運営のほか、ロシアのハイブリッド戦争を現場で支えた民間軍事会社（PMC）最大の「ワグネル」（二〇一四年年設立）の実権を握っており、ウクライナ戦争でも注目されている（二〇二三年六月二三日、ワグネル創設者のプリゴジンが武装蜂起を宣言（ワグネルの反乱）したが鎮圧され、二か月後の八月二三日、プリゴジンとワグネルの幹部が搭乗した小型ジェット機が墜落し炎上した。プーチンによる粛清との見方が有力）。

ワグネルはロシア連邦軍参謀本部情報総局（GRU）と緊密な関係にあり、ロシア軍別動隊ともいわれている。そして、プリゴジンは軍と密接な関係にあるという。

『トランプ　ロシアゲートの虚実』の著者である東秀敏は、ロシアの選挙工作は、①ハッキング、②コンプロマート（暴露）、③オンライン・アクティブメジャー（オンライン上の積極工作）、④サポート・クレムリンズ・キャンディデエイト（ロシア支持候補者への支援）の四段階で行なわれたと分析している。

ハッキングは暴露する価値がある情報を盗むことであり、当時、米国の民主党本部を主なターゲットとし、ヒラリー・クリントを貶めるスキャンダル情報が集められたとされる。当時、ヒラリーはEメール疑惑で物議を醸していたので当該関連情報を集めたという。

この収集部隊として、ロシア側はネット上で暗躍している「ファンシーベア（Fancy Bear）」と「コージーベア（Cozy Bear）」という二つのＮＧＯにハッキングを行なうよう指示を出したとされる。[21]両ＮＧＯはロシアの諜報機関と連携している組織だとみなされているので、ロシアが国家的に選挙工作に関わったとの疑惑（ロシアゲート）が浮かび上がる。

コンプロマートとは特定人物の信用失墜を狙った情報の暴露である。[22]ロシア側は「ウィキリークス（WikiLeaks）」や、大統領選のために特別に作られたサイトを利用して、ヒラリーの信用を失墜する情報の暴露を行なった。

オンライン上での積極工作では、あらゆる宣伝媒体を駆使して、スキャンダル情報が流された。ロシア国営のメディア「ロシア・トゥデイ（ＲＴ）」と「スプートニック」を利用し、真実と思われるホワイトプロパガンダを発した。

民営メディアの、米国の極右ニュースサイトで陰謀論者が集まる「InfoWars」、スティーブ・バノンがＣＥＯを務めていた「ブライバート（Breitbart）」、日本の「2ちゃんねる」をもじった掲示板「4ｃｈａｎ」などを通じて、グレーやブラックのプロパガンダを行なった。

ロシア支持候補の支援では、第一段階から第三段階までの手段を駆使して、親トランプ派のコンテンツが拡散した。ツイッター上での親トランプ派の発言が、ＡＩや人を動員して拡散した（以上、東秀敏のテンミニッツTV動画から抽出・整理）。

ロシアの関与には、英国の民間企業ケンブリッヂ・アナリティカが営利目的で関与した選挙工作とは異なり、国家的意思があった。つまり、クリミア侵攻以来、オバマ民主党政権から受けていた経済制裁の流れを変え、同時に米国を国内分裂に導くことで国力の低下を画策した。

このように、経済力が不足するロシアはサイバー攻撃、影響工作などの秘密工作を行なうことで、影響力の確保、国力低下の回避、国家安全などに資することを狙っている。

まとめ

本章の締めくくりとして、ウクライナ危機以降のロシアの地政学的な課題について言及する。

ロシアは、ウクライナ、バルカン半島、中央アジアにおいて、NATO拡大の阻止を狙って、偽情報、資金援助、暗殺などの秘密工作を行なってきたが、ロシアの試みは首尾どおり事が運んでいるとは到底いえない(23)。

ウクライナでは、二〇一四年の政変後に誕生したポロシェンコ大統領はEUと連合協定を締結して西側に接近、その後継者のゼレンスキー大統領はNATO加盟を模索した。こうして、プーチン・プランは苦境に陥り、二二年二月のロシアによる軍事侵略に至った。
バルカン半島では、二〇一四年のウクライナ危機におけるロシアの行動を見てモンテネグロではNATO加盟の動きが加速し、一六年一〇月のモンテネグロ議会選挙で加盟推進派の与党が勝利し、モンテネグロは一七年六月、二九番目の加盟国としてNATOに仲間入りした。[24]
また、二〇二〇年三月、北マケドニアは、NATOの三〇番目の加盟国になった。[25] この際、ロシアはソーシャルメディアを使った組織的な偽情報キャンペーンを展開したほか、加盟反対派への資金援助などを行なったが、それは奏功しなかった。
ただし、これでロシアが諦めると見るのは早計である。ロシア研究専門家の小泉悠は、「ロシアから見ると、東欧でNATOに加盟していない国々の中立をいかに維持するかは、安全保障上、特別の重要性を有していた。具体的には、旧ソ連欧州部でまだ6カ国――アルメニア、アゼルバイジャン、ベラルーシ、グルジア、モルドヴァ、ウクライナがその焦点である。この中からロシアの『勢力圏』を脱出しようとする国があれば、軍事力行使に訴えてでもこれを阻止するというのがグルジア戦争以降のロシアの基本方針であり、2013~14年にウクライナで起きた事態はまさにこれに該当していた」（小泉悠『現代ロシアの軍事戦略』）と述べている。すなわち、小泉の指摘どおりであることが、二〇二二年のロシアによるウクライナ軍事侵略（後述）でも証明されたのである。

ウクライナ戦争勃発以後、中立国のフィンランドが二〇二三年四月にNATO加盟を果たし、同じく中立国のスウェーデンもNATO加盟を目指し、これまでクルド人問題で反対してきたトルコの支持を二三年七月に取りつけた。

こうした動きをみて、各国の多くの専門家は、プーチンのNATO拡大阻止という狙いはウクライナ軍事侵攻の目的に照らして本末転倒であり、プーチンの試みは完全に失敗したとの見解を述べる。ただし、プーチンあるいはロシアにとって、スウェーデンやフィンランドは緩衝地帯であり、死活的な防衛戦はウクライナを含めた前述の六か国である。これら六か国に対するサイバー攻撃・情報戦、認知戦を含めたハイブリッド戦が激化することになるだろう。

（1）ロシアがウクライナを失ったことは、地政上、きわめて重要な意味を持っている。ブレジンスキーは『世界はこう動く』の第四章「ブラック・ホール」で、「（ユーラシアにおいていかなる国も米国より劣るようにするという点において）ウクライナが決定的な意味をもっている。アメリカはとくに一九九四年になると、ウクライナとの関係強化し、同国が獲得したばかりの自由を維持できるように支援する傾向を強めるようになった」と述べている。

（2）ベレゾフスキーは二〇〇〇年五月末、プーチンの「連邦管区」の創設を捉えてプーチンが独裁の道を歩んでいると批判した。さらに自らが株式の約半分を有するロシア公共テレビ（ORT）を使って「反プーチン・キャンペーン」を行なった。二〇〇〇年三月の大統領選挙ではORTのプロパガンダはプーチン賛辞一色であったが、すぐに真逆の形になった。二〇〇〇年八月、「ロシア原子力潜水艦クルスク沈没事件」が発生。この時プーチンは黒海沿岸の保養地ソチで休暇中であった。ベレゾフスキーは「チャンス到来」とばかりにＯＲＴを使って、事故被害の家族が泣きわめく惨状映像と休暇を満喫するプーチンの映像を交互に流し、対プーチンの〝ダメージ戦略〟に打って出た。これに対するプーチンはＦＳＢや検察を使ってベレゾフスキーを追い込んだ。結局、ベレゾフスキーは〇一年一月にＯＲＴの株式を売却し、まもなくして英国に脱出した。

（３）二〇一二年に施行されたＮＧＯ法の改正で、外国から援助を受けている団体を「外国のエージェント」と規定したことから、外国エージェント法と呼ばれる。

（４）二〇〇五年のＳＣＯ首脳会議（アスタナ会議）では、米国がＳＣＯへオブザーバー参加することを拒否し、中央アジアに駐留している米軍を撤退させる方向を明確に打ち出した。さらに、イラン、インド、パキスタンのオブザーバー参加を認めた。二〇〇七年にＳＣＯ初の合同演習「平和の使命２００７」が実施された。

（５）二〇一〇年四月、ウクライナがクリミアでのロシア黒海艦隊の駐留を延長する見返りに、ロシアはウクライナ向けガス代金を割り引くという二国間合意（ハリコフ合意）が成立した。

（６）二〇〇五年と〇六年には、在日ロシア情報機関員が、民間企業の技術者から先端科学技術を違法に入手したとして検挙。〇八年一月には、内閣情報調査室に勤務する内閣事務官が、ロシアの情報機関員とみられる在日ロシア連邦大使館二等書記官の教唆により職務上知り得た秘密を同人に漏らしたほか、現金一〇万円の賄賂を受け取っていたとして、警視庁が、元内閣事務官を国家公務員法（秘密を守る義務）違反および収賄罪で、元二等書記官を国家公務員法（秘密を守る義務違反のそそのかし）違反および贈賄罪でそれぞれ検挙した（二〇一〇年版『警察白書』）。

（７）『「いいね！」戦争―兵器化するソーシャルメディア』によれば以下の記述がある。「ソ連は誕生以来、偽情報（ロシア語でdezinformatsiya）の巧みな操作と兵器化によって、国外ではイデオロギー的な戦いを行ない、国内では民衆を統制した。冷戦中、一説には、ＫＧＢと関連機関は一万を超える偽情報作戦を実施したとされる」

（８）「ＲＩＡノーボスチ」と「ロシアの声」を基盤に設立された。

（９）青酸カプセルを装填した特殊な拳銃とシアン化物暗殺銃を使用して殺害した。一九六一年に西ドイツに亡命したスタンスキーの口から暗殺の一部始終が明らかとなった。
（10）リトビネンコは元ロシア連邦保安局（FSB）の中佐。一九九八年、リトビネンコはロシア国内で同僚数人と記者会見を開き、FSBの上司から元ロシアの新興財閥（オリガルヒ）の代表的人物ボリス・ベレゾフスキーの暗殺を指示されたと告発した。その暗殺を指示した当時のFSB長官はプーチンだったという。告発からまもなくリトビネンコは職権濫用罪で逮捕されるが、二〇〇〇年にトルコ経由でイギリスに亡命。ロンドンからプーチン政権の暗部を告発する情報を発信するなど、ベレゾフスキーと連携してイギリスを拠点に反プーチン活動を行なっていた。リトビネンコ暗殺の実行犯としてロシアの二人の元KGB要員アンドレイ・ルゴボイとドミトリ・コフトゥンが特定されている。二人は元KGBの第9局（要人警護）の要員で、連邦警護庁（FSO）を経て民間でセキュリティ・ビジネスを行なっていた。逃げ戻ったロシアでは政府に優遇され、うち一人はのちに下院議員になっている（『インテリジェンス用語事典』）。
（11）スクリパリは英国のMI6の二重スパイであったとされ、二〇〇四年、国家反逆罪容疑でロシア当局に逮捕され、〇六年に懲役一三年の判決を受けた。スクリパリは、一〇年、米国が逮捕した「美人すぎるスパイ」アンナ・チャップマンを含む一〇人のスパイの解放と引き換えに、ロシア側に拘束されていたほかの二人の米国側スパイとともに解放され、その後、家族でイギリスに移り住んでいた。エームズベリーは、スクリパリ事件のあったソールズベリーから北へ一〇キロメートルのイギリス南部の田舎町である。意識不明となった男女は事件の前日、ソールズベリーの元大佐らが倒れた現場から数百メートル離れたクイーンエリザベス公園などを訪れたこと、使用された毒物がスクリパリ事件に使われたのと同じ「ノビチョク」であることがわかっているが、両事件の関係については明らかにされていない（『インテリジェンス用語事典』）。
（12）同法は違法なコンテンツのブロッキングや削除を規定し、政府機関がインターネット上の情報を監視する権限を与えている。
（13）「Yarovaya法」はテロリズム対策を目的に、通信事業者やインターネットサービスプロバイダー（ISP）に対し、ユーザーの通信データを一定期間保存し、必要に応じてFSBに提供することを義務付けている。

（14）https://www.upguard.com/breaches/mts-nokia-telecom-inventory-data-exposure
（15）「ウクライナ危機においてハイブリッド戦争という言葉が使われるようになったのは、二〇一四年四月二六日に、NATOの前安全保障アドバイザーであったオランダ少将フランク・ヴァン・カッペンが『プーチンはウクライナでハイブリッド戦争をおこなっている』と述べたことが契機となっている」（廣瀬陽子『ハイブリッド戦争』）
（16）廣瀬陽子によれば「ロシアの専門家は「ハイブリッド戦争」という言葉を使いたがらない一方、外国からのロシアへの攻撃には「ハイブリッド戦争」という用語を使う。つまりロシアは外国から「ハイブリッド戦争」を仕掛けられていて、ウクライナ危機もその一環であると考えるのである」（『ハイブリッド戦争』）
（17）「ハイブリッド戦争の研究は二〇〇〇年代初頭、それも米海兵隊の研究からはじまった。二〇一四年のウクライナ危機を経て、ハイブリッド戦争の関心は、その遂行主体として、テロリストなどの非国家主体からロシアや中国といった国家主体へと移ることになった」（志田淳二郎『ハイブリッド戦争の時代』）
（18）志田淳二郎は「電子戦、サイバー戦、心理戦に加えて、火力戦闘部隊も結びついている様子をハイブリッド戦争と理解しようとするむきが、日本ではあるようだが、これまで参照してきた先行研究から考えると、こうした戦闘形態は、ハイブリット戦争という用語を使用するまでもなく、より適切な『マルチドメイン作戦』という用語を使用すればよいと筆者は考える」（『ハイブリッド戦争の時代』）と述べている。
（19）二〇二〇年『防衛白書』では「いわゆる『ハイブリッド戦争』は、軍事と非軍事の境界を意図的に曖昧にした現状変更の手法であり、このような手法は、相手方に軍事面にとどまらない複雑な対応を強いることになります。例えば、国籍を隠した不明部隊を用いた作戦、サイバー攻撃による通信・重要インフラの妨害、インターネットやメディアを通じた偽情報の流布などによる影響工作を複合的に用いた手法が『ハイブリッド戦争』に該当すると考えています」と記述している。
（20）古川英治によれば、IRAの月給は四万五千ルーブルでほかのメディアの二倍だったという（『破壊戦』）。
（21）ファンシーベアは別称ストロンチウム、APT28。GRUの指揮下とされ、二〇〇八年から諸外国の航空宇宙、防衛、エネルギー政府、メディア、国内の反体制派を攻撃している。コージーベアは別称デュークス、コージーデュークス、APT29。FSB・SVRが母体とされ、一四年から国際的に認知。何千ものフィシュングメールを幅広く送信しているとされる。なおAPTは高度な（advanced）、持続的・執拗な（prsistent）、脅威（thret）の意味。

（22）英語の"compromising information"（コンプロマイジング・インフォメーション）を縮めて、ロシア語式の表記にした語という。

（23）ロシア・ベラルーシ・カザフスタン三国の首脳は二〇一四年五月にユーラシア経済連合（EEU）の創設条約に調印した（二〇一五年一月一日発効）。事後、アルメニア、キルギスが加盟し、これによりユーラシア経済連合は現在の五か国の体制となった。しかしながら、プーチンが当初標榜していたEUに比肩するような存在にはほど遠いというのが現状である。

（24）二〇一六年一〇月のモンテネグロ議会選挙はNATO加盟の是非を問う国民投票の性格を帯びた。親露派の野党勢力は「国民投票にかけるべきだ」としたが、多数派の与党（親EU、親NATO）は、議会選挙の結果をもって判断すると主張した。この際、ロシアはモンテネグロのNATO加盟を阻止すべく外交交渉だけではなく、ハイブリッド戦争を仕掛けた。議会選挙前日に、ミロ・ジュカノヴィッチ首相を暗殺して、親露派政権を樹立させるクーデター計画に関与した一人がモンテネグロ当局に逮捕された。ロシアは否定したが、GRUの工作員が資金援助を行なうなど関与していたことが濃厚であった。議会選挙当日には、国内主要メディアや与党ウェブサイトがサイバー攻撃を受けた。NGO「民主化移行センター」のウェブサイトは、選挙前から断続的にDDos攻撃を受けた。サイバーセキュリティの主要三社（FireEye、Trend Micro、ESET）は、これらサイバー攻撃はロシア発の可能性があると分析した（古川『破壊戦』）。

（25）北マケドニアは旧称がマケドニアであり、この国名によりNATOに加盟することをギリシャから反対されていた。そこでマケドニアは二〇一八年九月末、国民投票で国名を「北マケドニア」に変更する是非を問うこととした。国民投票の結果、賛成は九割に上ったが、投票率が五〇パーセントに届かず国名変更は達成されなかった。ただし、ザエフ首相は憲法手続きにより国名を北マケドニアに変更し、NATO加盟の条件を整えた。

第9章　ウクライナ戦争とサイバー・情報戦

1、ウクライナ戦争の概要

二〇二二年二月二四日、多くの研究者や専門家の予測に反し、ロシアによるウクライナ侵略が始まった。戦況は泥沼化し、多くの犠牲者が出るとともに国際社会の懸念が高まった。

ロシアとウクライナの間ではこれまでも数次にわたる紛争が繰り返されてきた。しかし、政治的緊張が一定程度に高まると、それを抑制する牽制力が働いてきた。だから、この軍事的衝突に至るまでにはまだ紆余曲折があると悠長に構えていた西側社会は、ロシアの軍事侵攻を〝驚天動地〟の出来事として捉えた。

だが、二〇二一年六月に制定されたロシアの「新国家安全保障戦略」[1]ですでに重大な事前兆候はあった。同戦略では、一四年のウクライナ危機によって関係が悪化している欧米諸国との対決姿勢を強調し、ロシアは国益を守るために断固たる手段を講じることなどが示された。

さらに同年七月の『ロシアとウクライナの歴史的一体性について』と題するプーチン論文[2]では「ロシア人とウクライナ人は共通の遺産と運命を共有している」との独自の見解が提示された。これもまたウクライナのNATO加盟を断固として阻止する意思を示唆したものであった。

ロシアの侵略目的が、NATO加盟の動きを鮮明にしていくゼレンスキー政権の崩壊、欧米の支援を受けて増強されていくウクライナ軍の無力化にあったことはほぼ共通の認識となっている。ただし、ロシアが作戦失敗によってウクライナ全土の占領という目標を下方修正したのか、それともプーチンが「特別軍事作戦」というように最初からウクライナ東部の占領が目的であったのかについては見解が分かれている。

いずれにせよ現在のロシアの目的はNATOの拡大阻止、ウクライナ東部（ドネツク州およびルハンシク州）とクリミアでの占領と影響力の確保にある。

二〇二一年一〇月以降、ロシアはウクライナ国境付近に兵力を増強した。翌二二年の二月二一日にはウクライナ東部の独立を宣言し、三日後に軍事侵攻を開始した。その後、首都キーウに戦線が拡大したもののウクライナの抵抗によりロシアは同戦線から撤退を余儀なくされた。現在は東部と南部での戦闘で一進一退の状況が続いている。

今回、通常戦力が直接衝突し、かつての世界大戦の再現であるかのような様相を呈している。一方、ロシアはプロパガンダや外交的な恫喝（外交心理戦）も駆使して、国内の戦意高揚を図る一方、国際社会やウクライナ国内での世論分断工作を展開した。一方のウクライナ側もソーシャルメディアやメディアを活用して、ウクライナの正義とロシアの残虐さを世界に向けて発信している。

重要なことは、この戦争が「ロシアvsウクライナ」にとどまらず、「ロシアvs欧米」さらには「中露vs欧米」の様相を呈していることである。米英を中心とする欧米は結束してロシアへの経済制裁を強化し、ウクライナに対しては武器供与、戦術訓練の提供、情報支援などを行なっている。他方、中国は欧米の対ロ制裁に反対し、戦争の根本原因が米国にあるとの対米批判を続けている。

このような大国間対立の構造のなかで、さまざまな主体が自らの行為の正当性を主張し、国内外の世論の支持を得るために、偽情報や偽旗作戦といった類を含めて、人間の心理・認知に影響を及ぼす情報戦(3)（メディア戦あるいはPR情報戦）を展開している。それは、対象の意思決定を左右する「認知戦」と呼んでもよいかもしれない。

情報戦は新聞、雑誌、テレビなどに加えて、インターネット、ソーシャルメディアなどのサイバー空間上で行なわれる。しかも、誰が行為の主体なのか特定できない混沌した形で展開されている。通常戦と並行して相手の指揮システムやインフラに対するサイバー攻撃が行なわれている。

まさに物理領域と情報領域との垣根がない戦争が展開され、それが国家指導者などの意思決定や国民の世論形成といった認知領域に影響を及ぼしている。

2、サイバー・情報戦の全般的特性

本戦争におけるサイバー攻撃や情報戦（以下、「サイバー・情報戦」と呼称）には次のような特徴が挙げられる。なお、ここでのサイバー・情報戦とは、戦略的な情報戦（世論誘導、対象の意思決定に影響を及ぼす影響工作など）と戦術・作戦的な情報戦（敵の部隊の探知や、指揮系統へのサイバー攻撃など）を包含したものである。

第一に、目に見える通常戦力の応酬の背後で、広範囲にサイバー・情報戦が繰り広げられている。ウクライナが緒戦のサイバー・情報戦において大国ロシアに対し、互角以上の戦いをしたことは世界を驚かせた。

ロシアは通常戦力の行使に加えて執拗なサイバー攻撃を行ない、相応の成果を上げたと推察される

（後述）。ただし、ロシア軍の攻撃は計画通りには進展しておらず、戦闘のほぼ全期を通じてウクライナのインターネット通信は機能し続けた。これらのことは、ロシアのサイバー・情報戦が二〇一四年のクリミア併合時ほど順調ではないことと、ウクライナのサイバー・情報戦に対するレジリエンス[4]（回復力）の高さを物語るものであった。

このことは、ウクライナ危機でロシアによるハイブリッド戦争に一方的に屈したウクライナがその後八年間にわたり、欧米の協力を得てサイバーセキュリティの強化、偽情報対策、インテリジェンス・リテラシーの教育に取り組んできた賜物であったといえよう。

第二に、ロシアとウクライナの両陣営に加え、さまざまな攻撃主体がサイバー・情報戦に参加し、〝サイバー・カオス〟という状況が生起した。

ロシアによる軍事侵攻後すぐに、米英、それに関係する同盟国や友好国が活発なメディア発信を行なった。個人はソーシャルメディアを使って情報発信を行なった。つまり犯罪組織、ハクティビスト、さらには個人までもがサイバー空間での戦闘に参加した。だから、攻撃の主体がいったい誰で、どのような対象に対し、いかなる目的で行なったのか判別できない状況が生起した（283頁参照）。

第三に、米国とロシアの間で、核を背景とする〝神経戦〟ともいえる外交心理戦が展開され、それが戦争全体に大きな影響を及ぼした。

二〇二一年一二月、バイデン米大統領はウクライナへの地上部隊派遣について「それは選択肢にのぼったことすらない」と述べた。これは「米国の人的損害はともなわないから有権者は安心してほしい」との国内向けの発言であった一方で、核兵器を保有する現状変更国家との「第三次世界大戦は回避したい」との思惑もあったであろう。そして、このバイデン発言がプーチンにとって〝弱腰〟と映り、侵略意思を高めた可能性は否定できない。

第4章でキューバ危機において核の心理的な効果が働いたことを述べたが（128頁参照）、今回の戦争では次のような構造がみられた。

「プーチンが、核の脅威をちらつかる（恫喝外交の展開）→ウクライナには兵力を派遣しないとバイデンが表明→米国は弱腰とみてプーチンがウクライナ侵攻を決断」

現在、欧米はロシアによる限定的核使用を警戒しながらウクライナに対する軍事支援を慎重に行なっている。つまりロシアによる核の恫喝はある程度奏効しているといえるだろう。

今次の米露の駆け引きや欧米の支援の状況を見て、中国は台湾に対する武力侵攻の際に米国の関与を限定できると分析しているかもしれない。台湾は米国の核の傘に対する信頼性を高めるよう働きかけ、北朝鮮は核兵器の開発を強化する可能性がある。要するに核保有国による戦争は、東アジアの戦略環境にも大きな影響を与える可能性がある。

3、サイバー・情報戦の様相

（1）ロシアによるサイバー・情報戦

国内の情報統制・管理

情報戦（メディア戦、プロパガンダ）の効果が有効かどうかは対象の情報の統制・管理に関わっている。その点からみれば、ロシアは従来、都合の悪い情報が拡散しないように、法律と監視システムで対処してきた。

戦争開始直後の二〇二二年三月、ロシアは「報道や情報発信を禁止する法律」を新たに制定した。これは「偽情報を流布した場合には最大一五年の禁固刑を科す」とし、この法律の恣意的な適用を恐れた欧米メディアは戦争に関する取材活動を自粛し、ロシア国内に所在する個人からの情報発信も抑制的になっている。(5)

「ロシアは情報の一元化により国民の洗脳と批判的思考を制限し、政権に対する抵抗を抑制している。報道機関には自由はなく、情報の透明性は低下し、国民が事実に基づいて意思決定することが困難となっている」といった欧米の指摘はおそらく正しい。またロシアの国民性の一つである「コレクティビズム（集産主義）」により、政府が発信する情報は信頼され、尊重されてきた歴史がある。

だから、ロシアによる〝嘘〟はロシア国内では、おおむね真実として捉えられている可能性が高い。このことが依然としてプーチンへの支持率八二パーセント（二〇二三年二月一日に発表）という高い数値を維持している要因の一つであろう。

海外に向けた情報操作と世論分断工作

ロシアは伝統的に対象の弱点を突いたプロパガンダや偽情報の拡散を行ない、国外世論を誘導し、他国の政治や社会へ介入し、政府と国民を分断する試みを行なってきた。二〇一六年の米大統領選挙への政治工作はその好例である（251頁参照）。

二〇二二年二月二二日、プーチンは「ドネツク人民共和国」と「ルハーンシク人民共和国」（ウクライナ東部ドンバス地方にある親ロシア派支配地域で一四年に独立を宣言）を国家として承認した。そして、二日後の二四日からウクライナへの軍事侵攻を開始した。

プーチンは「国連憲章第七章五一条」に基づき、ロシア連邦院の承認を得て、連邦議会によって批准された「両国との友好および相互援助の条約」を遵守するための特別軍事作戦であるとして、軍事侵攻の合法性を主張した。

さらにプーチンは「安全保障について合意の締結を西側諸国に呼びかけたが、NATOはロシアに隣接する土地に積極的に軍を配備し始めた」「我々が到底受け入れられない脅威がロシアの国境付近に作り出され、日々危険度が増していった」「ウクライナはドンバスでの懲罰的な作戦や、クリミアを含めた我々の歴史的領土に侵攻する準備を公然と行なっていた。ウクライナ政府は核兵器を手に入れる可能性があった」「ロシアは敵対行為に対して先手を打った。やむを得ず、今やらなければならない唯一の正しい決定だった」「自分の目的は、威圧され民族虐殺に遭っている人たちを守るためだ。ウクライナの非軍事化と非ナチス化を実現するのだ」などの正当性を主張した。

これらの言説は、真実と嘘を巧みに織り交ぜ、自己に都合のよい世論を誘導する〝ナラティブ〟といわれるものである。主権国家であるウクライナを「ナチ」と位置づけ、ゼレンスキー政権を倒すことを「非軍事化、非ナチ化を目指す」などの論説は国際的に到底受け入れることはできない。また、ウクライナや欧米よる「ロシアによる虐殺」などの情報発信に対し、ロシアは国営放送や在外大使の発言などを通じて行なう「ロシア軍は民間施設を攻撃していない。虐殺はウクライナ側である」などの証拠なき反論には説得力はない。

しかしながら、これらの〝ナラティブ〟は、ロシア国民の情報統制には非常に効果的に使われる。国外に向けた情報発信としても、ロシアに食料、エネルギーを依存し、反ロシアの立場をとれないに国々に対しては「理由づけ」を与えてしまうことになる。事実、国際世論は欧米が望むような「反ロシア一色」にはなっていない（293頁参照）。

軍事作戦と一体化したサイバー攻撃

ロシアによるサイバー攻撃は軍事作戦やその他の活動と同時並行的に行なわれる。平時におけるサイバー攻撃は、外交やプロパガンダ（メディア戦）とともに攻撃のための事前偵察や情報収集が主要な活動となる。状況が緊迫したグレーゾーン事態になると、サイバープロパガンダ、警告や陽動など、相手を揺さぶるような活動が行なわれる。そして、通常戦力が投入される開戦と同時に本格的なサイバー攻撃が行なわれることになる。

具体的な事象を拾っていくと、二〇二一年七月にプーチンが「ロシアとウクライナの歴史的一体性」と題する論文を発表した頃から、ウクライナ側のシステムの脆弱性を探る偵察活動やプロパガンダとみなされる投稿が増加した。米国のサイバーセキュリティ会社レコーテッド・フューチャー（Recorded Future）社の観測データをもとに推測すると、この時のロシアからウクライナへの通信量は平年の二倍以上であった。

二〇二二年一月にロシア・ウクライナ・米・NATOの交渉が決裂すると、小規模なDDoS攻撃や破壊型の攻撃が観測された。これらの攻撃は断続的であり、使用されたマルウェアが既知のものであったことから、本格的なサイバー攻撃とはいえず、ウクライナに政治、社会的に圧力をかけることを狙った陽動作戦であったろう。

本格的なサイバー攻撃は、二〇二二年二月二四日の軍事侵攻とほぼ同時に行なわれた。この際、複数の「破壊型WIPER攻撃[6]」が行なわれ、ウクライナ政府や軍の通信インフラなどへの被害が確認された。

筆者の分析によれば、破壊型WIPER攻撃で使用されたマルウェアは、過去のプログラムコードに重複しない独立した新種ものであり、その中の「ISSAC WIPER」と呼ばれるマルウェアは、本攻撃以前には関連レポートがないことから、いわゆる「ゼロデイ攻撃」であったといえる。

三月になって戦線がウクライナの首都キーウに拡大すると、メディア発信の拠点であるテレビ塔が物理的な攻撃で破壊されるとともに、状況を攪乱するためのサイバー攻撃が行なわれた。

四月に入ると、戦線は東部と南部に移り、軍事拠点の争奪戦が行なわれると同時に、原子力発電所や通信システムなどの重要インフラを狙ったサイバー攻撃が継続した。

このように、サイバー攻撃は外交活動や通常戦力による攻撃と一体となって行なわれた。まさに西側諸国が「ハイブリッド戦争」と呼ぶ戦い方の一環としてサイバー攻撃が展開されたのである。

ロシアによる一連のサイバー攻撃について、欧米メディアの報道は総じて、「ロシアからのサイバー攻撃は失敗、ウクライナ側の大勝利」を示唆する内容となっている。しかしながら、ロシアからのDDoS攻撃でウクライナの政府機関や企業のウェブサイトが閲覧しにくくなったことが研究レポートやコミュニティ情報から明らかになっている。おそらくロシアのサイバー攻撃によって、情報の利用者に相当な動揺を与えたことは間違いないだろう。

破壊型WIPER攻撃では通信インフラの一部が使用できなくなった。これに対し、ゼレンスキー政権で最年少（当時三一歳）のフェドロフ・デジタル改革担当大臣（副首相兼務）が米国のスターリンク社CEOのイーロン・マスクに当時開発中だった低軌道衛星通信の運用を要請し、一〇時間後にはサービスが提供されたと報道されている。この間、主要な通信インフラが少なくとも一〇時間は利用できない状況が発生していたと推測される。以上のことから、ロシアのサイバー攻撃の当初の目的はある程度達成されたと考えるのが妥当であろう。

もともとサイバー戦には多様性、匿名性、隠密性などの特性があり、攻撃の実態は把握しにくい。それゆえに「ロシアのサイバー攻撃が失敗」したかのような報道は、ロシア軍や国際世論に影響を及ぼす情報戦の一部であることを念頭に置く必要がある。

（2）ウクライナによるサイバー・情報戦

国家安全保障戦略で対ロシア路線を明確に規定

ウクライナは、二〇一四年の政変でヤヌコービッチ政権が崩壊し、同年五月、大統領に就任したポロシェンコが「国家安全保障戦略」を採択し、同戦略に基づき同年九月、「軍事ドクトリン」を策定するが、その中ではロシアをウクライナの「主要敵」と明記した。(7)

二〇一八年一月、ウクライナ最高会議は、親ロシア派武装勢力に支配された東部二州の「再統合」法案を賛成多数で可決した。ここではロシアを「侵略国」、東部のドネツク、ルハンシク両州を「占領地」と規定した。

二〇一九年五月、ポロシェンコ前大統領を破って新大統領に就任したのが、政治未経験ながら、テレビドラマ「国民の僕」で大統領へ転身する教師役を演じたゼレンスキーである。当初、彼はウクライナ東部の分離派（親露派）への融和的な姿勢を見せ、その勢力との紛争は対話で解決すると述べたが、次第に統合のための強硬策を採用するようになっていた。

二〇二〇年九月、ゼレンスキー大統領は、新たなウクライナの「国家安全保障戦略」を承認した。(8)同戦略では、ロシア連邦への国際的な圧力の強化と、EUとNATOへの完全な加盟を目指すことが明示されている。
ポロシェンコ政権以降のウクライナの安全保障戦略の柱は以下のように整理される。

【対外的】

①国際協力の強化……欧米諸国やNATOとの協力を推進し、これらから軍事・経済的支援を受けることで、ウクライナの防衛能力と国際的な立場を強化する。

②NATOへの加盟……NATO加盟を目指して軍事改革や民主化を推進する。

③対ロシア強硬姿勢……クリミア半島や東部ウクライナにおけるロシアの行動を非難し、国際社会の支持を得てロシアへの圧力を維持・強化する。

【対内的】

①軍事改革……ウクライナ軍の装備近代化や人員訓練、指揮統制システムの改善を進め、防衛能力を向上する。

②情報・サイバーセキュリティの強化……ロシアによる情報操作やサイバー攻撃への対策を柱とする国内情報セキュリティを向上させる。

③国民統合の促進……国民統合政策を通じて、国内の民族・宗教的な対立を緩和し、国家統一を推

進する。

サイバーセキュリティの強化

二〇一四年のクリミア併合においては、ウクライナの通信システムがサイバー攻撃を受け、指揮統制機能が混乱した。さらに一五年一二月と一六年一月には、発電・配電施設がサイバー攻撃を受け大規模な停電を引き起こした。

この反省から二〇一六年、ポロシェンコ大統領（当時）は、サイバーセキュリティのための初の公式文書である「サイバーセキュリティ戦略」策定し、同戦略を遂行するための国家調整センター（NCC：National Coordination Center for Cybersecurity）を国家安全保障・国防会議の下に設置した。

後任のゼレンスキーは「スマートフォンの中の国家」をキャッチフレーズに行政のデジタル化の推進と並行してサイバーセキュリティの強化に取り組んだ。

ウクライナはロシアからの偽情報対策にも早くから対応した。「この分野は民間部門の活動が先行して、二〇一四年には、Stopfake,DetectorMedia,texty などファクト・チェックを行うサイトが設けられ、ロシアのメディアによるウクライナ関連報道のファクト・チェックを公開していたほか、文字、写真、動画などのファアックト・チェックの仕方などの理解の普及に努めてきた」（森本敏ほか『ウクライナ戦争と激変する国際秩序』倉井高志「ウクライナの戦争指導」）

二〇二一年五月、ゼレンスキーはポロシェンコ時代の「サイバー安全保障戦略」を改訂し、NCCCの権限強化や国内のサイバー関連のインフラ強化や政府機関のサイバーセキュリティの向上に努めるとともに、欧米諸国やNATOなど海外との協力を推進してきた。

国際世論を味方につけたゼレンスキー演説

ウクライナが欧米からの支援を獲得できた最大の貢献者はゼレンスキーである。彼は二〇二二年一二月、開戦以来初となる海外訪問先のワシントンで、「ウクライナは、アメリカの兵士に、私たちの土地で代わりに戦うように頼んだことはありません。ウクライナの兵士は、アメリカの戦車や航空機を自分たちで完璧に扱うことができます[9]」と述べた。

ゼレンスキーの発言は自らの戦う意思と能力を明確に示すもので、この姿勢が米国民の共感を呼んだのである。

また、この発言は「アフガニスタン軍自身が戦う意思のない戦争で、米軍が戦うことはできない」との、バイデンが二〇二一年七月のアフガニスタン撤退の際に述べた発言を意識したものである。ここに、対象をよく研究し、その国情を理解するゼレンスキーの非凡さがうかがえる。

ゼレンスキーの演説、各国への支援要請、欧米との連携、そしてＩＴ軍の創設に至るまで、ウクライナ側の情報戦ではナラティブ戦略が用いられている。

ゼレンスキーは、ソーシャルメディア上に多くのフォロワーを抱え、自らの主張を自分の言葉でわかりやすく画像を用いて国内外に発信した。たとえば大統領府の建物を背景にしたスマホ動画を用い、「自分は大統領府にとどまり、断固としてロシアと戦う」ことを国民に示した。

また、国連安全保障理事会などでの公式スピーチを多用して、ロシアが偽情報を用いていることや、残虐な行為を繰り返していることを非難し、それらの「理不尽な状況」を許してはならないと具体的な行動をとるよう訴えた。

ゼレンスキーのＴシャツ姿と顎髭は「戦時の大統領」というイメージを与えた。自らの正義を訥々した口調で、しかも情緒たっぷりに物語（ナラティブ）風に語る彼の演説は、国内の結束と各国の対ウクライナ支援の流れを形成した。こうしたゼレンスキー演説の作成には多くのＰＲ会社が参加しているとされる。(10)

さらにウクライナ国民が涙ながらに避難していく状況がソーシャルメディア上の〝ミーム〟となって拡散した。こうして「ウクライナ善、ロシア悪」という国際世論の流れが形成されていった。

ゼレンスキーの演説は、その国の実情をとてもよく調べており、その国の国民の魂を揺さぶった。た

ナラティブ戦略とは、相手国の心理や普遍的価値感（民主主義、人道、倫理など）に訴えることで自国への共感を得ることを目的とする。写真は2022年4月5日の国連安全保障理事会でのゼレンスキー大統領のオンライン演説。このようすは広く世界に配信され、ウクライナ支援を後押しした。

1. ゼレンスキー大統領はInstagram1600万人、ツイッター（現X）550万人、フェイスブックに260万人のフォロワーを持ちSNSを駆使して国際世論に訴えた。
2. 2022年4月5日、ゼレンスキーは国連安全保障理事会で演説し、ウクライナ国内でのロシアの残虐な行為を非難するとともに安全保障理事会の行動と改革を訴えた。
3. 2022年7月4日、ゼレンスキー大統領はウクライナの復興について話し合う国際会議の開幕にあわせて演説し、ウクライナの再建は民主主義世界にとっての「共通の課題である」と語った。(2022.07.05CNN)
4. フェドロフ副首相兼デジタル転換相がIT軍の創設を発表。ウクライナ政府は同国のインフラを守護し、ロシア軍に対するサイバースパイ任務を行なうために民間人から有志を募った。
5. フェドロフ副首相は多国籍企業に対しロシアで営業を続ける企業に倫理を問いかけ、拒否された場合は「この企業はロシアで取引し、その金でウクライナの子供を殺している。恥ずべきこと」と批判した。

図1 ウクライナのナラティブ戦略の実例

とえば二〇二二年三月二三日の日本の国会でのオンライン演説では、チョルノービリ（チェルノブイリ）への攻撃の脅威について言及したが、これは日本人に福島第一発電所の事故を想起させたであろう。また、妻オレーナがウクライナ語で日本の昔話を朗読したことにも言及し、日本との親近感を演出した。

二〇二二年七月のウクライナの復興を話し合う会議では、ウクライナの再建は「民主主義世界にとっての共通の課題」だと語った。つまり、民主主義、人道主義という誰もが賛同する普遍的な価値観に訴えることで、多くの人の共感を得ているのである。

こうしたゼレンスキーによる各国の協力を得るためのナラティブ戦略は、ウクライナ戦争が情報戦であり、認知戦でもあるという特性を強く印象付けている（図1参照）。

（3）米国によるサイバー・情報戦

ウクライナに対する情報支援

米国はウクライナに対して、作戦指導と合わせて機微な情報を逐次提供した。軍侵攻当初にロシアが航空優勢をとれなかった理由の一つは、米国の情報提供により、ウクライナが防空ミサイルと航空機を分散したためであろう。

二〇二二年三月のキーウ攻防戦では、ロシア軍の将官が狙い撃ちされた（七〜八名が狙撃された模様）が、これはウクライナ軍がロシア部隊の詳細な位置情報を入手していた証左である。つまり、ウクライナ軍はロシア軍の通信を傍受するほか、米英の支援を受けてハイレベルの情報戦環境を整えていたと推測される。

この点に関して、二〇二二年四月、オースチン国防長官は「ウクライナ東部のドンバス地方での作戦において、米国がウクライナ軍に情報提供を行なっている」ことを初公表した。ロシアの軍事侵攻以前から米軍とウクライナ軍とは関係性をもっていたことから、キーウ攻防戦でも米国による適宜の情報支援があったことは間違いないだろう。

米国は、ウクライナのサイバー関連の協力要請に対して積極的に応じた。前出のようにロシアによる破壊型WIPER攻撃によって通信インフラの一部が使用できなくなったが、軍事侵攻の二日後の二月二六日、フェドロフ副首相がイーロン・マスクにスターリンクの提供を要請した。これに対しマスクが直ちに応えたことにより、ウクライナは民生用通信、無人機などの運用に必要な通信ネットワークを確保することができた。

こうした欧米による協力がなければ、この戦争におけるロシアのプロパガンダや偽情報に対してウクライナは適切に対応することはできなかったであろう。

後述するが、米国の衛星画像情報が提供されたことで、ウクライナはロシアによる偽情報に反駁し、キーウ近郊の都市ブチャでのロシア軍の非道をアピールし、対ウクライナ支援の国際世論を形成することができた。

米国はウクライナを支援するためのサイバー攻撃も行なったとされる。詳細は不明であるが、二〇二二年六月、米サイバー軍のポール・ナカソネ司令官がロシアに対してサイバー攻撃を行なったことを明らかにした。

積極的な衛星画像などの情報開示

二〇二一年秋から、ロシアはウクライナ国境に部隊を配置し、ウクライナや欧米への圧力を強めた。一方で軍事侵攻九日前（二〇二二年二月一四日）には「軍事演習を終えてウクライナ国境から部隊を撤収した」とする画像を公開するなど欺瞞を行なった。これに対して米国は、衛星画像情報を公開し「ロシアは国境付近では兵力を増強しており、それは偽情報だ」と反駁した。また二月一七日、ブリンケン国務長官は国連安保理でロシア軍の動向に関する画像情報を示しながら、ロシアによる軍事侵攻が差し迫っていることを訴えた(11)。

軍隊の動態情報などは情報源を危機にさらすことになるので通常は機密扱いである。しかし、米国はこの戦争では異例ともいうべき機密情報の積極公開に踏み切った。

その狙いは以下の三点に集約できる。

①ロシアによる軍事侵攻を阻止する。

②関係国に軍事侵攻への警戒と対処を促す。

③関係国に対ウクライナ支援および対ロ経済制裁のための共同歩調をとらせる。

ロシアによる軍事侵攻の阻止（①）は達成できなかった。関係国への警戒と対処を促す（②）は、二〇二一年九月の米軍アフガニスタン撤退時に情報公開が遅れて、関係国などの退避に支障が出たことを教訓として活かす思惑があったであろう。この点に関しては成果があった。関係国との対ロ経済制裁などの共同歩調（③）については、早期に欧米が結集して対ロ制裁を強化する流れを形成した。しかしながら、二〇二三年秋現在も対ロ経済制裁が十分に奏功しているとは言いがたい状況にあり、制裁の先にあるロシアの行動を阻止するという点では成果はまだ出ていない。

米国が主導したメディア戦とその狙い

筆者は、米国の本当の意図やメディア戦の思惑がどこにあるのか、いま一つ理解に苦しむ。仮に米国が戦争を抑止（前述の①）することを狙っていったとすれば、バイデンが早期にウクライナに部隊を派遣しないと言明したことは愚策であった。(12) そもそも対応の選択肢を制限することは相手に隙を見せることであるし、また湾岸戦争時の教訓が活かされていない（145頁参照）。

米国が機密情報を開示することがロシアを牽制し、ロシアの軍事侵攻を抑止させる（前述の①）と考えていたとすれば、ミラーイメージの誤信（45頁、130頁参照）以外のなにものでもない。「ロシアの手の内はお見通し」とばかりの警告は、ロシアの次の手を封じするというよりもむしろプーチンの敵愾心を焚きつけ、彼の軍事侵攻意思を高めているように筆者には映った。

そのような論理的な矛盾を感じる一方で、「米国のディープステイトがロシアの国力を衰退させ、米国に歯向かわないようロシアを戦争に引きずり込んだ」「自らは被害を回避し、武器供与というやり方でウクライナにロシアとの代理戦争を行なわせている」「米国がシェールガスの価格をつり上げ、武器売却で利益を得るための戦争である」といった専門家の見方も少なからずある。(13)

さらに、これらの見方を単なる「陰謀論である」と排除できないほど、米国は過去に同種の秘密工作に手を染めてきた。

米国が情報を開示し、国際社会に向けたメディア戦をいかなる狙いで展開したのか、その真実が明らかになるまでには、さらなる検証と時間の経過を待つ必要があるだろう。

4、サイバー・情報戦の教訓

曖昧化するサイバー攻撃の主体

ウクライナ戦争をサイバー・情報戦の側面から考察すれば、戦争を行なう主体が曖昧になっていることを裏付けたと言えよう。

サイバー攻撃の主体は国家、犯罪組織、個人に大別できるが、この区分でウクライナ戦争における主体を考察してみよう。

ロシア側のサイバー・情報戦の主体は、ソ連時代のKGBの流れをくむ情報機関(FSB、SVR)及び軍のGRUといった政府機関、ロシアと関係が深いベラルーシや中国といった支援組織のほか、犯罪組織やハクティビストが挙げられる。

犯罪組織や個人レベルでは凶悪なランサムウェア攻撃を得意とする「Conti」、政治的あるいは社会的な主張・目的のためのDDoS攻撃やハッキングを行なうハクティビスト「Killnet」や「アノニマス(anonymous)」などが活動した。

一方のウクライナ側には、政府機関(SBU、ウクライナSVR、国防情報局)、ウクライナ政府の呼びかけに応じてロシアへのサイバー攻撃に協力するウクライナIT軍[14]、およびウクライナを支援する欧米が活動した。

また、ウクライナ側の犯罪組織とハクティビストの活動では、「NB65」のほか、反ロシア系のアノニマスなどの参加も確認された。

その全貌は明らかではないが、まさに主体が誰であり、誰に対していかなる目的で行なったのか特定できない〝カオスな状況〟が生起したのであろう。

このことは、サイバーセキュリティを困難にするとともに、サイバー攻撃を国際法でどのように位置づけるかの議論が収束しないなか、「戦時国際法[15]」により保護されるべき民間人が戦闘員とみなされて法的に保護されない状況が生起する懸念を生じさせた。

その意味で、ウクライナ戦争は、サイバー戦争を国際法でどのように管理し、サイバー戦に参加する個人をいかに守るかという新たな難問を突きつけたことになる。

攻撃目標は物から人へシフト（5リングモデル分析）

次にウクライナ戦争におけるサイバー攻撃の対象はどうであったかであるが、サイバー攻撃の歴史を回顧すると、その活動目的や攻撃対象は時代に応じて変化してきた。

一九九〇年代、インターネットの普及にともない、個人や組織が利益を獲得する、自己満足や興味目的などでのサイバー攻撃が増加していった。

二〇〇〇年代に入ると、国家が主体となり、対象国家の重要インフラに対する攻撃が発生した。ロシアによるエストニアに対する攻撃はその顕著な事例である。これは国家間のサイバー戦争の幕開けとされている。

さらに二〇一〇年代に入ると、政治・軍事目的を直接に達成するためのサイバー攻撃が行なわれた。二〇一一年秋、「スタックスネット」というウイルスがイランの核施設を物理的に破壊するという目的で使用された。

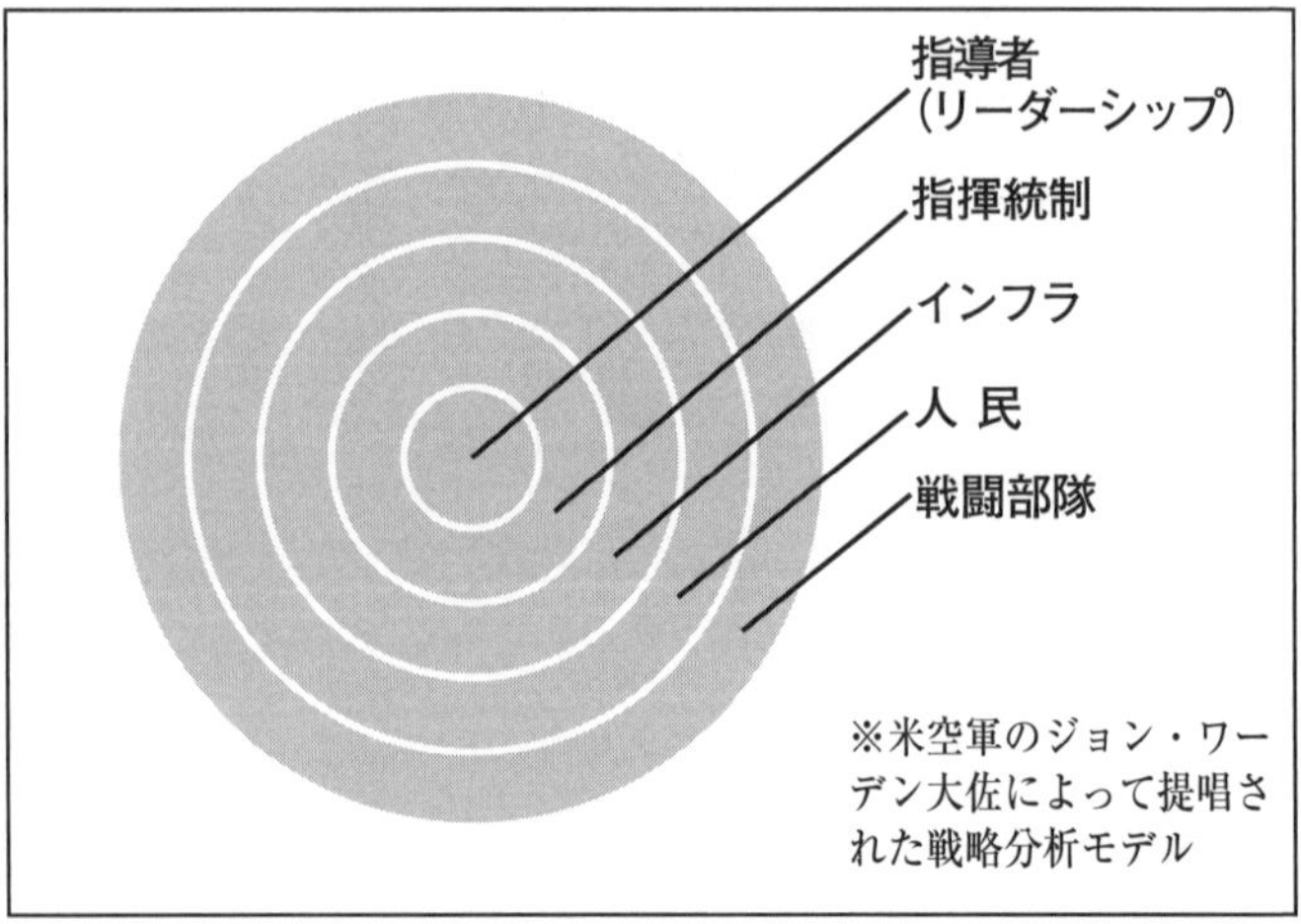

図2 ワーデンの5リングモデル

そして二〇二〇年代に入ると、偽情報の拡散、情報操作、メディアやソーシャルメディアを使ったプロパガンダなど、人間の心理・認知に影響を与える攻防が激化している。

ウクライナ戦争におけるサイバー攻撃の対象を「ワーデンの5リングモデル」を用いて分析する。[16]

同モデルは次の五つのリングから構成される（図2参照）。

①指導者（中心リング）……敵の最高指導層で、政治的・軍事的指導者や決定を行なう組織が含まれる。このリングを攻撃することで、敵の統制力を弱体化させることが可能となる。

②指揮統制（第2リング）……敵の組織構造やコミュニケーション・ネットワークなど、リーダーシップが機能するために必要な要素である。このリングを攻撃

することで、敵の指揮・統制システムを破壊し、指導層の意思決定能力を低下させることが可能となる。

③インフラ（第3リング）……敵の物流・輸送・エネルギー供給などの基本的な要素であり、戦闘部隊や指導者に必要不可欠である。このリングを攻撃することで、敵の戦闘能力や戦力維持能力を低下させることが可能となる。

④人民（第4リング）……敵国の国民や民間人で、指導者や戦闘部隊の支持基盤である。このリングを攻撃することで、敵の国民の士気や支持を低下させ、指導者への不満や抵抗を高めることが可能となる。

④戦闘部隊（第5リング）……敵の軍事力で、陸・海・空の部隊や兵器などが含まれる。

ウクライナ戦争では攻撃のターゲットは、重要なインフラ（③）への攻撃だけでなく、各国のリーダー（①）に対して、一般の外交の場における情報発信として行なわれている。

また、人民（④）に対しては偽情報の拡散により、世論の誘導などが行なわれていることが広く観測されている。

つまり、インターネットやスマホの普及を背後にしたウクライナ戦争では、リーダーや人民という人への攻撃が増加している。人への攻撃、すなわち認知戦が将来戦において重要な役割を占める可能性を示唆している。

重要性を増したサイバー・レジリエンス

前述のとおり、ウクライナはクリミアの併合という教訓を活かし、世界屈指のサイバー戦能力を持つロシアからのサイバー攻撃に効果的に対処している。

二〇二〇年九月に確定したウクライナの新たな「国家安全保障戦略」では、同戦略は三つの基本方針（抑止、強靭性、連携）の上に成り立つとされ、その「回復力（レジリエンス）」では、社会・国家による安全保障環境の変化への迅速な対応能力と、外的・内的脆弱性を最小化することをはじめとする、持続可能に機能性を維持する能力を保有することを明記している。

基本方針の柱の一つである回復力は、二〇一四年のウクライナ危機において、ロシアのサイバー攻撃やサイバープロパガンダによって指揮通信機能や国家重要インフラが破壊され、人心が動揺したことを教訓として打ち出されたものといえよう。

二〇一八年以来、米サイバー軍のポール・ナカソネ司令官は同盟国にサイバー作戦の専門家を派遣して敵国の潜在的な情報を探り、悪意のある行動を戦略的に暴露する「ハント・フォワード作戦（Hunt Forward）」を行なっていることを明らかにした。

ウクライナ戦争前に、ウクライナは米軍のハント・フォワード作戦に基づくサイバー専門家の支援を受けてシステムの脆弱性を検証した。また、攻撃の直前には重要なデータをクラウドシステムに分散させ、物理的攻撃からの回復力を高めた。さらに通信網の被害に備えて、代替衛星通信の確保（米スターリンク社への低軌道衛星通信の運用要請、２８０頁参照）を準備するなどレジリエンスの確保に努めた。

また、サイバープロパガンダへの対応としては、国民の偽情報対策、インテリジェンス・リテラシーの教育に取り組んできた。

たとえば偽情報の対策については、ゼレンスキーは二〇二一年、文化情報安全保障センター（Center for StrategicCommunications and InformationSecurity）を、国家安全保障・国防会議（ＮＳＣＤ）傘下に偽情報対策センター（Center for CounteringDisinformation）を創設した。前者は基本的に公開情報をもとに偽情報対策を行ない、後者はそれに加えて政府関係機関が得たインテリジェンス情報を含む分析を行なったうえで偽情報対策を立案し、ＮＳＣＤを通じて関係政府機関に指示することを任務としている。(17)

ロシアによるサイバー攻撃に対し、ウクライナが有効に対処した大きな要因の一つがサイバー・レジリエンスの強化であった。このことは、今後のサイバーセキュリティの一つの視座になる。

侮れないロシアの偽情報流布

ウクライナはメディア戦や認知戦により「ウクライナ善、ロシア悪」の国際世論を形成し、欧米などから武器や支援を得ることに成功した。このことは、劣勢な兵力を克服する手段として、情報・メディア戦が有効であることが証明されたといえる。

欧米メディアの大量の報道が繰り返されるなかで、ウクライナ側を有利とするメディア報道ばかりが注目されている。一方、これまで偽情報の流布を常套手段としてきたロシアについては、この戦争に関わる偽情報は特に量が多く、悪質であるとの見方が一般的である。

その顕著な事例がキーウ近郊のブチャでの虐殺をウクライナの自作自演だとする主張だろう。それについて国際社会、とくに西側世界は「偽情報である」と厳しくロシアを指弾している。

従来、ロシアの偽情報の巧妙さは世界一という評判を得ていたが、今回のブチャをめぐる情報戦や稚拙なディープフェイク画像や合成動画など、そのどれもが電子技術や衛星画像などでの逆証明で簡単に反証された。

ただし、ロシアの欠点ばかりをあげつらい、過小評価することは禁物である。というのはロシアの偽情報はインターネットが制限あるいは未発達である国内およびグローバルサウスの一部国々では有効であったからだ。とくに近年、ロシアのハイブリッド戦争の主戦場になっているアフリカの一部の国の人々は、ロシアの主張を全面的に信じ、反欧米的姿勢をより強めているという。

また、ロシア側の大量で安価な偽情報の制作にも注意を要する。ロシアは開戦直前、二〇一四年のクリミア併合時の画像を使用し、ゼレンスキーの権威失墜とロシアの正当性を主張する記事を公開した。これらの偽記事は西側からは「チープフェイク」[18]と呼ばれるが、これは過去の画像や動画、テキストなどに編集や改ざんを加えて、政府や組織の現在の主張に沿った意味を持たせるというものである。制作が容易で費用がかからず、インターネットやソーシャルメディアを通じて迅速に拡散することができるという特徴を有している。

チープフェイクは、欧米による衛星画像などの逆証明により簡単に見破られるとしても、ロシア国内および一部の権威主義国家では効果があったとみるべきである。さらに技術のレベルが上がれば、量で圧倒する偽情報を欧米も逐一反駁できなくなる。

ベトナム戦争では、高性能な米軍の兵器（軽火器）が、高温多湿で粉塵が舞う環境のなかで、安価で修理が容易なソ連製兵器の前に惨敗したが、欧米の巧緻な画像や動画がどこの場所でも同じような宣伝力と説得力を持つわけではないことは認識する必要があろう。

綻びがみられる「善悪二元論」

米国をはじめとする西側諸国の政府高官、軍事専門家、CNNやBBCなどのマスメディアは、ロシアの軍事侵攻の不正を盛んに報道した。マスメディアは連日、「ロシア軍がウクライナの民間人に意図的な虐殺（ジェノサイド）を行なっている」などの対ロシア批判を繰り返した。

また、欧米の政府高官、関係国の軍事専門家などはロシア軍の損害の甚大さ、指揮系統の乱れ、現場兵士の士気の低さなどを指摘してきた。一方のウクライナ軍については、将兵の士気の高さや奮戦ぶり、軍事成果をつぶさに報道した。

多くのウクライナ国民が涙ながらに避難していく状況がソーシャルメディアや西側メディアを通じて世界に発信された。

こうした発言や報道により、わが国では、ウクライナが戦争勝利に近づいているとの楽観論や希望的観測、そして「ウクライナ善、ロシア悪」の善悪二元論が沸騰している。

たとえばソーシャルメディアにおいては「ロシアあるいはプーチンが悪い↓ロシアは負けるべきだ↓ロシアは必ず負ける」といったコメントが氾濫している。

善悪二元論は第一次・第二次世界大戦で米英が、ドイツや日本を完膚なきまでに叩くための心理戦の常套手段であった（58頁参照）。

両世界戦争が示すように善悪二元論はいっさいの妥協を排除し、両者を徹底した抗戦と破壊に向かわせる。ウクライナ戦争において、ロシアが悪いことは自明の理であるが、それを声高に叫んでもロシアの侵略を抑止し、撤退を促すことはできていない。すなわち道徳論、感情論、希望的観測では〝悪の帝国ロシア〟の意図は変えられないのである。

わが国を含む西側社会は感情論によって対ロシア制裁の結束を強化し、ウクライナを武器や金銭面で支援しているが、このことがゼレンスキーの対ロシアへの徹底抗戦の意志と資源を支え、停戦はますます遠のいている。

わが国では「ウクライナ善、ロシア悪」が世界の共通認識であるかのように報じられるが、そうとは断言できない状況もある。

アフリカや中東では、ロシアとウクライナからの安価な小麦の輸入がウクライナ戦争により滞り、厳しい食糧危機となった。これに対し、ロシアは「現在の食糧危機の根源は欧米の経済制裁にある」と主張し、一方の欧米が「経済制裁の原因を作ったのはロシアである」と反駁している。

アフリカや中東にとってみれば、直面している問題を解決するための〝特効薬〟は経済制裁の解除で、ロシア側の主張が説得力を持つ。

中国、ロシア、イランといった権威主義体制派は独自メディア、ソーシャルメディアなどを統御し、「戦争の根源は米国である」との主張を発信している。こうした主張は欧米の著名な専門家たちの中にも少なくない。

いずれにも属さないインドなどのグローバルサウスはロシア制裁から距離を置き、自己の利益に沿

年月	決議内容	賛成国	反対国	棄権国
2022年3月	ロシアのウクライナ侵攻非難決議	141	5	35
2022年3月	ロシアの責任に言及するウクライナの人道支援決議	140	5	38
2022年4月	人権理事会でのロシアの理事国を停止する決議	93	24	58
2022年10月	ロシアによるウクライナの4州「併合」非難決議	143	5	35
2022年11月	侵攻による損害賠償をロシアに求める決議	94	14	73
2023年2月	侵攻1年をい受けたロシアに撤退要求決議	141	7	32

図3 ロシアのウクライナ侵攻をめぐる国連決議

って便宜主義的に活動している。資源などの結びつきから「親ロシア、反欧米」との世論に傾いている国も多々ある。

グローバルサウスの多くの国は欧米の植民地支配と恣意的な国境線の画定という苦々しい歴史を有する。さらに過去二度の世界大戦およびベトナム戦争、湾岸・イラク戦争などで、米英が国益を背景に戦争に介入し、それを正当化する〝ナラティブ〟に手を染めてきた（第2章、第4章を参照）ことを忘れてはいない。

世界は一枚岩ではないし、欧米が主張する世界認識とは異なる国々がある。

この点に関して、ロシアのウクライナ侵攻をめぐる国連総会決議をみてみよう。欧米メディアは「圧倒的多数で非難決議等が採択された」ことを強調している。しかし、反対国や棄権国は合わせた〝反対派〟はかなりの数に及ぶ（図3参照）。

中国とインドの人口大国が〝反対派〟（棄権）に回っていることは「世界人口の過半数は対ロシア非難などに賛成していない」とも解釈できる。

また、ブラジルおよびマレーシアの首脳は、ウクライナ問題はG7の枠組みでなく、国連で議論すべきである、G7サミットが「核兵器のない世界」を目指すならば、中露など核保有国を交えた議論が必要だと主張を行なっており、G7の行動に対する牽制も辞さない[19]。

さらに米国内でも、対露経済制裁の〝反動〟を受けるかのように食料価格などが上昇し、米国内の保守系サイトではバイデン政権を批判するような意見が投稿されるなどの状況も起きていることを見落としてはならない。

メディア戦に勝利するには、発信力の優位性だけではなく、情報の統制・管理もまた重要な要素となることを肝に銘じなければならない。

5、増大する地政学リスク

中露連携で高まる安全保障リスク

本章を締めくくるにあたり、サイバー・情報戦の枠を超えて、ウクライナ戦争がもたらした地政学リスクについても言及しておきたい。

二〇二二年二月四日、北京五輪の開催に合わせて、プーチンと習近平は首脳会談を行なった。両者は「上限なき友情」を謳った共同文書に署名し、「これ以上のNATOの拡大に反対する」とし、両国はエネルギーなどの分野で協力することに合意した。

二〇一四年のクリミア併合以来、「中露vsアメリカ」の大国間抗争が再開されていることから、今回のウクライナ戦争が世界構造の大きな変化となったわけではないが、対立構造はさらに顕著となった。

ロシア侵略後の中国の外交声明や国営新華社などの報道ぶりは「戦争の黒幕は米国であり、軍需産業は利益を狙っている。ウクライナの情勢を利用して台湾海峡における危機を扇動している」といったものであり、強い反米意識を発露している。

先のウクライナ危機とは異なり、今回のロシア侵略に対し、わが国は米国と連携して対ロシア制裁を強化する姿勢を鮮明にした。

このこと自体は国家安全保障の大局に立った妥当な判断であると評価するが、他方、中国との関係で別途考慮すべき課題も顕在化している。前述のG7の枠組みで、わが国がロシアのみならず中国との対峙姿勢を明確にした。中国はロシアの支援を受けて、尖閣諸島の領有権問題、歴史問題、さらには台湾問題で攻勢に出てくる可能性もある。

また、今回の戦争の背後では、北朝鮮がロシア支持を明確にしたうえで、核ミサイル配備を強化し、核の実戦力を高める動きを増大させた。ロシアを中国や北朝鮮への牽制力として用いる手段が完全崩壊した現在、わが国にとって最大の脅威である中国を抑止力するためには日米同盟に加えて、自主防衛の量と質を格段に高める必要性に迫られている。

重要性を増す経済安全保障

複雑でグローバルな国際社会において、国家安全保障上の課題への対応を経済分野からも強化する必要性が高まっている。米中による〝半導体戦争〟、コロナ禍、そしてウクライナ戦争では、サプライチェーンの確保、重要先端技術の流出阻止、基幹インフラの保護、経済的威圧への抵抗などが具体的な課題として認識されている。

また、ウクライナ戦争では、ロシアおよびウクライナ産の穀物の輸入やロシア産の石油・天然ガスの安定供給に対する懸念が高まった。さらに台湾有事の生起を想定すれば、中国産のレアメタル、台湾の半導体などの調達の途絶といった事態も予測されるだろう。

わが国は米国との協調の一方で中露との対立基調を深めているが、このことは自主国防の強化に加えて、資源輸入の多角化、食料自給率の向上、新規海外市場の開拓などのさまざまな経済対策が求められることを意味する。

少子高齢化により国内労働力の確保は困難となり、また国内市場が先細りするなか、地政学リスクが経済的リスクへと波及する傾向が顕著になっている。

ただし、こうしたマイナス思考をプラス思考に変え、自国経済のレジリエンス力を高める契機とすることが重要となる。欧州はウクライナ戦争によりロシア産エネルギーに依存しない体制を目指すであろう。わが国も欧州を手本に中露や海外資源に依存しない強靭な経済体制を目指すことの必要性が認識されている。

懸念される台湾有事

ウクライナ戦争は、戦後初の核戦力を含む巨大な軍事力と保有する国家が起こした侵略戦争である。

このことは中国、ロシア、北朝鮮と国境を接しているわが国にとって、同様の侵略戦争が起こり得ることを認識させ、戦争の存在は身近なものとなった。

わが国にとっては中国による現状変更の試みが最大の脅威となる。その究極は台湾有事の勃発と、それにともなう日本への侵略であろう。

そこで、今回のウクライナ戦争から中国がいかなる示唆を得たのかを分析することは重要である。一部の専門家は、ロシアがウクライナに苦戦して大損害を出したことから、「中国による台湾への侵攻意図は低下した」と見ている。また、現在の中国の軍事力では、一五〇キロメートルもある台湾海峡を渡り、米軍が支援する台湾に上陸侵攻することは容易ではない。

しかし、プーチンがゼレンスキー政権を簡単に屈服できると考えていたと言われるように、意図の大きさが能力の欠如を上回り、自らの能力を過大評価する可能性があることには注意を要する。

中国は、今回のウクライナ戦争において米国がロシアの核の脅しにより、ウクライナへの軍事派遣を自制したことを勝機と見ている可能性もある。欧米による対ロシア経済制裁が必ずしも奏功していないこともプラス要因であると考えているかもしれない。

また、台湾が四面環海の島嶼であることから、ウクライナのような住民避難や武器支援といった作戦を阻止し、台湾当局を心理的に追い込むことが可能と見ているかもしれない。

いずれにせよ、中国がロシアの苦境を見て、侵攻意思が低下したなどの希望的、楽観的な見方は禁物である。中国はロシアの人員損害などを教訓に、情報戦、認知戦、ＡＩ戦を強化することで作戦上の課題を克服し、台湾統一という戦略目標を達成する意思はいささかの後退もないと見るべきであろう。

中国が二〇二七年もしくは三五年を目途に台湾併合、あるいは尖閣諸島の占領などのための戦略基盤を発展させることは必定である。

その際、レベルはさておくとしても「智能化戦争」の戦闘様相が見られることになる。台湾有事におけるサイバー・情報戦、認知戦の簡単なシナリオは次章で考察する。

（1）二〇二一年に制定されたロシアの「新国家安全保障戦略」はロシア連邦の安全保障に関する包括的な政策と対策を示すもので、二〇二一年から三〇年までの期間を対象としている。（ロシア連邦大統領令第三五五号）

（2）二〇二一年七月、ロシアのウラジミール・プーチン大統領は『ロシア人とウクライナ人の歴史的統一について（On the Historical Unity of Russians and Ukrainians）』という論文を発表。この論文では、ロシアとウクライナの歴史的なつながり、文化的な共通点および両国間の関係に焦点を当てているが、ウクライナが独立国としてのアイデンティティを持つことに異議を唱え、ウクライナの主権を否定するかのような発言を繰り返している。

（3）二〇〇二年に『ドキュメント戦争広告代理店』を執筆した高木徹は『ウクライナのＰＲ戦略と「戦争広告代理店」』の中で、「一九九〇年代のボスニア紛争をめぐる「ＰＲ（パブリック・リレーションズ）情報戦」と同様のことが、規模と技術と洗練さをはるかに深化させて、いま再び起きている」と述べ、ウクライナ戦争におけるメディアを利用して、世論を味方につける情報発信を「PR情報戦」と呼称している。

（4）レジリエンスは「サイバー攻撃によって被害を受けることを前提としながら、いかにネットワークやシステムを早く復旧するか、機能を代替するかに焦点を当てたコンセプトである」（日本再建イニシアティブ『現代日本の地政学』川口貴久「サイバー戦争の時代」）と定義できる。

（5）二〇二二年七月、ロシアはこの法律を根拠にロシアの野党政治家を偽情報拡散の罪で捜査した模様である。また、二三年二月、ロシア軍によるウクライナ侵攻を批判し、テレグラムで偽情報を広めたとしてジャーナリストのポノマレンコ（Maria Ponomarenko）に対し、禁固六年の実刑判決を言い渡した。ポノマレンコ被告は容疑を否認。

（6）Ｗｉｐｅｒ攻撃は、主にマルウェアやウイルスを利用して、被害者のシステム内のファイルやデータを上書きしたり、データを復元不可能な状態にすることでシステムの機能を停止させたり、ビジネスや組織の活動を妨害することを狙う。

（7）森本敏ほか『ウクライナ戦争と激変する国際秩序』倉井高志「ウクライナの戦争指導」

（8）この戦略は「人間の安全保障 国家の安全保障」と題され、気候変動、人口動態、コロナパンデミックへの対応、ハイブリッド戦争、軍事およびサイバーセキュリティなど、国家安全保障に関する広範な分野を網羅している。ウクライナは平和を希求し、それを国家と個人の発展の鍵と定義している。また生命と健康、名誉と尊厳、安全を最高の社会的価値と位置づけている。ウクライナの優先される国家利益は、独立と国家主権の維持、一時的に占領されている領土を取り戻し、国家主権を取り戻すこととしている（大統領令三九二号 二〇二〇年九月（УКАЗ ПРЕЗИДЕНТА УКРАЇНИ No.392/2020 — Офіційне інтернет представництво Президента України (president.gov.ua) およびウクライナ大統領府のホームページを参考に筆者とりまとめ）。

（9）ＮＨＫ『国際ニュース』「【演説全文】ゼレンスキー大統領 アメリカ議会で語ったことは?」https://www3.nhk.or.jp/news/special/international_news_navi/articles/detail/2022/12/23/28186.htmlnkk

（10）高木徹は『ウクライナのPR戦略と「戦争広告代理店」』の中で、「いくつかのPR会社幹部に聞くと、ゼレンスキー政権のPR情報戦に欧米のプロが参加していることは、もはや常識である」と述べている。
（11）これら情報戦を主導したのは、二〇二二年秋に関係省庁の専門家を集めて結成された大統領直轄の「タイガーチーム」であった。米国国家安全保障会議内に二〇二一年一一月に設置された特命班。そもそもは技術的問題や組織的問題を調査し、解決するため編成された専門家グループ。一九七〇年、アポロ13号の月面着陸ミッション中に事故で機材が故障した際、宇宙船を無事に帰還させるために結成されたチームにタイガーチームの名称が使用された。
（12）二〇二一年八月末、バイデン米大統領はアフガニスタン駐留米軍を撤退させた。同年一二月八日、ロシアの侵攻を抑止するためにウクライナに米軍を派遣することは検討していないと述べた。
（13）たとえば元ウクライナ大使の馬淵睦夫、フランスの人口統計学者エマニュエル・トッド、シカゴ大学教授の国際政治学者ジョン・ミアシャイマーなど。
（14）ウクライナIT軍（IT Army of Ukraine）は、ロシアのウクライナ侵攻後に、ウクライナのインターネット防護とロシアに対するサイバー攻撃を行なうために設立された組織であり、構成員が三〇万人に達したとの情報もあったが、ボランティアの戦闘組織であって、必ずしも政府の統制下にないとみられている。
（15）戦時国際法（IHL：International Humanitarian Law）は、武力紛争の際に適用される国際法の一分野であり、軍事行動とその影響を規制することを目的としている。戦時国際法は、武力紛争の当事者である国家や武装勢力および一般市民や被拘束者、負傷者などを保護することを目的とする。
（16）同モデルは、アメリカ空軍のジョン・ワーデン大佐が提唱した戦略的分析モデルである。攻撃対象を五つの重要な要素（リング）に分類するこのモデルは、軍事戦略や攻撃の計画だけでなく、戦略的な情報操作やサイバー攻撃の分析にも応用できる。
（17）森本敏ほか『ウクライナ戦争と激変する国際秩序』倉井高志「ウクライナの戦争指導」
（18）チープフェイクとは、低品質で簡単に作成される偽情報のことを指す。これらの偽情報は、情報操作やプロパガンダに使用されることが多く、既存の画像や動画、テキストなどを誤った情報発信に使用したり、編集や改ざんを加えて、政府や組織の主張に沿った新たな意味を持たせたりする。

（19）二〇二三年五月の広島で開催されたG7広島サミットの拡大会合に参加したブラジルのルラ大統領は記者会見で、ロシアが侵攻したウクライナを支援するバイデン米大統領について、ロシアへの攻撃をけしかけていると批判し、ウクライナ問題はロシアと敵対するG7の枠組みでなく、国連で議論すべきだと訴えた。またマレーシアのマハティール・モハマド元首相は、G7サミット後の五月二四日、日本外国特派員協会で記者会見し、ウクライナ侵略などをめぐりロシアや中国と対立する米欧について「今は中ロと敵対するように仕向ける力が非常に強い。私たちは大国に操られるべきではない」と批判した。また、G7サミットが「核兵器のない世界」の実現に向けてまとめた合意文書については「同じ考えの国々が集まって会議をしても独り言のようなものだ。うまくいかない」と指摘し、中ロなど核保有国を交えた議論が必要だと主張した（『読売新聞』オンライン五月二四日配信）。

第10章　新時代の認知戦と未来予測

本章では、認知領域の戦い、認知戦についての研究が進展している中国および欧米の文献を基に認知戦とは何かについて述べる。その後、ＡＩ技術の発展により、わが国の社会がどのように変容し、軍事における戦争がどんな方向に発展し、そこに主として中国がどのような認知戦、あるいはＡＩ戦争を仕掛けてくるかという視点で未来のシナリオを提示する。

なお、未来シナリオは二〇三〇年時点でのわが国に関係するネガティブ（悲観）シナリオとする。

1、欧米の「認知戦」研究

欧米による認知戦の研究

本書の冒頭で述べたように「認知戦」あるいは「Cognitive Warfare」という言葉は最近頻繁に使用されるようになった。ただし、本書で述べたように中国は二〇〇三年頃から認知領域の概念定義を開始していたと見られる節がある（211頁参照）。

他方、欧米では二〇一七年頃から「cognitive warfare（認知戦）」を主要な研究テーマに位置付けている。一七年、米国防情報局（DIA）のヴィンセント・スチュワート（Vincent R. Stewart）少将は、「敵は認知領域で戦うために情報を活用している。だから平時・戦時の意思決定の領域での情報戦に勝利することが重要である」と述べている。

おそらく、二〇一六年の米大統領選挙時の「ロシアゲート」によって認知戦に対する危機感を増幅したのであろう。米国やNATOの認知戦に関する研究論文では、選挙工作が事例として取り上げられている。

ハーバード大学のベルファー・センターのオリバー・バッケスとアンドリュー・スワブによる二〇

一九年一二月の定義では、認知戦争は「情報的手段によって、ターゲットとなる人々の思考形態（考え方）およびそれを通じた行動形態に変容することに焦点を当てる戦略[1]」と定義されている。

また、ジョン・ホプキンズ大学の二人の研究者は二〇二〇年の論文で、「認知戦は、敵を内部から破壊させようとする。この意味では認知戦は外部の主体が世論を武器として、①公共機関および政府の政策に影響を与える、②公共機関を不安定化することを企図する試み[2]」と定義した。

認知戦の特性

認知戦の特性は第一に、従来の物理領域での活動とは異なり、非物理的な戦争方式（非物理戦）である点だ。すなわち敵の意思を戦わずして破砕することを究極目標とする。この点は原始以来の心戦、心理戦と変わる点はない。

第二に、認知戦は心理戦および情報作戦の進化版である。本書冒頭でも述べたように、非物理戦は古代の心戦に始まり、第一次世界大戦になってから計画的・組織的な心理戦（Psywar、PsyOps）へと発展した。さらに通信環境の発達のなかで電子戦という概念が生まれ、ＩＣＴ環境の発達にともない情報戦／情報作戦、サイバー戦が出現した。

これらの発展経緯の延長線上に生まれたのが認知戦である。だから、認知戦は「サイバー空間または認知領域の中で展開される新たな心理戦である」といえるだろう。
第三に、認知戦は人間を対象とする。[3] ここが従来の情報作戦との差異である。

情報領域で行なわれる情報作戦は、情報を搾取する、情報の流れを遮断するといった具合に、あくまでも情報を対象として、それを制御（コントロール）する。そして、情報の制御のためであれば、通信施設などの物理空間における目標への攻撃（物理戦）も行なわれる。

他方、認知戦は情報を扱う人間を対象として、その心理・認知を操作し、意思決定や行動を変容させるものである。[4]

この点に関して、情報作戦の一つであるサイバー戦と認知戦との相違点は明確にしておく必要があろう。

両者ともにソーシャルメディアを通じてコンピュータ・ウイルスを拡散し、感染者が拡大していく点は共通している。

たとえば、両者ともにボット（人がやると時間がかかる単純な作業をコンピュータが代わって自動でやってくれるアプリケーションやプログラムのこと）を利用して、人間らしい外見を持つアカウントを通じて、大量の偽情報を拡散する。

しかし、認知戦はサイバー戦とは異なり、情報システムなどへの攻撃ではなく、あくまでも人間の心理・認知に影響を及ぼし、内部から自己破壊させ、抵抗や抑止できないようにすることが目標である。だから、サイバー空間でコンピュータ機能の阻害を目的とするＤＤｏＳ攻撃は、情報作戦（サイバー戦）ではあっても認知戦ではない。

第四に、認知戦はサイバー、情報、認知心理学、ソーシャル・エンジニアリング（社会工学）、ＡＩなどのさまざまな技能を統合して行なわれる。特にＡＩとの親和性が高く、ＡＩを利用した偽情報の生産や発信などが、平時および有事において、軍事、非軍事の境目なしに行なわれる。

最後に、認知戦は発達したインターネット、スマホ、そしてソーシャルメディアの環境の中で展開される。

認知戦は過去の心理戦や情報戦に比べて、情報の拡散速度が速く、しかも特定個人の心理・認知に作用するので、一般大衆の意識への働きかけが大きく、世論形成にも長けている。現在の発達したＩＣＴ環境の中で、ＡＩやボットを利用すれば、二四時間ひと時も休まずに、真偽を織り交ぜた情報を拡散し、人間の心理・認知に影響を及ぼすことができる。

従来の心理戦あるいはメディア戦では、影響工作は国家、組織などの優先度の高い指導者と不特定多数の世論への働きかけに制限されてきた。しかし、今日の認知戦はＡＩの活用とソーシャルメディアの発達により、特定個人の心理・認知への影響工作が可能になった。

この背景には、スマホとソーシャルメディアの発達がある。従来の新聞、メディアは対象に一方的に情報を発信することしかできなかった。しかし、スマホと結合したソーシャルメディアでは、情報の発信者がどこの誰で、その情報を誰に拡散したかなどの追跡が可能となった。

人々の行動を追跡し、好みや考えていることを把握し、その行動に影響を与える。特定対象が関心を持つ情報を重点的に配信し、興味を引き付け、引きとどめる。こうした手法により、たとえば心理・認知を刺激し、思いもしなかったような商品を買わせることも可能となるのである。

つまり、ソーシャルメディアとスマホの普及により、認知戦は特定個人に対象に絞って、その心理・認知操作し、意思決定や行動を変容させることが可能となった。

それゆえに二〇一六年の米大統領選では、フェイスブックの個人情報を不正利用して、「サイコグラフィック（心理的要因）」により有権者の「セグメンテーション（選別）」を行なうといった「マイクロターゲティング」の手法も採用されたのである（170頁参照）。

認知戦の二つの目標

認知戦では、不安定化と影響力の行使という二つの目標達成を目指す[5]。

不安定化とは、社会組織と人々の結束を攪乱し、経済領域での生産性の低下、政治対立などを惹起させる。

対象国の国家や集団の内部に問題が生じれば、その国家はその問題処理に忙殺され、有益な目標達成への努力が削がれる。

偽情報でなくとも、有力政治家が汚職や破廉恥事件などの真実のスキャンダル情報を流布することで、国民の政治不信を醸成できる。

たとえば『ウィキリークス』は、二〇一六年の民主党全国大会（DNC: Democratic National Convention）で、民主党候補ヒラリー・クリントンが過去にゴールドマン・サックスなどウォール街の複数の企業を相手に多額の報酬で講演した非公開の内容の抜粋とみられる文書を公開し、国民のクリントンに対する政治批判が集まるように画策したといわれている。

一方の影響力の行使とは、社会の不安定化を背景に、対象とする集団、個人の意識に直接的に働きかけるものである。つまり、特定の集団、個人が有している周囲の環境に対する意識や価値観を操作し、攻撃者と同じ考え方（イデオロギー）を持つように働きかけ、最終的には攻撃者が意図する行動をとるよう仕向ける。

攻撃者は、政治、経済、学術、社会の指導者を対象にして、より広範な大衆に影響力が及ぶように仕向ける。

影響力行使の事例には、テロ組織が行なったイデオロギーへの同調がある。イスラム国（ＩＳＩＬ）はソーシャルメディア上でハッシュタグを活用したメッセージや、デジタル技術・音楽を活用して完成度の高い動画を発信し、組織の宣伝や戦闘員の勧誘、テロの呼びかけなどを巧みに行ない、多数の外国人戦闘員や一般市民からの支持を獲得した。

認知戦は自由・民主主義国家にとって脅威

西側の自由・民主主義国家は、権威主義国家に対して、人間が本来的に持つ自由と民主への憧憬を梃に影響力を行使し、社会の民衆化を促してきた。

これに対し、中露などの権威主義国家は、国内でのメディア報道などを制限、統制し、国内での民主化運動を取り締まるなどの対抗措置をとってきた。

現在はイータネット時代になり、フェイスブックやほかのソーシャルメディアが発達し、権威主義体制下の人々を自由・民主主義のイデオロギーへと誘導するような動きが生じている。

しかし、中国、ロシアおよび北朝鮮といった国々は、インターネット、スマホの自由な使用を制限し、逆にスマホなどを使った住民監視や思想統制などを行なっているとされる。

こうした状況下、西側が目指す報道・言論の自由、人権の尊重などの価値観の普及は、権威主義国家では成果を上げているとはいえない。

一方、自由・民主主義の米国では、報道や言論の自由を保障しているから、ベトナム戦争の報道統制（第5章参照）に失敗したり、9・11同時多発テロ事件後に国家機関を使って大量の個人情報を水面下で収集したが、それが暴露された事件（「スノーデン事件[6]」）などが生起している。すなわち権威主義国家のような徹底した報道・言論統制は困難である。

マスメディアやソーシャルメディアなどは原則、自由な活動が保障され、それが反政府的な行動を引き起こすこともある。

権威主義国家は、ここに西側社会の脆弱性があると捉え、ここに真偽を織り交ぜた情報を発信し、社会の不安定化や特定対象に対する影響力を行使する。つまり平時と戦時の境目なしの認知戦を展開する。

ウクライナ戦争では、欧米が情報発信という形で、ロシアによる偽情報を論破している状況がみられるが、それは報道の自由が保障されている欧米社会にとどまる。

また、真実を真実と嘘が混在した大量のナラティブは、偽情報だと立証することが困難であり、偽情報対策の手段であるファクト・チェックにも限界がある。

日本をはじめとする自由・民主主義国家はサイバー空間上に社会不安の種となる偽情報などが流

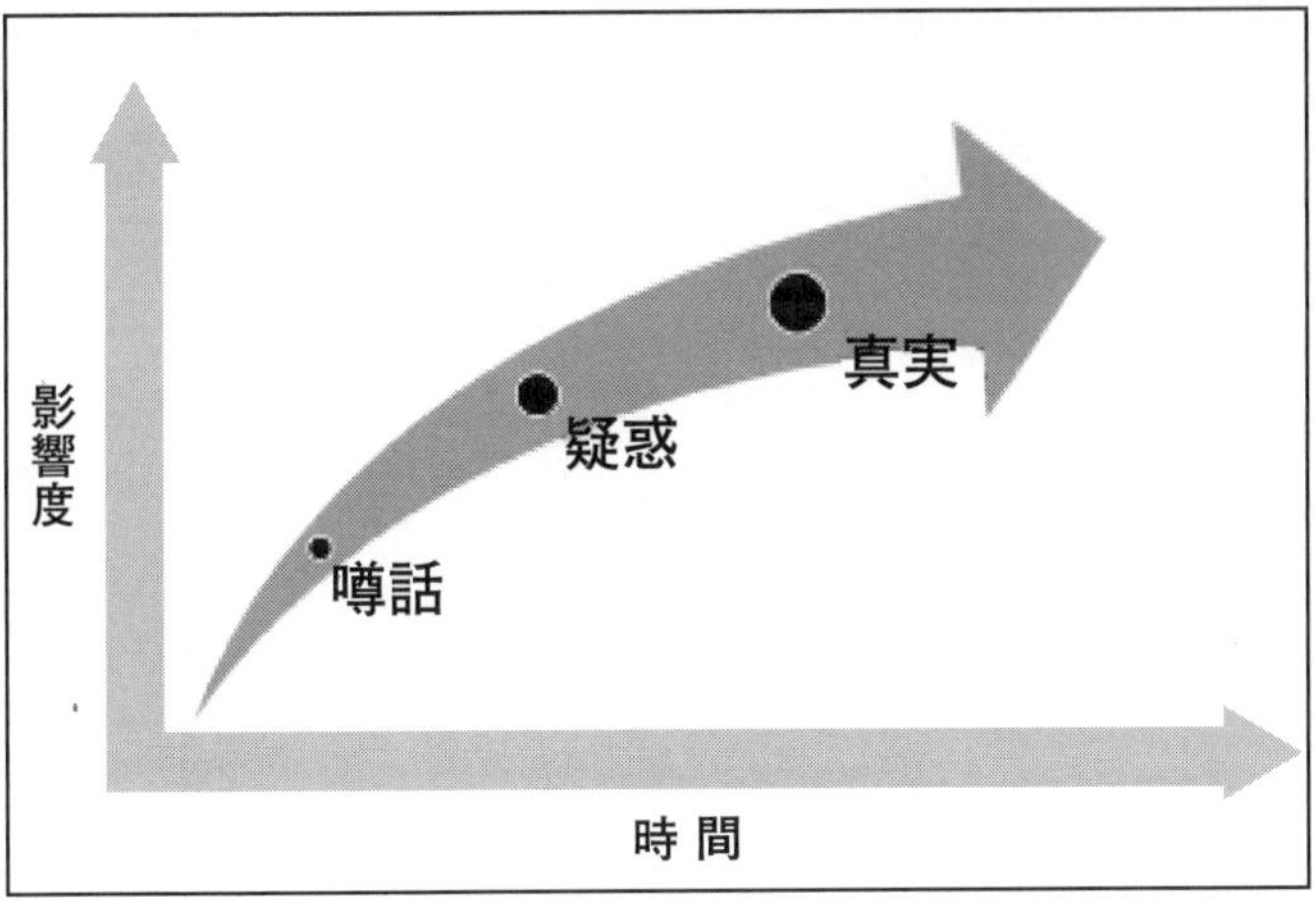

図1 ディスインフォメーションの拡散による影響度合いの変化

通、拡散している状況に対して有効に対処できていない。

この間にも権威主義的国家は、自由・民主主義国家に対し、不安定化と影響力の行使のための偽情報の発信やサイバー攻撃などを行なっている可能性がある。

単なるうわさ話も時間とともに内容が拡張され拡散されて疑惑となり、そして、いつしか噂話は真実となる。ナチスのヨーゼフ・ゲッベルスは「嘘も百回言えば真実となる」と言葉をよく使ったと言われているが（ヒトラーの言葉など諸説あり）、たとえ〝真っ赤な嘘〟であっても繰り返し言い続けることにより、誰もが真実と感じるようになる。

偽情報の拡散を放置すると、時間の経過とともに真実として人々の意識に植え付けられ、それを訂正することはできなくなる（図1参照）。

これがわが国をはじめとする西側国家の大きな課題になっている。

2、AI化とAI戦争の到来

AI化への取り組み

今後、世界に最も大きなインパクトを与えるテクノロジーは人工知能（AI）である。

まずは、米国の最近のAIへの取り組みを整理しておこう。

●二〇一八年五月、トランプ大統領はAIに関する産官学の代表とのサミット開催。

●二〇一八年八月、ジェームズ・マティス国防長官（当時）がAIに関する政策提言を作成するために米人工知能国家安全保障委員会[7]（NSCAI）を設置。トップ（委員長）に米グーグル元最高経営責任者（CEO）のエリック・シュミットが就任。

●二〇一九年二月、人工知能分野における米国の優位性を維持、増進するための大統領令（AI大統領令）を制定。

●二〇一九年一一月、NSCAIが議会に中間報告書を提出。

●二〇二一年一月「国家AIイニシアティブ法案」が制定。AIに関わるさまざまな連邦政府機関を調整するために国家AIイニシアティブ室（NAIIO）が設立。

●二〇二一年三月、NSCAIがAI国家安全保障に関する最終報告書を議会と大統領に提出。

●二〇二一年六月、国家人工知能リサーチソース（NAIRR）を設置。

以上のように、米国はAI化の取り組みを強化しているが、その背後には次に述べるような中国のAI覇権競争に勝利するとの喫緊の課題がある。

AI覇権をめぐる米中の確執

DX（デジタルトランスフォーメーション）をめぐる米中対立はICT、AIやバイオテクノロジー、量子コンピュータといった分野に及ぶ。すでに5Gや半導体をめぐる対立は顕著になっているが、その先には熾烈なAI競争が待っている。

二〇一八年、米国防省によって設置されたNSCAIは、AIとその関連技術が国家安全保障に及ぼす影響を研究し、米国が優位を維持するための構想をまとめてきた。その最終報告（二〇二一年三月）では、これまでの民間主導のAI戦略を政府主導のAI戦略へと方針転換する必要性が謳われた。

米国が政府主導のAI対応を急速に強化している理由は、AI分野において政府（党）主導で勢いを増す中国の存在である。

中国ではプライバシーの保護や倫理観という制約がなく、デジタル監視という目的のため、あるいは「軍民融合発展」の名のもとに、あらゆる種類のデータを一元的に収集、管理しており、これがＡＩの進化に役立つ。また、国家の資源をＡＩあるいはＡＩ関連企業に集中投下できるという強みがある。

米国はこれまで、経済大国として世界的な覇権を維持するうえで必要なイノベーションを促進し、進歩を達成するには民間セクターや自由市場に任せておくのがいちばん良いと考えてきた。しかし、中国が勢いを増すいま、そうした考えに変化が生じているのである。

ＮＳＣＡＩの委員長であったエリック・シュミットは二〇二一年の日本経済新聞社のインタビューに次のように述べた。

「米国が中国との技術競争に勝ち抜くにはＡＩ、半導体、エネルギー、量子コンピュータ、合成生物学といった『戦略的』と呼ぶ領域で米国が主導権を保ち続ける必要がある。とくに半導体製造技術が重要である。米国は、中国に対して（半導体製造技術で）二世代分のリードを保たなければならない。米国などで（台湾の半導体生産を）代替できるようにする必要がある」（『日本経済新聞』二〇二一年七月九日付の記事要約）

AI戦争の到来

平和で安定した未来には気候変動、ヘルスケアなどの分野で、世界をリードする米中の協力関係が必要である。しかし、コロナ禍やウクライナ戦争で「自由・民主主義vs権威主義」の大国間競争はますます顕著になり、米中のAIをめぐる好ましくない対立が予測される。その最たるものがAI戦争である。

未来の戦争がAIの影響を強く受けることは間違いない。この点は、米国政府の中で国家AI戦略の旗振り役が国防省であることからもよくわかる。

二〇一九年二月に人工知能分野における米国の優位性を維持、増進するための大統領令（AI大統領令）を制定されると、その翌日、国防省は国防省AI戦略を立案した。[8]

未来の戦争では人間に代わりAIが意思決定を行ない、AIを搭載した自立殺傷兵器が戦場に登場する可能性は高い。このような戦いを、AIが自律的な意思決定を行なうことからアルゴリズム戦争と呼ぶ向きもある。

米中双方がAIを駆使して戦うAI戦争では、AIの質的優劣が勝敗を決めることになる。そのため、中国はAIの軍事分野への取り組みを加速化し、アジア、太平洋における対米優位を模索していくことになる。

欧米やわが国が国民世論への配慮からＡＩの軍事転用をためらうなか、中国が着々とＡＩの戦力化を図るならば、アジア・太平洋における中国による支配圏の確立が早晩を訪れることになりかねない。

３、二〇三〇年の認知戦シミュレーション

（１）社会の不安定化と影響力工作が拡大

ＡＩ技術がもたらすデジタル社会の混迷

二〇三〇年現在、世界におけるＡＩの進展は加速的に進んでいる。ＡＩが牽引してきた高度デジタル社会からはもはや後戻りはできなくなっている。

インターネットを通じて世界中の情報に瞬時にアクセスすることは、仕事やビジネスの効率化やイノベーションのために必要不可欠となっている。インターネット上でさまざまなサービスを享有することで生活の利便性は高まっている。またわが国の少子高齢化対策にもＡＩはなくてはならないものになっている。

しかし、その一方でＡＩによるネガティブな側面に多くの国民が気づき始めている。サイバー空間で

はディープフェイクによる偽情報の生成、自動化されたフィッシングメール攻撃、自動プログラミングによるマルウェアの生成など、AIの悪用事例がさまざま確認されている。

また、すでに多くの分野でAIが人間の業務を代行し、人間の職を奪うなどの影響が出始めている。

さらにAIは、デジタル格差、情報格差、世代間格差を生んでいる。デジタル技術の普及にともない、多くの情報、サービスの受け渡しはオンラインで行なわれるようになった。デジタル社会はリテラシーに長けた若者にとっては利便性が高いが、そうでない者には住みにくい世の中なのである。とくにデジタルリテラシーが低い高齢者は、オンラインシステムから個人情報や銀行口座の貯金が流出するのではないかと疑心暗鬼になっている。どこに電話をかけてもオンラインメッセージだし、市役所の資料請求に出かけても丁寧に案内してくれる受付係はいない。自宅に訪れる者、電話をかけてくる者は詐欺であるので注意するようにとの警察、自治体からのお達しもよくある。まさに現代は人手不足のなかで情報格差、世代間格差の社会になっている。

こうした状況を社会の分断化であると多くの専門家が警告している。政府はデジタル社会の発展と利便性を維持するためには、社会、組織における情報管理の徹底と、個人の情報リテラシーやモラルが重要であると啓発している。

政府の中にはAIを規制する動きもあるが、自由・民主主義を唱える勢力の反対圧力で打ち消され、結果的にＡＩは野放しの状態である。

暗号通貨やＡＩを積極的に利用する層は海外資金を運用し、国内では脱税の道を探っている。一方の最先端技術についていけない高齢者などは、国家のデジタル化には反対である。

高齢者などは社会の片隅に置かれがちであるが、選挙権行使という強い権力を持っている。だから、政治家も高齢者などの投票に期待し、国家のデジタル化はあまり進展していない。

隣国の中国はますますデジタル大国となり、いまでは貿易もデジタル人民元で決済が行なわれている。中国と日本との国際競争力はますます開きつつある。

偽情報を拡散する生成ＡＩ

二〇二〇年代初期に誕生した「ＣｈａｔＧＰＴ」と、それに触発・対抗する生成（対話型）ＡＩが続々と誕生し、二〇三〇年現在、生成ＡＩの市場シェアは拡大し続けている。

その最大の魅力は、〝人間よりも人間らしい〟といわれる文書の作成能力である。パラメータの爆発的な増加により、自然で広範囲な言語生成が可能となり、多くのビジネスパーソンの魅力を引き付けている。

しかしながら、ＣｈａｔＧＰＴのリスクはＧＰＴ-３の開発頃から懸念されてきた。ＣｈａｔＧＰＴ

の開発元ＯｐｅｎＡＩの研究者は、世界有数のサイバーセキュリティカンファレ「Black Hat USA 2021」で、ＣＨＡＴ ＧＰＴ３が悪用された場合のリスクについて警告していた[9]。

残念なことに二〇三〇年現在、研究者の警告が的中してきているようだ。現在、生成ＡＩは、悪用者が大量の偽情報や有害情報を生成するツールにもなっているのである。

最新式の生成ＡＩはビッグデータからさらに学習を深化させ、人間の個々のユーザーに合わせた大量の情報を、人間をはるかに超える速度で作成している。

こうした情報は受け手にとって魅力的で説得力があるとされ、仲間内にシェアされ、情報は加速的に拡散しているようだ。その中には、他者を誹謗・中傷する、社会を偽情報によって貶める類のものも多い。

またボットと一体となり、二四時間稼働で偽情報が拡散されるので、政府が推奨するファクト・チェックもお手上げ状態である。サイバー空間では、悪意者による偽のプロフィール、コメント、画像が大量に流通している。

また生成ＡＩは誤植が多いことが問題となっている。しかも、文書がなめらかなので誰もその真偽を検証しようとしないので始末が悪い。「ウィキペディア」の記事も生成ＡＩが書いているのか、以前よりも正確性が低下したとの声も聞く。

「ｗｅｂ」の誤った情報に基づくEコマース上のトラブル、プライバシーの暴露、著作権侵害をめぐる裁判沙汰などはこのところ急増している。

倫理的な判断をともなう社会問題への投稿においては、生成ＡＩを使って書いたのか殺伐とした、弱者を軽視するコメントが増えている。

生成ＡＩが人間の意識に悪影響を及ぼすとして、一部の者は政府が抜本的な規制をかけるべきだと主張しているが、いまだに具体的な動きはない。

インテリジェンス・リテラシーを失う国民

二〇三〇年現在、わが国の国民は大人から子供まで生成ＡＩに依存している。

ＣｈａｔＧＰＴが登場した当時、教育や勉学にさまざまな影響が及ぶとみられることから、国内の大学では、利用の基準を示したり、注意喚起を発したりするところもあった。

しかし、生成ＡＩがビジネス界に流通すると、デジタル弱者になることへの恐怖心から、誰かれともなく最新式の生成ＡＩに飛びついている状況だ。

教育界などの注意喚起はなかなか社会に浸透せず、政府も形式的な注意喚起はしているものの、規制などの具体的措置はとっておらず、野放し状態である。

すでに生成ＡＩをめぐるさまざまな問題が表面化しているが、表に現れていない重大な問題は、情報のリテラシーとモラルである。

人間は言葉を覚え、自ら「文章を書く」ことで思考力や想像力を養成してきた。生成ＡＩに依存することで情報を使って思考し、判断する必要がないので、インテリジェンス・リテラシーは低下する。情報の収集の指向性、適切性や妥当性の評価ができなくなり、状況判断や意思決定を誤ることになるのである。

一方、情報モラルは倫理的な視点や責任感をもって情報を利用することである。インテリジェンス・リテラシーが低下すれば、情報モラルも低下する。

最近の個人のプライバシーの暴露、著作権侵害をめぐる裁判沙汰の増加は、生成ＡＩが人々の情報のリテラシーとモラルの低下が原因であると指摘されている。

とくに隆盛を続けているソーシャルメディアの世界では、情報のリテラシーを欠き、モラルに違反する事例が増加している。

ソーシャルメディアは趣味や価値観を共有する特定グループを形成することで飛躍的に発展した。その結果、特定グループ内では他人の行動や考え方を模倣、肯定し、異なる意見や視点が排除されるようになった。この状況は「エコーチェンバー」効果と呼ばれる現象であり、かねてから問題視されてきたが、二〇三〇年の現在はそのような傾向が顕著となった。

現在は、ソーシャルメディアの世界では、偽情報や誤解が蔓延し、「高速思考」（反射的で感情的な思考）が一般化し、「低速思考」（合理的で慎重な思考）が排除される傾向を強くしている。

さらに憂慮すべきことに、ソーシャルメディアの中で横行する偽情報を基づいて、リアル社会で暴力事件を起こす事例も確認されている。

銃規制のゆるい米国では、以前からこのような事件が起きていた。二〇一六年の米大統領選挙の際に「ピザゲート」事件では、民主党の関係者がワシントン郊外のあるピザ店を拠点として人身売買や児童買春に関わっているとの、まったく根拠のないデマがインターネット上で広く拡散され、それに基づいて一人の男がピザ店に銃を持って乱入した。

今日の日本でも同様の事件が起きている。いくら銃の規制を厳しくしても、インターネットから爆発物や銃を製造する知識は得られるし、生成ＡＩもちょっと遠回しの質問をすれば、このような情報要求に応じてくれる。

日本政府はインターネット上の監視の強化を求めているが、通信の自由を妨害する、個人のプライバシーを侵害するとして、国家論議はいつも紛糾する。

言論の自由を尊重する日本ではソーシャルメディアは〝無法地帯〟である。その世界では、偽情報の拡散力が強い。政府が若者を苦しめる悪法を制定するなどのデマが流され、一部の若者は反社会的な行動に走るケースも散見される。

インテリジェンス・リテラシーやモラルを失った人々が反社会的な発言や行動を、それが拡散していく。このような社会の流れを押しとどめる具体策は出てきていない。

信頼を喪失するマスメディア

二〇三〇年現在、新聞や雑誌などの伝統的なマスメディアは、デジタル・ソーシャルメディアの台頭とともに発行部数が減少して、収益性が低下している。

これは今に始まったことではなく、インターネットやスマホが登場して以来の問題であるが、最近はその傾向が強くなっている。

国民の新聞購読数は激減し、テレビよりもユーチューブなどの動画サイトを好むようになった。いつ誰が作成したかわからないユーチューブ報道を見て、現在進行しているリアル社会であると錯覚する人も多い。

生成ＡＩが書いた小説がインターネットで話題なるなど、書籍はますます売れなくなった。生成ＡＩ以前に人気を博した執筆者はかろうじてその権威を保っているが、新たな執筆者は表舞台に登場しなくなり、出版業はますます斜陽化している。

デジタル・ソーシャルメディアに対抗するため、すでに一部のメディアは視聴者が好む情報を流すようになったとの批判がある。つまり、視聴率や閲覧数を増加させることに躍起になっているのだろう。

社会的な混乱や政治的な対立が高まる局面では、報道倫理を無視し、情報の真偽を見極めることなしに、人々の興味ある情報を流す傾向が強まっているようである。

一〇年前はマスメディアに対し「情報源として信頼できる」と回答した者は六割を超えていたが、最近は四割程度となり、国民の多くからマスメディアは信頼を失った。

一部のマスメディアは娯楽番組や過去の特集に力を入れている。多くのマスメディアは収益性が低下したため独自取材には力を入れられず、政府発表に追随している。もはや「政治権力の監視」というかつての看板はすっかり色あせたようである。

一部の見識者は、多くの国民が正しい情報を入手する手段を失えば、判断すること自体が面倒であるという風潮がはびこると指摘している。

日本社会の分断化が進展

二〇三〇年現在のわが国では誤った集団心理によっていじめや極端な暴行に及ぶケースが増加している。

ある研究者は「一人ではあまり過激な思想を持っていない人でも、大勢が集まると次第に思考が過激化していき、特定の誰かを攻撃する、といった事件が起こるようになる」と指摘している。これを「集団極性化」という。

インターネットの世界では思想の似通っている者同士が集団を形成しやすいので「集団極小化」が起こりやすい。

二〇二〇年前後に猛威を振るった新型コロナ禍の中で発生した「コロナ自警団」はその顕著な事例である。ソーシャルメディアを通じて知り合った個人による連帯集団が、ウイルスの感染者が発生した大学に脅迫電話をかけたり、県外ナンバーの車に傷をつけたり、「感染リスクが高い」と目されるような職業に従事する親を持つ子どもを学校から排除しようとした。さらには感染者の個人情報を無許可で公開し、集団で誹謗中傷やブラックメールを送り付けた。情報モラルの違反に違反した他者への人権侵害であった。

事件発生当時、政府の自粛要請を受け入れない「不届き者」を制裁せんとする輩が、あたかも正義の使者を装い、過激な暴力をともなうまでに制裁行為をエスカレートさせた。政府という大きな権威に従うことで、自らも小さな権威者となる一団が、自らを正当化し、感染者を村八分にするかのような犯罪行為に手を染めたのである。

二〇二二年からのウクライナ戦争で「集団極小化」はさらに進んだ。「NATO不拡大約束（一九九〇年二月九日）」や「ミンスク合意（二〇一四年九月五日）などを根拠に、一部の政治家や地域専門家が「欧米にも戦争責任がある」などの意見を主張したところ、たちまちソーシャルメディアやマスメディアで叩かれた。

ロシア側の視点に立って「戦争の原因が二〇一五年のミンスク合意を欧米が破ったことにある」とでも述べようものならば、「ロシアに味方するのか！」「侵略したロシアが悪いことに決まっている！」との怒号を浴びた。

二〇三〇年現在、個人が身勝手な思い込みや、政府方針や有力集団の主張を盾に自己満足のために他者の人権を侵害するケースがますます増えている。

難民受け入れ、LGBT、防衛、宗教、教育、環境、デジタル化、年金と税金などをめぐる諸課題は、社会を分断させる問題だと認識されている。

国民のインテリジェンス・リテラシーの低下や判断することの回避、選挙や政府の法案決定などの際に起きる集団極小化と情報モラルの違反、政府のデジタル化政策の推進と情報管理体制の杜撰さから起こる個人情報の漏洩などのデジタル社会の暗部が露呈されてきた。

多くの見識者は、このような状況が続けば、結果として社会全体の一体感や調和を揺るがすことになると指摘している。戦後、外部からもたらされたとはいえ民主主義を謳歌してきた日本が、それを守るために民主主義にメスを入れるのか、それとも民主主義の精神を尊重し、規制を自粛するのか岐路に立っている。

優位に立つ権威主義国家

わが国をはじめ欧米諸国は、ＡＩが社会を分断化させることを危惧し、ＡＩの不適切な利用を制限するため、基準を設けようとしてきたが、自由・民主主義を盾にした反対勢力により、二〇二〇年現在、その施策は停滞している。

他方、権威主義国家は、自国に都合のよい法律と解釈を用いて、ＡＩの技術開発で優位に立とうしている。

わが国の隣国である中国は中国共産党の許可を得た組織、個人が国家目的に限って利用できるとの法律を制定した。すなわち国民が共産党の許可なくＡＩを利用することを禁止したのである。このような措置が奏功したのか中国国内の民主化デモは国民の〝ガス抜き〟程度にとどまっている。このことが、二〇一二年から二〇年近く続いている習近平体制の安定性の礎であると見られている。

二〇三〇年現在、世界では「AIと調和して発展する中国」「無秩序なAIの発展が社会を混乱させる」など、中国を称賛し、欧米のAI政策を批判する論説が増加している。どうやら、AIと権威主義体制は相性がよいという認識が世界に浸透しているようだ。

AIを使ったソーシャルメディア上の巧妙な偽情報に民主主義国家のリーダーや国民は徐々にその影響を受け、無意識のうちに権威主義的な価値観に傾斜していくことが懸念されている。

わが国のソーシャルメディアでは、政権与党の批判、政府高官のスキャンダル暴露が盛んに行なわれ、国民の政権批判と政治離れが顕著になっている。

他方、かつて米国にトランプ政権が誕生したように、最近の国政・地方選挙では、自主国防、米軍撤退、核兵器保有、移民反対などの右傾的な政治公約を掲げる候補が当選するケースが増えている。

こうした情勢を見て、不安定化と影響力の行使を目標とする某国の認知戦が行なわれていると警告する声も出ている。さらに水面下で行なわれる認知戦がリアル社会での政治テロを引き起こすことも警戒されている。与党政治家の地方遊説ではものものしい警備が行なわれているが、これは政治テロの蓋然性の高まりのゆえであろう。

わが国では厳しい銃規制にもかかわらず、インターネット上の知識と3Dプリンターを使って模造銃を製造するケースが後を絶たない。二〇二二年には元総理大臣が銃殺される事件が生起したが、ソーシャルメディアはその犯人を称賛したり、刑の軽減を求める声を拡散させたりした。この事件では第三国による犯罪者のマインドコントロールも警戒すべきとの声が上がったが、わが国の国民が第三国による影響工作のターゲットになりやすい側面があるのは否定できない。

(2) サイバー・認知戦の勃発の可能性大

軍事におけるAI技術の趨勢

二〇三〇年現在、AIはすでにサイバー・情報戦の領域では複数の側面で活用されている。これには、情報収集、分析および戦術的な意思決定などに関する事項が含まれる。

たとえば、軍事作戦ではAIが情報収集のターゲットを自動的に絞り、有用な情報を大量に収集し、収集された情報から目的に役立つものを選定し、その傾向や過去との関連性を特定し、有用なインテリジェンスを作成し、戦術的な意思決定に役立てている。

さらに、AIが過去の戦略・戦術を研究し、実戦的なシナリオを想定した訓練を実施し、そのことが新たな戦術や戦略を編み出す契機になっている。

電子戦では、ＡＩを活用し攻撃に最適な電波方式や周波数などを自動的に割り出し、敵の通信・電子施設などの妨害・破壊に活用している。

サイバー戦では、ボットを利用した自動的な攻撃を行なうほか、防御システムにＡＩを組み込むことで敵の攻撃を検出し、自動的に対策を展開するなどを行なっている。また、攻撃者が自立システムの動作やパターン認識機能を意図的に制御・操作し、攻撃者の秘匿性を高める試みが行なわれている。

サイバーセキュリティの分野では、機械学習アルゴリズム（マシンアルゴリズム）を用いて、セキュリティイベントやアラートを分析し、潜在的な脅威に対処することが実用化されている。

今後は、これらのＡＩ技術がサイバー・情報戦の領域でさらに進化するとともに、認知戦やＡＩ戦争への発展を促すと見られている。

認知戦の戦法では、サイバー空間で情報を取得して、対象となる人間の心理・認知的弱点を見つけ出し、偽情報を拡散するなどにより世論を操作し、これを武器にして、真の攻撃対象である国家・軍事指導者の意思決定に影響を与えることになる。

専門家は、近い将来には、非人間であるＡＩが人間の心理の介在なしに状況を認知して意思決定を行なう、アルゴリズム戦争が主流になると指摘している。

「智能化戦争」に余念がない中国

米中のＡＩ覇権戦争は二〇一〇年代後半から始まった。当初は、自由・民主主義の旗印のもとで、巨大なテック企業と多数の有能なイノベーターを抱える米国が勝利することは当たり前であるとみられていた。

しかし、二〇三〇年現在、国際社会のＡＩ規制に応じない中国の方がＡＩ大国として優位に立ちつつある。

二〇一七年、ＡＩロボット分野の指導者たちは、国連に致死性自律型兵器の禁止を求める公開請願書に署名した。当初は、自律型兵器の定義も各国ともバラバラで、規制をめぐる議論の論点は定まらなかった。しかし、二〇二〇年以降のＣｈａｔＧＰＴが誕生した頃から、西側はＡＩの脅威を深刻に認識するようになった。Ｇ７などの国際会議では、完全自立型のロボット兵器が民間施設を攻撃すれば、その行動に誰が法的責任を有するのか、プログラマー、製造者かといった問題が議論された。また、人間の生死に関わる決定をマシンに委ねてよいのかという倫理的な問題も提起された。

このような議論の高まりのなか、米国はＡＩ規制に乗り出し、中国にも規制に従うよう合意を求めた。これに対し、中国は規制に応じようとせず、逆に欧米のテック企業の技術者などを多額の金銭で引き抜き、国営企業に多額の資本を投下して、独自のＡＩ化路線を推進した。

しかも「軍民融合」戦略のもとで、日本や欧米の民用最新技術を合法、非合法で入手して、それを軍事利用し、ＡＩ軍用ロボットなどの兵器を生産している。

二〇三〇年現在、中国はナノエレクトロニクス、ナノセンサー、ロボットなどの軍事技術を活用し、すでに初期型の自律型兵器を誕生させている。

中国は、すでに完成したＡＩ指揮意思決定システムによって、自律型ＡＩが人間の心理・認知の介在なしに、状況判断、意思決定、指令を行なうことができる機能の整備を推し進めているようである。すなわち、中国は二〇二〇年代初頭に提起した「智能化戦争」の準備を着々と実践している。

米国の研究者は、起こり得る中台戦争では、人間の認知・心理の領域を超えたＡＩ戦争が局部、局面ならば、いつ起きても不思議ではないと指摘している。軍事専門家などが予測するＡＩ戦争の様相は次のようなものである。

「戦場から遠く離れた作戦室では指揮官や幕僚に代わってＡＩ指揮意思決定システムが膨大なビッグデータを処理し、最適の作戦行動などを決定して計画と命令を起案・発令する。戦場空間では、汎用ＡＩを搭載した小型無人機が長時間連続飛行し、自分の判断で相手国の領空に侵攻し、領土の目標を攻撃するなどの状況が生起する」

（3）台湾有事が勃発する

二〇三〇年の東アジア情勢は依然として不安定

ウクライナ戦争は開始三年後から一応の停戦状態を見たが、いまだ散発的に衝突は続いている。

国連は存在こそしているものの、北朝鮮の核ミサイル問題などでは、中露が拒否権を行使するなど、機能不全に陥っている。多くの国々は、両陣営の動きを見守り、自国の国益のみを追求する傾向が強まっている。

二〇三〇年の大統領選挙でプーチンは引退したが、さらなる愛国主義の新大統領のもとロシアの権威主義体制には変化がない。ウクライナ戦争による経済的疲弊は続いていたが、中国の援助によってロシア経済は持ちこたえていた。これを「中国の属国化」と揶揄する声もあるが、いずれにしても、ロシア、北朝鮮は影響力を保持して存続し、対米牽制で中国と連携している状況に変化はない。

ウクライナ戦争で疲弊しなかった中国は、欧州経済の救世主とばかりに「一帯一路」を推進し、約一〇億の海外市場を獲得した。これら顧客データがAI開発のビッグデータとして活用されている。こうしたこともあり、中国は二〇一七年七月に掲げた「二〇三〇年までにAIで世界をリードする」という目標をほぼ達成した。

二〇二七年に習近平の第四次政権が始まった。習は二〇三五年までに経済規模で世界第一位を成就するためには「決して台湾の軍事侵攻は得策ではない」と考えていたが、台湾の独立阻止のための武力統一の選択肢は放棄しないという従来の方針は変えていない。

習近平が台湾軍事侵攻を決意

二〇二一年春、米軍高官が二〇二七年頃に中国が台湾に侵攻する蓋然性が高まると言及した。しかし、二〇二四年の台湾総統選挙で国民党候補が総統に返り咲いた以降、二〇二二年の米下院議長の訪台と蔡英文総統の訪米のような米台の政治的関係をアピールし、中国を刺激する事象もみられず、中台は比較的に安定した両岸関係を維持した。

中国はウクライナ戦争の教訓から、十分な戦争準備を行ない、米軍の本格的な来援以前に速戦即決することを追求していた。すなわち、兵員の犠牲を最小限にすることが重要であることを教訓として総括した。

また、米国の関与については、核保有国である中国との戦争に関与を回避する可能性はあるものの、その保証はないと判断した。

以上の教訓に基づき、中国は軍事作戦開始前の台湾社会の不安定化、在日米軍の戦力発揮の妨害が極めて重要であるとして、サイバー・情報戦および認知戦、AI戦争の能力を高めることに注力した。

習近平の政権基盤は安定していたが、一方で経済成長率は停滞し、少子高齢化が本格化し、二〇三五年に総体的GDPで米国を追い抜くとの経済目標は遠のく状況にあった。

二〇二八年、台湾総統選挙が行なわれ、国民党政権の汚職・腐敗、親中政策、経済停滞などを背景に、再び民進党候補者が総統に選出された。以降、台湾は以前の蔡英文政権以上に、米国および日本との連携を強め、半導体の対中輸出規制など行なうようになった。

中国国内の経済停滞や民衆化デモの生起などを背景に、国営メディアや軍機関紙『解放軍報』などでは米日に接近する台湾に対して断固たる対応をとるべきだとの主張が高まっている。

二〇三〇年、七六歳を迎えた習近平は、八二歳で死ぬまで国家指導者であった毛沢東に倣い、二〇三二年の党大会でも国家指導者のポストを後任に譲る気はないとの見方が一般的である。

しかし、経済での米国超えが絶望視されるなか、国民の不満が高まりつつあり、小規模な「倒習」運動が生起している。習近平はしきりに国民に対し、中国こそが世界のリーダーであり、中国共産党が中国の歴史上最高の指導者であることを自国民および世界に向けて発信している。

米国の水面下の情報によれば、習近平は側近の二人の軍事委員会副主席（軍人）に台湾軍事作戦の検討を命じようだ。彼らは以下のように総括したとの情報が米側から日本側に伝えられた。

「一五〇キロメートル以上の台湾海峡を越えて、全面的な台湾上陸侵攻を行なうための軍事力は十分とはいえないが、潜水艦、ミサイル、爆撃機で米軍の来援を阻止し、電撃戦によって政治中枢の台北市を占領することは可能である。

本格的な智能化戦争を行なう態勢は整っていないが、自律型兵器の登用により、台湾および日米の防衛行動を混乱させることはできる。

いずれにせよ、ウクライナ戦争以降重視してきた、サイバー・情報戦および認知戦によって、台湾および日米の戦闘意志を事前に喪失させ、電撃戦を追求することが重要である。

さらに、中国の属国化となっているロシア、北朝鮮と連携して他正面からの陽動的なハイブリッド戦争を平時から行なう。これにより東アジアにおける日米の軍事態勢を混乱させ戦力発揮を妨害するなどの措置を行なえば、中国軍の勝機は十分ある」

以上のような軍事委員会副主席の分析を踏まえ、「時期は未定であるものの、習近平が台湾へ軍事侵攻を決断する蓋然性は高い」と日本側は判断した。

認知戦・AI戦争に脆弱な日本

わが国は中国の台頭以来、北方重視から南西重視の防衛の軸足を移してきた。ところが、ウクライナ戦争により、ロシアがわが国の脅威であることが明白となり、以来、防衛関係者の間では、ロシアや北朝鮮に対する北方および日本海への備えも強化すべきとの意見が提起されるようになった。

しかしながら、限られた予算や資源のなか、全正面で有効に対処することはできない。また南西重視に一度舵をきった方向性は容易には変更や修正は効かない。

わが国は、北朝鮮ミサイル攻撃、中国による領空・領海侵犯、尖閣諸島への上陸など個別の事態を想定した防衛力整備を行なっていたが、それは中台戦争と連携した、中国、ロシア、北朝鮮の連携によるわが国への不法行動や限定攻撃などを想定したものではなかった。つまり、わが国は複合事態に対応できないため、複合事態は「あってはならないこと」として想定から排除していたのである。

また、ウクライナ戦争の教訓から、中国は人的損耗を低減するために無人機やAI搭載型の自律型兵器の開発とその運用態勢の構築を急ピッチで進めていた。

一方、わが国は、二〇二二年八月以降、中国が台湾周辺空域に無人機の侵入を繰り返すことに対し、二〇二三年春から領空侵犯対処での無人機活用の検討を開始してきた。

しかしながら、法的な縛りにより、無人機は兵器非搭載型で、中国軍用機が戦闘機か爆撃機かを識別することを目的とする運用に限定された。「これでは有事には中国無人機の相手にならない」と自衛官OBなどは指摘した。

防衛関係者はウクライナ戦争の教訓から、中国、ロシア、北朝鮮はサイバー・情報戦、さらには認知戦やAI戦争の備えを強化しており、台湾有事や尖閣諸島有事では非物理的なハイブリッド戦争を仕掛けてくると認識していた。しかし、そのような脅威認識は国民には伝わらなかった。

また、わが国はウクライナ戦争の教訓を対策に活かしきれなかった。

ウクライナ戦争でウクライナがロシアに善戦できた理由は、二〇一四年のウクライナ危機以降、官民挙げてファクト・チェック体制の構築、インテリジェンス・リテラシーの強化、サイバー・レジリエンスの強化などに取り組んだ成果であった。

しかし、こうした教訓を認識したものの、結局は省庁間の不協和音や縄張り争いから、ファクト・チェック体制の構築や国民の啓発教育は進展しなかったのである。

わが国は第一次世界大戦での教訓から、総力戦の重要性を認識したものの、軍官対立によって後れをとったが、こうした偏狭的な民族的特性がまたしても総体的な対策の実行を妨げた。

わが国の社会には、AI普及によるネガティブな状況が随所に浸透していた。そもそも、日本民族は群れを成し、同調主義に陥りやすいとされる。生成AIの普及により思考、判断を回避する傾向が強まり、ソーシャルメディア上のインフルエンサーの意見に同調し、根拠のないデマや儲け話が拡散され、短絡的な暴力行為を犯す者が増加している。

日本社会では、右翼・左翼、リベラル・保守の主義・主張あるいは世論の分断が各所でみられ、それがしばしば歴史認識、移民対策、LGBTに関する課題、銃規制などの政策をめぐる過激な論争に発展した。集団自らの意見や価値観を主張し、他者との対話や妥協を困難にする傾向が強くなっている。同盟国である米国では民主党と共和党の対立が内戦状態であるとさえいわれるようになっている。権威主義大国の中国は、日本と米国の状況を自由・民主主義の脆弱性と認識し、その脆弱性を揺さぶる認知戦が重要であると分析しているようだ。

リベラル思想が強まる南西方面

二〇一〇年代の中国による南シナ海、東シナ海への積極進出により、沖縄・南西諸島方面では戦後以来、ずっと続いてきた反戦・リベラル・左派に対し、国防・保守・右派が拮抗し、また自衛隊誘致も進められた。一方で、米軍撤退論は依然として根強く浸透していた。

二〇二〇年代後半から、沖縄本島や南西諸島では、米軍基地の撤収、中国との関係改善を求める声が高まり、防衛力の強化を求める層と拮抗している。二〇一〇年代以降、政府と地域住民が一体となって南西防衛を逐次強化したが、最近はその流れを停滞させる兆候が起きている。

一部のマスメディアやソーシャルメディアでは、「中国を刺激することは危ない」「政府は沖縄を犠牲にしている」「中国が攻撃してきても米軍は守らない」「誘致した陸上自衛隊駐屯地は地域経済に貢献しないばかりか風紀悪化の原因になっている」などのネガティブな情報を多く流している。

沖縄の地方新聞は「琉球は独立国であった」など、独立気運を促す特集を組んでいる。それに呼応するかのように小規模な独立運動が生起しているが、噂では運動参加者には手厚い日当が与えられているようである。

ここ最近の沖縄地方で行なわれる国政選挙や地方選挙では与党が軒並み敗北している。野党候補は政権公約に米軍基地の撤退や、自衛隊の逐次縮小、中国との経済関係の構築などを掲げて支持を獲得している。彼らの街頭演説は従前にない盛り上がりを見せている。

サイバー・認知戦が勃発

「それにしても、最近、停電や電波障害、金融システムの障害などがよく起きるが、何かの前触れなのだろうか。だが、このところの異常気象で線状降水帯による大雨が多いし、風力や太陽光発電などもエネルギー効率が高くなく、利用拡大が進展していないのでそのせいもある」と、国民はあまり深刻に考えていない。

そうした二〇三〇年春、中国軍による東部戦区および南部戦区による合同訓練が台湾対岸で実施された。中国軍はミサイル射撃訓練のため、日本のEEZを含む台湾の周囲に航行制限区域を指定した。

二〇三〇年五月、ある日の日没後、沖縄で大規模な停電と通信障害が発生した。停電は三日後には全面復旧したが、通信障害の完全な復旧には至っていない。しばらくしてこれらの原因は破壊型マルウェアによるサイバー攻撃が原因であることが判明した。

また、本土と沖縄間の通信速度が著しく低下していることから、本土と沖縄を結ぶ海底通信ケーブルが破損している可能性があることが報告された。関係する通信会社は対応に追われ、臨時の衛星回線を構築して重要な通信手段を確保しているものの、一般市民の携帯電話の利用やインターネットアクセスは制限され、インターネットバンキングなどのオンラインサービスは停止された。

市民の生活に多大な影響が出始めたことから、政府を挙げて復旧に努めることがアナウンスされたが、一週間を過ぎても状況は改善せず、沖縄市民は孤立感にとらわれることとなった。

三週間が過ぎ、ようやく通信は復旧したが、沖縄のテレビ局や自治体のウェブサイトは継続的にDDoS攻撃を受けている模様であり、サイトへのアクセスがしにくい状況が続いている。

そのようななか、台湾と友好的な日本企業のホームページが改ざんされ、複数のホームページ上には中国の国旗とともに「戦争の原因は台湾にあり、台湾と関わりのある者は制裁を受ける」との警告文が掲載された。

台湾の日本人コミュニティや台湾に友好的な日本人にも動揺が広がり、日本政府は台湾の政策に疑問を呈する者や現政権を批判する者が次第に増加していくことを警戒して、注意喚起を発出した。

他方、スマホのソーシャルメディアは機能していた。調べてみると、そこには「米軍や自衛隊は沖縄県民を守る意思はない」「停電中に米軍兵士が商品を強奪した」などの情報が流されていた。

ソーシャルメディア上では、沖縄県と沖縄電力が「今回の停電は米軍と自衛隊との共同演習で送電線の一部が事故で破断されたことが原因である」と発表したとの記事が流された。

さらに米軍兵士が少女らをレイプしている偽動画まで現れ、米軍基地や自衛隊駐屯地には市民による抗議デモが発生し、本土からの参加者がデモに加わり、デモは拡大しつつある。

中国は、日本が非常事態になりつつあると判断し「国防動員法」をもとに九州、沖縄にいる中国人に帰国を命じた。そのため那覇空港および南西諸島の飛行場は大混乱となり、これら飛行場は軍民両用であるため、自衛隊機などの運用にも支障を来すことが懸念された。

数日後、尖閣諸島領海内に十数隻の中国海警局船舶が侵入した。第十・十一管区海上保安部は自力対処が困難と判断し、他方面管区の支援を要請した。しかし、北朝鮮によるミサイル発射準備のニュースが流され、数日前から開始されているロシアの北方領土での軍事演習が重なり、他方面管区の支援はままならなかった。海上自衛隊でも同様な状況が生起していた。

数時間後、尖閣諸島領空に中国と思われる無人機が数十機侵入した。わが国は無人機で領空侵犯対処を試みたが、兵器を搭載していないため、次々と撃墜された。無人機などに対する法律が未整備であり、有人機をもって無人機に対処すること、対空ミサイルによって無人機を撃ち落とすこともできなかったのである。

さらに、海上自衛隊と米軍が所在する岩国航空基地、AIWACSが配備されている航空自衛隊浜松基地にも、誰が飛ばしたかわからない無人機が飛来し、電波障害が発生した。

日本政府は有事認定をめぐって喧々囂々の議論を続けるだけで防衛態勢への移行には躊躇していた。

数時間後、尖閣諸島に中国海警局船舶数隻から兵員らが上陸し、対空ミサイルやレーダーとみられるものを設置する状況を偵察衛星が捉えた。しかし、その後、偵察衛星の受信が遮断され、詳細は掴めなくなった。

わが国はいまだ海上警備行動の発令にとどまっていたが、現場地域の自衛隊は防衛出動の準備で混乱していた。

そこに台湾の飛行場のレーダー、通信の機能障害が発生したとのニュースが飛び込んできた。さらに、中国が台湾に向けて弾道ミサイルを発射し、台湾南部の高雄港、台湾中部の台中の空軍基地に着弾したとの驚愕的なニュースが飛び込んできた。

どうやら中国による台湾軍事侵攻が開始されたようである。沖縄そして尖閣諸島の一連の不審な動向は中国による台湾への軍事侵侵攻と連動した陽動であり、日米の戦力発揮の妨害であったのである。

(1) https://www.nato.int/docu/review/articles/2021/05/20/countering-cognitive-warfare-awareness-and-resilience/index.html#:~:tex

(2) https://www.innovationhub-act.org/sites/default/files/2021-03/Cognitive%20Warfare.pdf
サイバー戦が国際社会の注目を高めるなか、二〇一〇年『防衛白書』では「サイバーセキュリティ」という用語が初出した。一四年にわが国で「サイバーセキュリティ基本法」が成立し、一五年一月から施行された。また一五年一月、内閣サイバーセキュリティセンター（NISC）が設置された。これらを背景に一五年以降の『防衛白書』では「サイバーセキュリティ」という用語の使用頻度が増加した。

(3) NATOの戦略文章では「認知戦では人の心が戦場になる。その目的は、人の考える内容のみならず、人の考え方や行動形態までを変容する。個人および集団の信念や行動を我々の戦術または戦略的に有利になるように誘導し、究極的には社会全体を破壊、断片化させ、抵抗する集団意志を喪失させる可能性がある」との趣旨が述べられている。

(4) 米海軍の元司令官スチュアート・グリーンは次のように述べている。「情報作戦は電子戦、コンピュータ・ネットワーク作戦、心理戦（PsyOps）、軍事欺瞞および作戦保全が含まれる。これらは、情報の発信・伝達・受領などの流れを遮断、改ざんなどしてコントロールすることが目的である。だから、情報戦ではDDoS攻撃や戦場での軍事的欺瞞作戦といった事項を含む。しかし、認知戦ではこれらは範疇に含まれない。さらに明確な違いとして、情報戦はあらゆる形式の情報をコントロールしようとするのに対し、認知戦は個人や集団が提示された情報にどのように反応するかをコントロールする」

（5）https://www.innovationhub-act.org/sites/default/files/2021-03/Cognitive%20Warfare.pdf

（6）米国家安全保障局（NSA）がテロ対策として極秘に大量の個人情報を収集していたことを、元NSA外部契約社員のエドワード・スノーデン容疑者が暴露し、CIAの元職員でもあるスノーデン容疑者は、香港滞在中の二〇一三年六月上旬、英米紙に対してNSAの情報収集活動を相次いで暴露した。スノーデンによれば、米通信会社から市民数百万人の通話記録を入手したり、インターネット企業のデータベースから電子メールや画像などの情報を集めていたりしたという。

（7）連邦議会と大統領に人工知能（AI）に関する政策提言をする時限的な独立機関として二〇一八年に設立された。「米国の安全保障と防衛上の要求に総合的に対処するため、AIや機械学習などに関連する技術開発を加速させる方法を策定することを任務とする。（『日本経済新聞』二〇二一年七月九日付）

（8）https://crds.jst.go.jp/dw/20190301/201903018696/

（9）二〇二二年の運用開始にあたり、さまざまな規制が行なわれてきたが、これらの規制を回避する手段がすでに開発され、研究者の懸念は現実の問題となっている。

終章　わが国および企業のとるべき対策

二〇二二年一二月、日本政府は安全保障関連三文書（安保三文書）を閣議決定した。依然として不十分な点はあるとしても、ウクライナ戦争や昨今の周辺情勢の厳しさを踏まえ、敵基地反撃能力の保有を明記するなど、五年以内の「防衛力の抜本的な強化」が謳われた。

安保三文書については、自衛隊ＯＢを含めた有識者がさまざまな視点から評価し、わが国の防衛態勢のあるべき方向性について高所大所から論じている。

そこで本章では、まずサイバー・情報戦および認知戦に焦点を絞って、安保三文書を評価したうえで、わが国および企業のとるべき対策について、私見を提示する。

1、「安保三文書」と今後の課題

領域横断作戦能力の強化を明記

「安全保障戦略」では、「防衛力の抜本的強化」の具体的措置として、「宇宙・サイバー・電磁波の領域および陸・海・空の領域における能力を有機的に融合し、その相乗効果により、自衛隊の全体の能力を増幅させる領域横断作戦能力加え、侵攻部隊に対し、その脅威圏の外から対処する」ことが規定された。[1]

その領域横断作戦の「領域」であるが、従前の防衛上の「領域」とは元来、領土、領海、領空を指す地理的概念を指していた。ところが、二〇一〇年頃から、「新たな領域」という概念が提起され、それはサイバー空間などの作戦空間を指すようになった。[2]

二〇一五年の『防衛白書』で、「領域横断」という用語が使われた。[3] しかし、領域横断の「領域」が何を指すかは明示されなかった。

二〇一八年の『防衛白書』で、海洋、宇宙空間およびサイバー空間を新たな領域であるとした。同年末の「防衛計画の大綱」では、「従来の陸海空の領域に対し、宇宙、サイバー、電磁波の三つを新領域と位置付け、これらの全領域における能力を有機的に融合した『領域横断（クロス・ドメイン）作戦』

を強化する」ことが明記された。

二〇一九年の『防衛白書』では、「領域横断作戦」についてのコラム記事を掲載し、そこでは「人工衛星を用いた部隊間の通信や測位が、陸・海・空における戦力の円滑な機能発揮に不可欠である」「軍事活動は、サイバー空間を利用した情報通信ネットワークにも極めて高度に依存している」「宇宙・サイバー・電磁波といった新たな領域を活用して攻撃を阻止・排除することが不可欠である」「新たな領域における能力と陸・海・空という従来の領域の能力を有機的に融合した『領域横断作戦』を行うことが死活的に重要となっている」などと記されている。

他方、米国ではすべての領域で行なわれる作戦を「マルチ・ドメイン・オペレーション（MOD）」と呼称しているが、これと自衛隊の領域横断作戦（クロス・ドメイン・オペレーション）には「若干の差異はあるが、ほぼ同義」であると防衛関係者は見なしている。

二〇二二年の『防衛白書』では、日米共同方面隊指揮所演習（YS-81）で、宇宙、サイバーおよび電磁波といった新領域を加えた自衛隊の領域横断作戦と米陸軍のMODを踏まえた日米の連携能力向上を検証したと記述した。

現代の戦争はもはや陸、海、空の三次元空間にとどまらない。宇宙、サイバーおよび電磁波といった新領域を巻き込んだ戦いでの勝利が求められる。そしてわが国は同盟国と連携して領域横断能力を強化することが課題となっている。
新たな国家安全保障戦略において、それが改めて示されたということである。

経済安全保障を新たに明記

今回の国家安全保障戦略では経済安全保障の取り組みが新たに明記された。ここでは経済安全保障を「我が国の平和と安全や経済的な繁栄等の国益を経済上の措置を講じ確保すること」[4]と定義した。また「具体的には、経済安全保障政策を進めるための体制を強化し、同盟国・同志国等との連携を図りつつ、民間と協調し、以下を含む措置に取り組む」として、①経済安保推進法の着実な実施、②サプライチェーン強靭化、③重要インフラへの取り組み、④セキュリティ・クリアランスを含むデータ・情報保護、⑤先端重要技術の情報収集・開発・育成に向けた支援強化・体制整備、技術移転や人員流出への対応強化、⑥外国からの経済的な威圧に対する効果的な取り組みなどが規定された。

この国家安全保障戦略の中で、中国を「これまでにない最大の戦略的な挑戦であり、我が国の総合的な国力と同盟国・同志国等との連携により対応すべきもの」と記述した。「脅威」という文言は使用していないものの、日本にとって安全保障上の最大の脅威が中国であることを明確に位置付けている。

このことから、経済安全保障の明記は、中国の超限戦、軍民融合戦略に基づく先端重要技術や技術人材の獲得、ハイテク覇権をめぐる米中対立などを背景としているといえよう。つまり、わが国は、中国がハイテク技術を背景に政治、軍事における一方的な力による国際秩序の変更を試みようとしていることに対し、米国などと連携して国内の官民が一体となって阻止するとの意思を表明したのである。

これは、経済安全保障という国家戦略方針の下で、国家のみならず日本企業も国家と一体となり、インテリジェンス機能やサイバーセキュリティの機能の強化が求められていることを意味するのである。

サイバー安全保障の強化を明記

今回の国家安全保障戦略では、経済安保と密接不可分なサイバーセキュリティについて、サイバー安全保障分野での対応能力を欧米主要国と同等以上に向上させるための措置を講じることが謳われた[5]。

そのうえで、武力攻撃に至らないものの、国、重要インフラなどに対する安全保障上の懸念を生じさせる重大なサイバー攻撃のおそれがある場合、これを未然に排除し、また、このようなサイバー攻撃が発生した場合の被害の拡大を防止するために「能動的サイバー防御」を導入することが規定された。

能動的サイバー防御への取り組みを実現・促進するために以下の取り組みが謳われた[6]。

●内閣サイバーセキュリティセンター（ＮＩＳＣ）を発展的に改組し、サイバー安保政策を一元的に総合調整する新たな組織の設置

・サイバー安保における新たな取り組みの実現のために法制度の整備、運用の強化
・経済安全保障、安全保障関連の技術力の向上など、サイバー安全保障の強化に資する他の政策との連携強化
・同盟国・同志国などと連携した形での情報収集・分析の強化

また、能動的サイバー防御のための体制を整備するために、以下の措置の実現に向けた検討を進めることが規定された。

①重要インフラ分野を含め、民間事業者などがサイバー攻撃を受けた場合、政府との情報共有や、政府から民間事業者などへの対処調整、支援などの取り組み強化を進める。

②国内の通信事業者が役務提供する通信に関わる情報を活用し、攻撃者による悪用が疑われるサーバーなどを検知するための所要の取り組みを進める。

③国、重要インフラなどに対する安全保障上の懸念を生じさせる重大なサイバー攻撃について、可能な限り未然に攻撃者のサーバーなどへの侵入・無害化ができるよう、政府に対し必要な権限が付与されるようにする。

この中で、①は民間企業に直接関わるものであり、今後は官民間の情報共有のレベルを高めることが課題となろう。②は通信事業者に関連するもので、政府と通信事業者とのさらなる連携強化が必要となる。③は政府が行なう対応であるが、サイバー攻撃は防御側が圧倒的に不利であるとの特性を鑑みれば、漠然とした表現ながらも、先制かつ能動的なサイバーセキュリティにまで踏み込んだ点は注目すべきであろう。国家安全保障戦略および国家防衛戦略はこれから一〇年間程度の期間をもって具体化することが想定されている。能動的サイバー防御のための体制や法制の整備も今後の課題である。

認知領域を含む情報戦への対応能力強化を明記

「安保三文書」では、宇宙・電磁波の領域における能力強化とともに、経済安全保障を明記し、サイバーの領域では能動的サイバー防御の体制を構築することが謳われた。

しかしながら、「安保三文書」の閣議決定前、一部メディアは「認知戦」に関する踏み込んだ規定がなされるとの期待感を伝えていたが(7)、今回の国家防衛戦略では「『認知領域を含む情報戦』への対応を二〇二七年までに強化する」とのみ規定した。

これは、ウクライナ戦争で、ロシアなどによる人の心理・意識を操作する偽情報の流布と、西側陣営のマスメディアとソーシャルメディアによって世論形成が行なわれている現状からすれば、筆者にはいささか〝肩透かし〟のように映った。

中国は「認知領域」が新たな戦場になることをすでに二〇〇三年頃から指摘しており、おそらくこの頃から中国は認知戦の研究を開始したとみられる。

しかし、わが国が中国の認知領域での活動動向を注視した形跡はみられない[8]。ようやく二〇二一年の『防衛白書』で、「中国が提唱する『智能化戦争』が認知領域においても展開されるといわれている」ことに言及しつつ、「認知領域も将来の戦闘様相において重要になってくる可能性がある」と記述した[9]。

同年の『防衛白書』では「認知戦」という用語が初めて使われ、次のように論じた。

「2021年11月に公表された台湾の国防報告書においても、ソーシャルメディアなどを通じた『三戦』(心理戦、輿論戦、法律戦)の展開や偽情報の散布などによって一般市民の心理を操作・かく乱し、社会の混乱を生み出そうとする『認知戦』への懸念が示されており、『認知領域』における戦いは既に顕在化・進行中であると捉えられている」

この『防衛白書』の記述は、中国の台湾に対する戦略・戦術を台湾が「認知戦」と呼称して警戒していることを紹介するにとどめており、「防衛省などが認知戦への対応に着手すべき」であるなどの踏み込んだ記述はない。

そして、「安保三文書」では、「認知領域」が新たな領域であることの規定もなく、認知戦の一切の言及を避け、「認知領域を含む情報戦」という網羅的な言い方にとどめた。

おそらく、認知領域の戦いに関する知見の積み上げが不十分であり、認知戦の言及までは踏み込むことができなかったと思われる。

しかし、中国、そして欧米はすでに認知戦の研究を開始し、その定義や理論的な積み上げに着手している。さらには台湾が警告するように、中国は「三戦」をもとにすでに対台湾統一作戦に向けた認知戦の具体的な検証段階に入っているのであろう。

認知戦に関して、新たな領域に組み込むなり、あるいはもう少し踏み込んで言及するなりして、国民に認知戦を広く知らしめ、中国の認知戦に関する朝野にわたる研究を促してもよかったと思われる。

2、わが国および企業への提言

(1) 認知戦の研究および対応策

中国の認知戦への対応を強化する

中国は「戦わずして勝つ」を信条とする「孫子」の継承国であり、三戦、認知戦(智能化戦争)、A

I戦争といった非物理戦の研究に余念がない。これから本格的な少子高齢化を迎える中国が、ウクライナ戦争で学んだ最大の教訓は、台湾への軍事侵攻では人的損害を極限しなければならないという点であろう。この意味で、中国のサイバー・情報戦や認知戦は、さらに磨きがかけられる。

ひるがえってわが国は、「安保三文書」において認知戦についての言及がなかった。言葉の使用はその重要性を啓発するための第一歩であるが、これでは中国の非軍事戦への対応がますます遅れるのではないかと懸念される。

中国の「三戦」の主体はプロパガンダである。中国が近年重視している「公共外交」は英訳すると「パブリック・ディプロマシー」になるが、実体は「三戦」にもとづくプロパガンダであるし、それがICT環境下での認知戦になる。

中国が意図的に反日デモを操作しているか否かは見解が分かれるところであるが、それは「中国国民の怒り」を国外に発信する有効な手段となっている。また二〇二二年八月に行なった大規模な台湾に向けた軍事演習は、中台の分裂につながるいかなる行為にも断固とした対応をとるという明確な意思表明であり、かつ米国などを牽制するプロパガンダである。

中国は「責任大国としての世界平和を希求する中国」を喧伝する一方、こうした軍事的示威活動を織り交ぜた硬軟両用のプロパガンダを行なっているのである。

台湾は、中国がソーシャルメディアなどを通じた「三戦」の展開や偽情報の流布などによって一般市民の心理を操作・かく乱し、社会の混乱を生み出そうとする「認知戦」を顕在化・進行させているとみている。

このような情勢下、わが国は中国の関連動向に注視するとともに、認知戦の研究で先行している欧米から、早急に知見を得ることが必要である。

認知戦はハイブリッド戦争の一環として平時あるいはグレーゾーン事態から開始され、有事には物理的、あるいはサイバー・情報戦などの非物理的な手段と混然一体となって行なわれる。しかも、そのレベルはさておくとしても中国とロシア、北朝鮮による連携行動も想定されよう。

ハイブリッド戦争、複合戦に対しては、細部の緻密な作戦計画は立てられないし、通用しない。そのために複数のシナリオ（想定）を描き、臨機かつ柔軟に対処しなければならない。想定シナリオにもとづき、各級レベルの指揮所演習などで対応を訓練することが有効である。その際、認知戦という視点をシナリオに組み込むことが重要だと考える。

認知戦が行なわれる領域と戦場は広い。シナリオ作戦の検討には、官庁、企業、国際政治や東アジア地域の研究者、軍事専門家、サイバー・情報戦専門家、ＡＩ・心理学・メディア学の有識者など多岐にわたる朝野の知見を結集することが望ましい。

認知戦は「目に見えない戦い」である。現在はすでに「グレーゾーンである」という危機感をもって、中国が仕掛ける認知戦への対応を強化することが重要である。

さらに認知戦の先にある智能化戦争に対しての研究や態勢準備を進めていくことが重要である。

将来戦では、認知コントロールが鍵となるだろう。さらに意思決定ロボット、自立性ドローンなどが登場するであろう。これらを踏まえて、創造的に未来の戦争や関連する状況を予測し、非人間の認知をいかにコントロールするかなどをシミュレートする必要がある。

国家レベルの発信力を強化する

プロパガンダだけで勝利することは困難であり、物理的な軍事力の行使や、それを裏付けとする外交力がものをいう。しかし、戦争の補助としてプロパガンダなどの非物理的な手段が重要であることは論を俟たないし、発達するICT環境の中でその重要性は高まっている。

認知戦においては、偽情報をソーシャルメディアに流し、特定個人や指導者に影響を与えることが常道となる。

現在、わが国においても偽情報対策としてファクト・チェック体制の強化が叫ばれているが、それだけでは不十分である。

なぜなら、生成ＡＩが大量に偽情報を作成・発信するようになれば、ファクト・チェックは対応できない。また真偽を織り交ぜたナラティブにはファクト・チェックは効果が弱い。さらに真実の情報を大量に発出し、都合の悪い情報は制限するホワイトプロパガンダや情報操作にはファクト・チェックは通用しない。

認知戦の世界では、ブラックプロパガンダよりも真偽が定かではないグレープロパガンダやナラティブが多用されることになる。たとえば「米軍がいるから中国から攻撃を受ける」とか、「自衛隊が南西諸島に駐留したから戦争の危険性が高まった」といった発信はナラティブ特有の「解釈論」であるので真偽が判定できない。すなわちファクト・チェックは無力なのである。

そこで、第一にわが国が最近重視している「戦略的コミュニケーション」（39頁参照）の強化が必要となる。戦略的コミュニケーションには、わが国の意志と立場を世界に発信すると同時に国民に対しては、他国から偽情報などによって心理・認知の影響を受けないようする目的がある。

キューバ危機では、ケネディ大統領は情報開示と断固たる決意、米国内と友好国との結束を示し、ソ連に勝利した（第4章参照）。

ウクライナ戦争では、米国が衛星画像情報を開示して、ロシアの偽情報に反駁した。また、ゼレンスキー大統領が国連などの場を通じて、断固として戦う意思を表明し、西側社会から支持を獲得した（第

9章参照）。これらは、わが国の教訓となろう。

今日、米軍は、現代の戦場における有事と平時の区別が曖昧化していることに鑑み、広報機能を総務部門から作戦部門に移している。科学技術やテクノロジーの進歩、グローバル化、社会環境の変化に適応するため、戦略的な主体性と相互コミュニケーションの強化を狙いとするＰＲからＰＡ（Public Affairs）への変革を進めている（詳細は前山一歩編訳『米軍広報マニュアル』を参照）。

わが国もこうした動向を参考に、国家レベルから、防衛作戦レベルあるいは各級行政レベルでの戦略的コミュニケーションを行なう組織を確立する必要があろう。

現在、わが国で内閣官房のもとに「戦略的コミュニケーション室」を設置する構想が進んでいると聞く。わが国は、過去の大戦において軍・官・民の連携欠如が仇となり、列国との思想戦、心理戦などで後れをとった（１００頁参照）。しかし、今も省庁間、官民間の連携は十分とは言えない。

キューバ危機において、ケネディ政権は省庁横断的な機構「国家安全保障会議執行委員会（エクスコム）」を設置し危機を回避した（１２３頁参照）。ヒトラーはドイツ文化院を設置し、それを大衆プロパガンダに利用した（61頁参照）。

これらを教訓にわが国は、創設される「戦略的コミュニケーション室」は、省庁間および官民間の横断型として、行政要員だけなく、民間経験者を積極的に採用することが肝要だと考える。ただし、秘密保全に支障を来してはならず、後述するセキュリティ・クリアランス制度の確立は必要不可欠である。

第二に、戦略的コミュニケーションのためのさまざまなツールの活用が重要である。

「百聞は一見にしかず」の諺どおり、心理戦の歴史では目に示す示威が行なわれてきた。今日、中国の南シナ海などにおける力による国際秩序の変更の試みに対し、米国防省はFDO(10)(flexible deterrent options：柔軟に選択される抑止措置と呼ばれる概念)を提起している。それに呼応して、わが国もFDOの訓練・演習などへの対応能力を強化しようとしている。FODは軍事的示威活動であるが、これは戦略的コミュニケーションのツールとなる。中国、北朝鮮、ロシアなどの情勢を注視つつ、費用対効果の高いFODを同盟国や同志国と連携して行なうべきである。

示威に次いで説得力のあるのが画像・映像情報の開示である。ディープフェイクの技術によって容易に偽の画像などが作成できるようになったが、偽画像の論破には、より真実性の高い画像が有効である。

そこで、電波情報を含め、画像・映像情報などの情報開示のあり方について検討すべきである。二〇一〇年の尖閣領海内での中国漁船衝突事件の映像を元海上保安官がユーチューブに投稿した。これにより、国民世論が動き、それが海上警備の強化につながった。

しかしながら、国家が保有する画像情報や電波情報は一般的には機密情報で、かかる情報が漏洩するようでは同盟国などの信頼を失ってしまう。

他方、画像情報、電波情報だからといって十把ひとからげの教条的な対応では戦略的コミュニケーションは発揮できない。開示することのメリット、デメリットを分析、比較し、高所大所からの戦略判断にもとづく対応を勇断する体制を確立する必要がある。

第三に、情報発信や開示における理念や発想の転換が必要である。

ウクライナ戦争では、米国が本来は秘匿する衛星情報を公開することでロシアの偽情報に対して効果的な対応を行なった。これは、米国情報機関などが能動的な情報体制の整備を一〇年来進めてきたことの成果である。

従来、米国では「Need to know（情報を必要とする者だけが知ればいい）」がインテリジェンスに携わる者の常識とされ、重要な情報の開示はそれを知る必要がある人に限定されてきた。

しかし、二〇〇一年の9・11同時多発テロを契機に米国情報機関はこの常識に疑問を呈し、テロのような重大な事件を防止するには、情報を隠す（保全する）メリットよりも、情報を共有してシナジー（相乗）効果を得るメリットのほうが大きいという「Need to share（情報を共有する）」の考え方が提起された。さらに最近では「Need to provide（情報を積極的に提供する）」という考え方もある。(11)

他方、我が国では「Need to know」の原則を口実に重要な情報が省庁間および陸海空自衛隊で共有されないなどの弊害をよく耳にする。

「Need to know」は保持すべき原則だが、頑迷固陋《がんめいころう》に執着して重要な情報が必要とする部署に回らないというのでは本末転倒である。

「絶対に部署内にとどめなければならない情報は何か？」「共有すべき情報は何か？」「共有しないことでどのようなデメリットが生じるか？」などを意識し、可能な限り「Need to share」の考え方に基づく情報開示と発信をするべきであろう。

インテリジェンス・リテラシーを強化する

これまで国家レベルの対応について述べてきたが、個人レベルにおいては「インテリジェンス・リテラシー」(12)の強化を提唱したい。

最近は「情報リテラシー」(13)という言葉が盛んに用いられているが、ここでの情報の意味はインフォメーションである。インフォメーション・リテラシーは、行為の主体があいまいな〝無味乾燥〟な言葉のように筆者には映る。

世界は性善説で回っているという考えに立ったうえで、氾濫する誤情報や偽情報に惑わされない、自らの個人情報を不注意に漏洩し危険を招かない、他人のプライバシーを傷つけないといった程度であればインフォメーション・リテラシーの強化で十分であろう。

しかしながら、世の中は〝騙し合いの世界〟という一面もあり、国家レベルの主体が意図的な偽情報を流布し、情報操作を行なっている。時と場合において性悪説に基づく状況判断や対応が必要になっていることを前提とするならば、インフォメーション・リテラシーよりもさらに高度なインテリジェンス・リテラシーが必要である。すなわち、一つひとつの情報の真偽の評価に加え、情報を発信する主体の意図を洞察し、それがわが方にどのような影響を及ぼすかを解釈し、かかる悪意の意図を阻止し無力化する。これらのことができるスキルを国民およびその集合体である国家が涵養することが重要である。

新たな安全保障戦略では、「我が国の安全保障を支えるために強化すべき国内基盤」の強化の三番目に、「知的基盤の強化」が位置付けられた。[14] これは、国民による「インテリジョンス・リテラシー」を強化せよとの警句であると筆者は理解している。

第10章の二〇三〇年の未来シナリオでも描いたが、平時やグレーゾーン事態からの認知戦により、わが国民の心理・認知が知らず知らずのうちに蝕まれ（影響工作が行なわれ）、社会が不安定化、分断化に向かう可能性は否定できない。

目に見えない戦いでは、現在の表層に現れている現象の主体や根源は何かを洞察し、そこを起点に未来に起こり得る現象を予測しなければならない。すなわち、情報を収集、分析し、適切な判断と行動のための「インテリジェンス・リテラシー」が求められるのである。

インリジェンス・リテラシーを涵養するにはさまざまな方策があるが、筆者は「善悪二元論」に象徴される感情論や感情バイアスの排斥を強く訴えたい。ウクライナ戦争において侵略国であるロシアが国際社会から弾劾されるのは当然である。だが、ウクライナが善であり、自由・民主主義のために戦っているなどというのは幻想にすぎない。むしろ、ウクライナは単に「自国の論理」で戦っていることを認識すべきである。

マスメディアなどがステレオタイプの世論を形成するなかで、善悪二元論は自己思考を妨げ、歴史的な洞察を排除し、複雑な事象を単純化し、これが安易な歴史認識や誤った問題分析につながる危険性がある。[15]

現状を正しく分析し、未来を予測するためには歴史を形成する複合的な要因を丹念に探る必要がある。したがって、我々はウクライナ戦争について議論する際にも、過去の欧米の「自衛戦争」の実際の状況や、歴史や民族から発するロシアの思考プロセスについての洞察を持つ必要があるだろう。

ただし、わが国は日米同盟を堅持し、G7の一員として対ロシア制裁およびウクライナ支援の共同歩調をとることは当然である。そして、ロシアの巧妙なプロパガンダや政治的レトリックには警戒が必要である。ロシア専門家の発言も、対象国の立場に影響される「クライアンティズム（顧客迎合主義）」の可能性があることにも留意が必要である。これらの発言を盲信し、ロシアを擁護することは避けるべきである。

日本は同調主義や同調圧力の強い国で、感情的な集団思考に流されやすい。(16) かつての「大本営発表」のようにウクライナが軍事的に有利、まもなくロシアが崩壊するといった情報がテレビ、雑誌で繰り返し報道されることがある。しかし、これらの情報は一つのシナリオにすぎず、それが確実な事実ではないことを認識すべきである。希望的な観測が広がり、ウクライナの勝利を確実視する風潮が広がることは、かつてのベトナム戦争時の状況とも重なる。

さらにＩＣＴ環境の発達やソーシャルメディアの隆盛によって、わが国の集団思考が顕著になり、自ら「事の善悪や軽重」を判断せずに、感情的な短絡的判断と行動に走るといった状況の生起も予見される。

こうした社会および民族性は、プロパガンダを仕掛ける側からすれば、絶好の〝カモ〟になる。おそらく、中国などは日本のこうした弱点を把握して、認知戦の手段に応用してくるであろう。

また、ウクライナ戦争でのロシアによる暴挙を阻止することが、中国に対し西側の実力と結束を断固として示すことになり、これが中国の台湾や尖閣諸島侵攻の意志を破砕するといった短絡的で希望的な観測が流布している。

ウクライナ戦争の趨勢いかんにかかわらず、台湾有事や尖閣諸島有事は起こり得るし、同時進行もありえる。ウクライナ戦争が終わったら、次に中台戦争や尖閣諸島有事に備えるといった〝虫のいい〟話はないのである。現に、ウクライナ戦争以降、わが国の防衛正面における中国、ロシア、北朝鮮による脅威度は確実に上がっていることを直視しなければならない。

（2）サイバーセキュリティの強化

能動的サイバー防御の実践力を高める

新たな国家安全保障戦略では「能動的サイバー防御」を規定したが、これを実践するための方策について分析を加えることとしたい。

本部がワシントンD・Cにあるサイバーセキュリティ研究所（SANS）が二〇一五年に提唱したサイバーセキュリティの成熟度モデル※というものがある（図1参照）。

日本の多くの企業は、図の左端の「アーキテクチャー（Architecture）」またはその右の「消極的な防衛（Passive Defense）」にあるといえる。前者は物理的なセキュリティ機能やネットワーク構造を確立する段階であり、後者は自社のシステムとネットワークを監視し、対策を講じる段階である。

ただし、これら段階レベルでは、攻撃を受けて初めて被害などを検知する場合がほとんどで、高度なサイバー攻撃には対応できない。

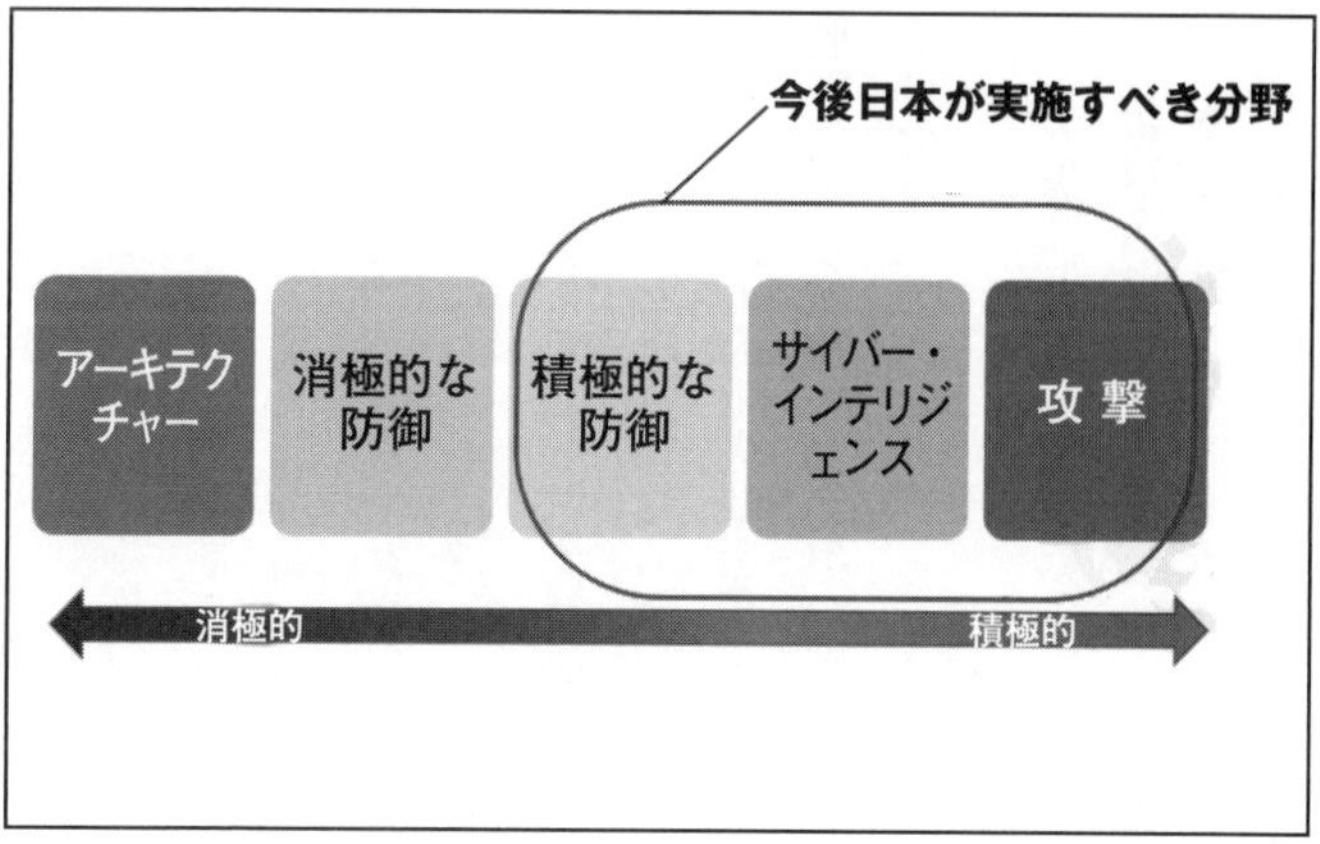

図1 サイバーセキュリティの成熟度モデル
（Rober M.Lee が 2015 年に提唱した Sliding Scale of Cybersecurity を基に筆者作成）

このため、国家および企業は「積極的な防御（Active Defense）」の段階以上を目指す必要がある。脅威ハンティング（Threat Hunting）」やボットなどの囮を活用して、侵入したマルウェア、ウイルスあるいはハッカーのプロファイルや攻撃方法などの情報を収集し、ほかの組織と連携して迅速に対応できる積極的な防御の態勢を構築する必要がある。

さらに「サイバー・インテリジェンス（Cyber Intelligence）」の段階を目指す必要がある。つまり、国家および企業は、マルウェアの分析などの技術的アプローチに加え、国際情勢、国家の意図および能力の分析を踏まえた政治的アプローチにより、起こり得るサイバー攻撃を予測するためのインテリジェンスを作成し、そのインテリジェンスを活用して先行対処できる態勢を確立するのである。

犯罪捜査では、犯行の動機を捜査し、危険を予期した対策を講じることが知られているが、サイバーセキュリティに関しても同様のアプローチが必要である。

右端の「攻撃（Offense）」とは、法律の範囲内で攻撃を含む活動を行なう段階であり、国家安全保障戦略では、「未然の攻撃者のサーバー等への侵入・無害化」といった文言が明記された。

この段階は防衛省や警察などが担当することになるであろう。

以上を要約すると、わが国が目指すべき能動的サイバー防御において、各企業は自社システムの監視と対応に加えて、自らが収集した広範な関連情報を分析し、インテリジェンスを作成し、これを国家機関に提供しなければならない。

安全保障上の重大な影響を及ぼすサイバー攻撃に対して政府などが攻撃者のサーバーなどに侵入・無害化する能動的な態勢が求められているが、前述したような企業による能動的なアプローチも必要不可欠なのである。

※元祖モデルでは、「Passive Defense」「Active Defense」「Intelligence」の用語が使用されているが、既存の軍事用語との混用を避けるため、「消去的な防御」「積極的な防御」「サイバー・インテリジェンス」と訳した。さらに成熟度と能動的との関係を表す尺度として積極性を追記した。左から右へ進むにつれて、セキュリティの成熟度とともにサイバーセキュリティに関わる積極性の度合いが高まる。

官民間の情報共有を促進する

能動的サイバー防御では、民間事業者などからの情報共有や、政府から民間事業者などへの対処調整、支援などの取り組みを強化することを一つの柱としている。

このため、これまで以上に官民間の情報共有が必要となる。以下、情報共有を促進するために取り組むべき課題について述べよう。

第一は、先述した「Need to share」という考え方をサイバーセキュリティにも取り入れるべきである。

現在、サイバーセキュリティにおける、官民間での主な情報共有は、民間が収集したデータを政府が吸い上げて分析し、「Need to know」の原則の下で限られた範囲の民間企業などにフィードバックする体制となっている。つまり、官民間での重要なサイバー情報の共有が十分になされていないのである。

情報は「ギブ&テイク」が原則である。政府および行政機関が民間のサイバー情報を提供しろというだけで、それが企業に還元されなければ、両者間の情報共有は自然と停滞する。したがって、政府などは民間から得たサイバー情報を分析したインテリジェンス、あるいは独自ルートで得た情報を積極的に民間に提供する仕組みを確立することが必要である。

第二に、「セキュリティ・クリアランス（SC）」制度の確立である。

SC制度は、重要な機密情報の漏洩を防ぎ、機密情報を悪用しないことを国が証明する信用資格制度

である。(17)

米国では国家が、民間企業で働く者に、重要秘密情報にアクセスし、取り扱うことができる資格（SC）を与えている。SC制度は、英国、ドイツ、フランス、イタリア、オーストラリア、カナダ、ニュージーランド、韓国など多くの国々にあるが、日本にはSC制度がない。そのため、日本企業はSC制度を導入している西側諸国との共同研究に参加できず、重要な情報が入手できない。

また、米国などの国家が保有する重要な機密情報へのアクセスは許可された政府職員だけに限定され、(18)そこで得た重要な情報は民間に共有することはできない。

「Need to share」の考え方への転換を図るうえでSC制度の導入は大前提である。「Need to share」を単なる謳い文句だけでなく実効あるものにするためには、早急にSC制度を導入する必要があろう。

第三に、官民人事交流の強化が必要である。

官と民の相互理解を深め、双方の組織の活性化と人材の育成を図る目的で行なわれている現在の「官民人材交流制度」は大変意義深い制度である。

しかしながら、官民の癒着を防ぐために、「国と民間企業との間の人事交流に関する法律（令和三年九月一日）」では交流基準が設けられ、さまざまな制約が課せられている。

とくに、交流した人材は交流後の五年間、関連する業務につけないという規則（同人事院規則21－0

令和五年四月一日）が、サイバーやインテリジェンスに関わる人材交流上のネックとなっている。「同じ釜の飯を食った仲間」という言葉があるが、一緒に仕事をすることで信頼関係が醸成され、形而上の情報共有が促進される。サイバーやインテリジェンスに関わる業務は専門性が高く人材の育成には時間を要する。限られたサイバー人材を官民で奪い合うのではなく、有為なサイバー人材をともに育成できる体制を確立することが能動的サイバー防御を推進するうえで必要不可欠である。

ＡＩ技術をめぐる課題を克服する

ＡＩ技術は急速に進化している。[19]セキュリティ分野では、マシンラーニングなどの技術が不正通信の検出などに活用されている。一方で、生成ＡＩは検知や監視だけでなく、インシデント対応、コンサルティング、教育、監査など、多岐にわたって利用されることになると予測される。既存の技術と組み合わせることで、業務の効率化だけでなく、防御の精度を高めることが可能で、能動的なサイバー防御にも活用の幅は広い。

しかし、ＡＩにはリスクもある。とくにサイバー空間におけるＡＩの発達と不完全さによって核戦争のエスカレーション・ラダーが一挙に上がる可能性があることには注意を要する。[20]

したがって以下の課題を克服していくことが重要である。

第一に基本的なことであるが、ＡＩに対して過度に依存することや、ＡＩが出した結論などを盲信してはならない。

生成ＡＩによって高度で説得力のあるフィッシングメールが作成され、ＡＰＴ（Advanced Persistent Threat）攻撃に利用されるなどの悪用のケースが予見される。さらに、生成ＡＩが作成する文書は自然で説得力があるため、ファクト・チェックが難しく、利用者はＡＩの回答を盲信する危険性がある。(21)

虐待が疑われる子どもを一時保護すべきかどうかを判断する際に、人工知能（ＡＩ）を活用する動きが全国の自治体で始まっているが、職員の状況判断力および責任感の低下を招き、ＡＩが出した結論に誰が責任をとるのかという問題も生じるであろう。(22)

第二は、中国などの権威主義国家によるＡＩの開発とその世界市場への拡大・支配を阻止する必要がある。

ＡＩはセキュリティ分野での運用、コンサルティング、監査、教育などが急速に普及し進化するであろう。

ＡＩは膨大な量のデータを学習することで発達する。ＡＩが生成する内容は、ＡＩが学習するデータに大きく依存する。もしこれらのデータが意図的に作為された場合、ＡＩが出す回答や分析の結果は、偏向したものになる。つまり、ＡＩを開発した国や組織が学習データを意図的にコントロールし、ＡＩの出力に影響を及ぼすことが可能となるのである。

中国はＡＩ技術を開発の十大重点分野と位置付け、同分野で世界市場を支配しようとしている。現時点では米国がＡＩ技術で優位であるとはいえ、第10章の未来シナリオで描いたように自由・民主主義体制下でのＡＩ開発が制約を受けるなか、監視社会である中国がビッグデータを利用し、国家資源を集中投下してＡＩ開発で世界を席巻することも予測される。

中国製ＡＩが世界でのシェアを拡大すれば、前述のとおり、ＡＩが出力する結果は、中国の影響を受ける、あるいは中国の意図どおりの処理が行なわれることにもなりかねない。

そのようなことを防止するために、わが国の企業は経済安全保障の観点から、政府が行なう中国への半導体などの輸出規制や中国製ＡＩ関連商品の輸入規制を遵守し、また関連技術および技術者の中国への流出を阻止する必要がある。

第三に、ＡＩのリスクを把握・管理しながらＡＩの開発を推進しなければならない。

中国、ロシアなどの権威主義国家によるＡＩ開発は制限が少ない。民主主義国家が倫理観という制約を受けている間に、中国がＡＩ開発で有利に立ち、ＡＩの軍事利用についても推進する可能性がある。そうなればわが国は安全保障上の大きな脅威に直面することになる。

わが国は、サイバーセキュリティのみならず「AI戦争における勝利」という観点から、同盟国である米国と連携してAIの開発に邁進しなければならない。AIにリスクがあるからといってそれに不要な制約をかけるネガティブ対応では心もとない。

国民のインテリジェンス・リテラシーの啓発教育、情報モラルの徹底などにより倫理的リスクを低減する施策を講じつつ、AI開発を推進しなければならない。

わが国が危機感を持って、AI開発に国の英知を結集する覚悟があれば必ず道は開ける。

（1）「国家防衛戦略」では防衛力の抜本的強化にあたって、①スタンドオフ防衛能力、②統合防空ミサイル防衛能力、③無人アセット防衛能力、④領域横断作戦能力、⑤指揮統制・情報関連機能、⑥機動展開能力・国民保護、⑦持続性・強靱性の七分野を重視することが謳われた。

（2）「新たな領域」という用語は二〇一一年の『防衛白書』に初登場した。この背景にはリン米国防副長官の論文「新たな領域の防衛：ペンタゴンのサイバー戦略」（『フォーリンアフェアーズ』誌、二〇一〇年九、一〇月号）がある。リン論文では「多くの外国軍隊がサイバー空間における攻撃能力を開発しているとされており、情報収集目的のために他国の情報通信ネットワークへの侵入が行なわれているとの指摘がある」と記述されていた。リン論文が契機となりわが国でも「新たな領域」が着目され、「サイバー空間」への注目度が増した。

（3）二〇一一年の『防衛白書』では「自衛隊及び米軍は、日本に対する武力攻撃を排除し及び更なる攻撃を抑止するため、領域横断的共同作戦を実施する」と記された。

（4）国家安全保障戦略における経済安保の定義は、自民党が二〇二〇年一二月に発表した「『経済安全保障戦略』策定に向けて」の定義をほぼ踏襲した。

（5）防衛省が策定した「国家防衛戦略」にも「宇宙・サイバー・電磁波の領域は、国民生活にとっての基幹インフラであるとともに、我が国の防衛にとっても領域横断作戦を遂行する上で死活的に重要であることから、政府全体でその能力を強化していく」と記されている。

（6）また、防衛省が策定した国家防衛戦略では「サイバー領域においては、諸外国や関係省庁及び民間事業者との連携により、平素から有事までのあらゆる段階において、情報収集及び共有を図るとともに、我が国全体としてのサイバー安全保障分野での対応能力の強化を図ることが重要である。政府全体において、サイバー安全保障分野の政策が一元的に総合調整されていくことを踏まえ、防衛省・自衛隊においては、自らのサイバーセキュリティのレベルを高めつつ、関係省庁、重要インフラ事業者及び防衛産業との連携強化に資する取組を推進することとする」と規定された。

（7）「世論の動揺を狙う「認知戦」などに対処するため、陸上自衛隊に認知戦の専門の情報部隊を新設する」（『産経新聞』二〇二二年一二月八日付）、「防衛省が人工知能技術を使い、交流サイト（ＳＮＳ）で国内世論を誘導する工作の研究に着手したことが政府関係者への取材で分かった」（『共同通信』二〇二二年一二月九日付）、「新しい防衛3文書には防衛省が認知戦を行うことがはっきりと書かれている」（一田和樹「防衛省認知戦の大きな課題―国内向け認知戦、サイバー空間での現実との乖離」二〇二二年一二月二六日配信）といった報道などが見られた。

（8）二〇一一年の『防衛白書』で「２０１１（平成23）年10月の軍機関紙『中国国防報』は『近年、輿論対抗・心理競争・法理争奪などが徐々に常態的な作戦手段および作戦様式となるにつれて、作戦空間も伝統的意味上の物理領域・情報領域から認知領域へと拡大発展している』と指摘しているほか、２０１２（同24）年2月の軍機関紙『解放軍報』は『軍事力の所要が陸海空の三次元空間から、陸海空・宇宙・電磁という多次元空間へと発展している』とした上で、作戦力の建設・発展は、精度・高度・強度のみならず、空域・海域・情報領域・心理領域まで及ぶ」と指摘しているが、二〇二二年の『防衛白書』まで、認知領域、認知戦という用語の言及は一切ない。

(9)二〇二二年の『防衛白書』では「中国が提唱する『智能化戦争』は「IoT情報システムに基づき、智能化された武器・装備とそれに応じた作戦方法を用いて、陸、海、空、宇宙、電磁、サイバー及び認知領域において展開する一体化した戦争」とし、「認知領域」も将来の戦闘様相において重要になってくる可能性がある」と記述した。

(10)FDOは「敵国の活動に適切なシグナルと影響を与えるため、事前に計画され、外交・情報・軍事・経済の各要素を慎重に組み合わせて行なわれる活動」とされる。FDOに相当する記述は、二〇一五年四月に策定された「日米ガイドライン」にすでに含まれている。

(11)二〇〇七年にマイク・コーネル国家情報長官(DNI)は、機微な情報を共有することのリスクと、情報を共有しないことが情報収集および分析にもたらすリスクを比較検討し、「Need to know」の文化から「Need to provide」の文化への移行が必要であると主張した。

(12)インテリジェンスを使いこなせる能力。大量のインフォメーションの中から必要なものを収集・分析して、インテリジェンスを生成し、それを活用するための知識や技能のこと。なお、中西輝政『情報亡国の危機―インテリジェンス・リテラシーのすすめ』では、「とくに今必要なことは、我が国の国益を確保し同時に国際社会の安定と平和に不可欠な、このインテリジェンスという分野に対する国民の健全な理解――私はこれを『インテリジェンス・リテラシー』と呼んでいる――をいかに進めるかということであろう」と述べている。

(13)文字を読み書きする能力を意味するリテラシーから派生し、情報を読み解き活用する能力と情報技術を使いこなす能力の二つの意味を持つ。詳細は『インテリジェンス用語事典』による。

(14)国家安全保障戦略では、情報や技術を生み出す知的基盤の強化が安全保障の確保に不可欠であるとされ、安全保障分野における政府と企業・学術界との実践的な連携の強化、偽情報の拡散、サイバー攻撃などの安全保障上の問題への冷静かつ正確な対応を促す官民の情報共有の促進、わが国の安全保障政策に関する国内外での発信をより効果的なものとするための官民の連携の強化などの施策を進めることが述べられている。

（15）ＧＨＱは、日本の愛国心を高め、米国の帝国主義に反駁する材料となる書籍に対する大規模な焚書を行なった。こうしてわが国の歴史が排斥されたことで、戦後の日本は一方的に中国へ侵略戦争を仕掛け、米国へ卑怯な闇討ち（真珠湾攻撃）を行なった〝悪の軍国主義国家〟といったレッテルを貼られた。つまりペリー来航による開国圧力、米国内での黄禍論の沸騰、オレンジ計画、日本に対する石油禁輸などのさまざまな要因が太平洋戦争へとつながった歴史の鎖が断ち切られた。筆者（上田）は先の日中戦争を擁護する気持ちはないが、太平洋戦争は決して日本が一方的に仕掛けた侵略戦争ではないことは明確にしておく必要があると考える。

（16）ウクライナ戦争について、日本は「ロシアが悪い」という感情論にすぐに強く傾いた筆頭であるというアンケート結果もある。二〇二二年三月一四日、英国の『Brand Finance』社の調査結果によれば、世界のほとんどの国が「ロシアが悪い」という回答したが、そのロシア非難の比率は、日本（八一パーセント）、英国（七四パーセント）、ドイツ（六七パーセント）、フランス（六四パーセント）、ブラジル（六三パーセント）、米国（六〇パーセント）、南アフリカ（四八パーセント）。トルコ（四二パーセント）となっている。他方、中国では米国非難（五二パーセント）、ロシア非難（一一パーセント）で、インドではロシア非難（三二パーセント）、米国またはＮＡＴＯ非難（四六パーセント）のどちらかを非難している。

（17）取得に際しては、犯罪歴、麻薬使用歴、財務状態など多様な評価項目で分析され、機密情報のレベルによって異なるアクセス権のランク分けが行なわれる。米国では二〇一六年時点で人口の一・三パーセントにも及ぶ約四八〇万人がセキュリティクリアランス（ＳＣ）を有しており、政府機関だけでなく、民間企業で働く人々も有している（國分俊史『エコノミック・ステイトクラフト　経済安全保障の戦い』）

（18）日本には「特定秘密保護法」のもとで特定秘密を扱う人材を調査する「適正評価」が存在するが、これは日本政府の国家機密として指定された特定秘密を扱うことが目的であり、ほとんどは行政機関の職員が対象である。

（19）ＣｈａｔＧＰＴを一例に挙げると、二〇二〇年にはＣｈａｔＧＰＴ‐２が一・五億のパラメータを使用していたが、わずか二年後のＣｈａｔＧＰＴ‐３では、使用するパラメータが一七五〇億に増加し、二〇二二年にサービスが開始されると、その活用領域が急速に拡大している。
（20）ジェームズ・ジョンソン『ヒトは軍用ＡＩを使いこなせるか』では、ＡＩとサイバーセキュリティとの関係を以下のように要約している。①核戦力のサイバーセキュリティを強化するために設計されたアプリケーションの導入によって、同時にサイバーに依存する核支援システム（通信、データ処理または早期警戒システム）がサイバー攻撃を受けてしまう可能性がある。②情報の強化を目的とした新技術は、効果的抑止に不可欠な、明確で信頼できる情報の流れやコミュニケーションを阻害する可能性がある。つまり、情報の信頼性と処理速度を向上させる技術がネットワークの脆弱性を高める。③攻撃的サイバー能力が改善されることで、ＡＩの進歩はサイバーセキュリティ上の課題を悪化させる可能性がある。④ＡＩによって強化されたサイバー機能は、偶発的または不本意なエスカレーションへの新たな経路を生み出す可能性がある。⑤ＡＩ ＭＬ（マシンラーニング）技術は、核兵器の使用に関する意思決定で使用されるデジタル情報を操作することによって、エスカレーションへのリスクを悪化させる可能性がある。⑥状況を緩和するための「対ＡＩ」能力（および他のフェイル・セーフ機構）が現在も未発達であることが、ＡＩで強化されたサイバー能力にともなうエスカレーション・リスクを悪化させる可能性がある。
（21）『ロサンゼルス・タイムズ』（二〇二三年六月二三日付）によると、米国の弁護士、スティーヴン・Ａ・シュワルツとピーター・ロデュカおよび「Levidow, Levidow & Oberman」法律事務所は、ＣｈａｔＧＰＴを使用して二〇一九年の航空機内での怪我に関連する訴訟で判例を探し、架空の判例を裁判所に提出して罰金を科された。これは、ＡＩの精度が向上し、我々がＡＩに深く依存することの危険性を示唆している。
（22）四歳の三女に暴行して死なせたとして、津市の母親が逮捕された事件をめぐり、児童相談所が虐待に関する過去のデータから人工知能（ＡＩ）が算出した評価などを参考に、一時保護を見送っていたことが、三重県への取材で分かった。保護率は「三九パーセント」と判定され、在宅で見守ることになった。県担当者は「あくまで参考であり、職員が判断している」と説明した。（『共同通信』二〇二三年七月一一日付）

解題　認知戦──日本にも迫り来る脅威

廣瀬　陽子（慶應義塾大学総合政策学部教授）

近年、とりわけインターネットの発展により、「認知戦」は世界の深刻な脅威となっていたが、よほど意識が高い人でなければ、その存在は一般的にあまり知られていなかったと思われる。しかし、二〇二二年二月にウクライナ戦争が勃発すると、日本のメディアもその戦争について極めて多面的な報道をするようになった。戦況はもちろん、それと密接に絡む現代戦のあり方、そしてロシアやウクライナ両国の政治経済動向、国際関係など、さまざまな分野に関心が向けられるようになった。その中で、認知戦がフォーカスされることも増えてきて、その実態に対する理解も次第に広がってきたと思われる。

もう少し歴史を遡れば、二〇一四年のロシアによるクリミア併合は、世界がハイブリッド戦争に注目する契機となったといえる。ハイブリッド戦争とは、正規戦と非正規戦を組み合わせた戦い方を意味するが、その内容、アクターは多岐にわたり、新しい要素も日々増えていること、また戦時と平時の区別もつきづらく、非正規戦の要素が発生しただけでも「戦争開始」と考える実務家や研究者も多いことから、ハイブリッド戦争を定義することは極めて困難だろう。筆者がインタビューをしたNATO（北大西洋条約機構）のハイブリッド戦争担当者も「定義などできるはずがない」と話していた。

筆者はそのようなハイブリッド戦争を理解するうえで、上図のようなイメージ図を作成した。ハイブリッド戦争のフェイズを三つに分け、戦いの烈度が上がるにつれて、フェイズが上がっていくというイメージだ。

フェイズ1では、サイバー攻撃、認知戦、政治的脅迫、経済的手段など、戦争というイメージに付合しないような戦いの内容が想定されている。たとえば、中国やロシアが、反欧米的な国や欧州圏内の国などに行なったコロナ禍での「マスク外交」や「ワクチン外交」も、友好国を増やしたり、世界や欧州の分断を図る目的で行なわれたとして、NATOは中国とロシアによる「ハイブリッド戦争」だと考えるなど、一見善意の行為に思えるようなことすらハイブリッド戦争に含められてしまうほど、ハイブリッド戦争の奥は深い。そして、とくにフェイズ1だと考えられる要素は、枚挙にいとまがないのだ。

フェイズ2では、正規軍が展開するけれども「何も軍事的アクションをとらない」状態や、民間軍事

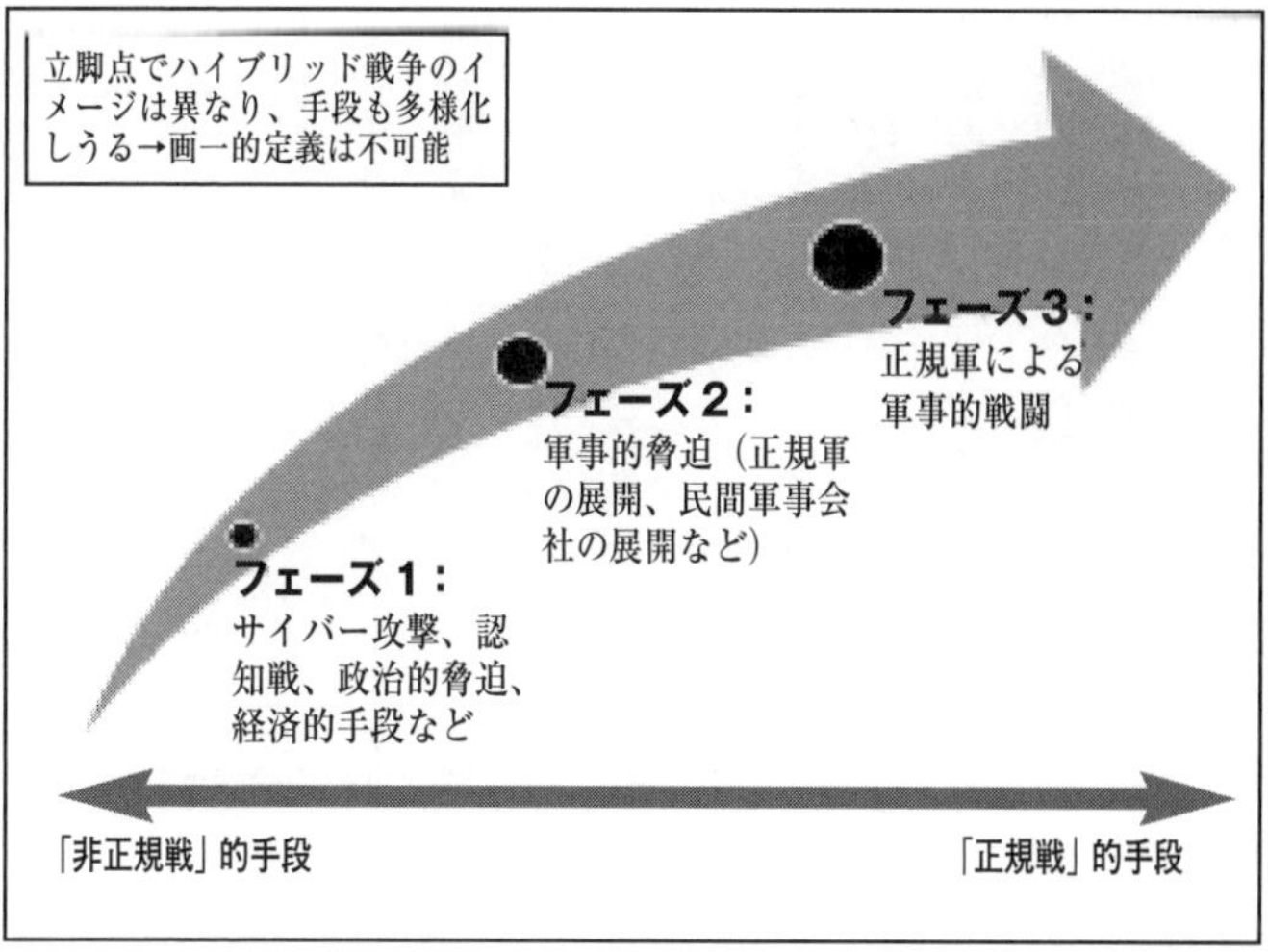

ハイブリッド戦争のイメージ図

会社が展開したり、また民間軍事会社については戦闘行為にまで及ぶような状況を想定している。正規軍が展開するけれども「何も軍事的アクションをとらない」事例としては、二〇一四年のクリミア併合の際に、ロシアの特殊任務部隊が展開したが、軍事的なアクションはとらなかったことや、二〇二二年二月からのロシアによるウクライナ侵攻に先立ち、二〇二一年の三月から四月にかけて、また、秋から戦争開始まで、ウクライナ国境付近にロシア軍が一〇万人以上展開したものの、軍事的な動きは何もしなかったことなどが挙げられる。

そして、フェイズ3が本格的な正規軍同士の戦闘だ。この段階に至ると、多くの人命が失われ、経済的にも多大な損失が起きる。その被害は戦争が長引けば長引くほど大きくなるが、いったん戦闘行為が始まると、どちらも引くに引けなくなり、戦争を終わらせることが極めて困難となり、コストは雪だるま式に増えてゆく。

この図に当てはめると、認知戦はフェイズ1に当たる。そして、認知戦がハイブリッド戦争に占める位置は実に重要だと言える。なぜなら、ハイブリッド戦争とはいうものの、とくにフェイズ3まで進んでしまうと極めて高いコストがかかるからだ。人的、経済的コストはもちろん、国際社会から孤立し、制裁を受けるなど多くの損失を被ることになる。そのため、相手に政治的ダメージを与えるという目的を達成するためには、できうる限りフェイズ1の段階で、それ以上エスカレーションさせないことが重要となる。だからこそ、認知戦を成功させることの意義はとても大きいのである。

このように書くと、認知戦はまるで近年フォーカスされるようになったハイブリッド戦争の一部として生まれたかのような印象を持たれるかもしれないが、答えはノーである。ハイブリッド戦争は古代から行なわれていたとする論者もいるほどで、ハイブリッド戦争の中で重要な意味を持つ認知戦もまさに古くから行なわれていたのである。しかし、そのような認識はあまり持たれておらず、認知戦も近年の現象であると捉えられがちな傾向があったといえる。

だが、本書は戦争の歴史を丁寧に解き明かし、各戦争において認知戦がいかに大きな意味を持ってきたかを如実に示した。このことの意義は極めて大きく、読者の方々も、歴史の証言から認知戦が長い歴史の中でどのような意味を持ちながら発展してきたのかをリアルに理解されるはずだ。

また、本書は認知戦が現代の技術の発展と相まって、どのように発展してきたのかも具体的に示している。認知戦の性格は、時代の流れの中で変化し、近年、より容易に効果的な情報戦が展開できるようになったからこそ、その影響力や意義がより大きくなってきた。とくにインターネットやスマートフォンの流通の拡大が、その一般人への影響力も極めて大きくなっていることも情報戦がとりわけ重要になっていることの背景だ。

認知戦というと、専制主義国家、とくにロシアや中国の専売特許のような印象が持たれがちかもしれない。そこで思い出されるのが、「シャープパワー」という考え方だ。「シャープパワー」とは、アメリカの全米民主主義基金が二〇一七年に公表したレポートで使った用語だが、テレビやSNS、教育機関など、さまざまな方法を用いて偽情報の流布を行ない、いろいろな手段を効果的に組み合わせ、相手国の国民の思考を自分たちの都合のいい方向に転向させる手段のことで、主に中国、ロシアが重きを置いて実践しているものとして位置付けられている。

その具体例としては、中国の政府による教育機関「孔子学院」、ロシアのRTやスプートニクなどの国営メディアが挙げられる。中国は孔子学院やそれに準じる教育施設を世界中に展開しているが（日本についても、日本政府が二〇二三年五月一二日に閣議決定した答弁書によれば、国内の少なくとも一三大学に「孔子学院」が設置されている)、それは中国の経済力の故といえるだろう。そして、同じことはロシアにはできないはずだ。このシャープパワー、いわゆる「ソフトパワー」の悪質版ともいえると考えるが、シャープパワーも認知戦と密接な関係を持っているといえるだろう。実際、中国やロシアが「シャープパワー」といわれるさまざまな情報戦、認知戦を展開しているのは間違いない。

しかし、中国やロシアの行動を「シャープパワー」と名付け、世界的に浸透させようとする動きもまた、アメリカによる認知戦の一つに思える。つまり、認知戦は専制主義国家の専売特許ではないのだ。本書でも、多くの実例を用いて、アメリカなどがいかに歴史的に多くの認知戦を展開してきたかが丁寧に論じられている。認知戦の巧妙さは、むしろアメリカないしアメリカが支援する主体の方が優《まさ》っているとすらいえ、認知戦は政治体制を問わず、普遍的に展開されてきたものであり、近代化とともにその手段が多様となり、影響力や効果がより強まっていったといえる。

また、認知戦は短期的に成果が出るものと、長期的にじわじわと影響が出てくるものがあると思われる。

近年のインターネットなどの技術を用いた最近の認知戦は短期的に効果が出てくる傾向が強いと思われる。とくにインターネットは一瞬で情報の拡散が可能であり、また一度ネット環境に出た情報は、リツイートなどの形で複製・再生産され、元データが消されたとしてもほぼ永久に残るとすらいわれ、一度公開された情報をなかったことにすることはほとんど不可能だろう。そのため、SNSなどインターネットを用いた情報は短期的に大きな影響を持ちやすいといえるだろう。たとえば本書の第8章で解説する二〇一六年のアメリカ大統領選挙におけるロシアのIRA（インターネット・リサーチ・エージェンシー）による影響工作は、そのわかりやすい事例だといえる。もちろん、残存するという性格からは、何年も経った後にその情報が再び注目されるというような、長期的な影響も持ちうる。

他方で、教育などは長期的な視点で影響が出てくるように思われる。孔子学院はその好例だろう。孔子学院プロジェクト（大学レベルの「孔子学院」と中学・高校レベルの「孔子学級」）は二〇〇四年に開始され、その目的は、主に海外で中国語と中国文化を教えることだが、中国の情報活動に利用されているという理由などから、主に西側諸国で多くの閉鎖事例もある。だが、その長期的な果実が収穫できるかどうかは、現時点では判断がつきかねると思われる。

冷戦時代の一九六〇年、ソ連はパトリス・ルムンバ名称民族友好大学（現在はロシア諸民族友好大学）を設立した。同大学の目的は、アジア、中東、アフリカ、ラテンアメリカ地域などの友好国から優秀な留学生を招き、共産主義思想およびその経済政策を教えることだった。「パトリス・ルムンバ」という名称が付加されたのは一九六一年であり、アフリカ独立運動を先導したコンゴ民主共和国の指導者であるパトリス・ルムンバを讃えてのことだ。ソ連で学んだ優秀な第三世界の若者は、留学後に帰国し、ソ連の精神を母国に植え付け、ソ連の影響力を拡大することに貢献した。だが、第9章でも解説されているように、ウクライナ戦争が始まると、実は少なくない国が、国連のロシアに対する反対決議で不参加や棄権という選択をし、そのような行動は実質的なロシア支援国とも考えられた。ただし、政治的に完全にロシアに同調しているケースは稀で、各国の事情が大いに影響していることは間違いない。

しかし、近年、とりわけ二〇一九年以降、ロシアはアフリカへのコミットメントを強化し、政府レベルの普通の外交である「公的外交」と、民間軍事会社ワグネルによる非民主的政府への支援、それら諸国に対する軍事訓練の付与やテロ対策、資源採掘の防衛などからなる「非公式外交」をセットで行なってきたことが、アフリカに親ロシア的な国を増やせたことの背景にある（ただし、長引くウクライナ戦争と二〇二三年七月のロシアの穀物合意離脱による食糧危機の深刻化によって、ロシアに対する立場を明らかに硬化させた国も少なくなかった）。これら親露的な国では、国民レベルでもロシアにシンパシーを感じる国が少なくなく、ロシアのプロパガンダを信じて、食糧危機は欧米の対露制裁が原因だと考えて反欧米意識をより強める人々も少なくなかったし、ニジェールなどでの政変ではロシア待望論を叫ぶ国民も少なくなかった。つまり、それらの国々では、いま現在のロシアの認知戦も成功しているのである。そして二〇一九年頃からのロシアのアフリカ接近がすぐに効果を出した背景には、かつてソ連で学んだエリートが、ソ連解体から約三〇年を経て、各国の重鎮に成長していたこともあるはずである。つまり長期的な認知戦も、短期的な認知戦と相まって、より効果的になると言えそうだ。

このように認知戦の影響力は極めて大きく、気づかないうちに洗脳されていることも少なくない。実は誰でも書き込みができる日本のインターネットのコメント欄にはＡＩ翻訳などを用いて、ロシア人などが書き込んでいる例も散見されるという。そして、幸か不幸か、ＡＩ技術の発展は、翻訳機能も顕著に向上させ、かなり自然な日本語訳を可能にしているようだ。何気なく読んでいる他人のコメントに、実は深刻なプロパガンダが含まれている可能性も否めない。我々は、常に認知戦の攻撃にさらされていると考えるべきであるし、それは国民一人ひとりがしっかりと認識し、備える必要があることを意味する。

本書は、認知戦の実態、恐ろしさだけでなく、どのように対応していけばよいかについても重要な示唆を与えてくれる。

安全保障の脅威が極めて多面的になっているなかで、認知戦に対する危機感を強め、国民レベル、政府レベルで重層的に対応しておくことが喫緊の課題となっている。

本書は一般的な日本人の安全保障意識に一石を投じるものだ。ぜひ、より多くの方に本書を読んでいただき、総合的な安全保障を確立していく一助として欲しい。

おわりに

本章を執筆するにあたり、私（佐藤）が勤務している情報セキュリティ関連企業である株式会社ラックの上司で取締役の船引裕司氏をはじめ、多くの方々から激励と示唆をいただきました。また、同僚の鈴木悠氏の論稿を参考にさせていただきました。あらためて、これらの方々に感謝の気持ちを伝えたいと思います。

私が所長を務める「ナショナルセキュリティ研究所」は、国家が主体のサイバー攻撃について、攻撃の背景を含むさまざまな角度からの分析を行なっています。また、情報戦、サイバー戦については、産・学・官の連携を重視し、防衛省をはじめ、大学との共同研究、米国やイスラエルなどの海外企業との情報交換を行なっています。

この仕事に就く前、私は自衛官として三〇年以上、さまざまな職務を経験しました。民間でも情報セキュリティ分野で勤務するきっかけとなったのは、初代の自衛隊サイバー防衛隊長としての職務でした。この仕事は私にとって誇らしい、貴重な経験になりました。創設期のサイバー防衛隊は、陸海空自衛隊から選抜されたメンバーで構成されましたが、当初は隊員たちがそれぞれの所属する組織のしがらみにとらわれているように感じられました。

陸海空自衛隊は、それぞれの気風を四文字熟語に喩えると、陸上自衛隊は「用意周到・動脈硬化」、海上自衛隊は「伝統墨守、唯我独尊」、航空自衛隊は「勇猛果敢、支離滅裂」などといわれ、言い得て妙な表現だと思います。選抜された隊員たちは、それぞれ入隊から一〇年以上の経験者でしたので、陸海空それぞれの考え方や文化が深く根づいており、使う用語も、分析のアプローチも違っていました。

これらの出身の壁を越えるために、私が最初に行なったのは組織を一つの方向に向かわせることでした。だからといって無理に方向性を決めず、互いの文化を尊重しつつ、目指す目標を示すことで協力し合う態勢を築いていきました。その最大の目標は「世界レベルの部隊」になるということですが、各人が奮闘した結果、ある程度の成果を上げることができました。

自衛隊を退官して民間会社に入って、強く感じたのは、官と民の考え方のギャップです。

自衛隊ではサイバー戦といえば、インターネット上の情報詐取やシステム破壊から自己のシステムを防護するだけではなく、情報戦や電子戦、そして攻撃などのすべての活動を考慮に入れて対策を考えます。しかし、民間ではサイバー戦という概念がなく、インターネット上の情報詐取や攻撃からどうやって自分たちのシステムを守るかのみに焦点があてられていました。

私が民間勤務になって最初に取り組んだのは、この官民のギャップを埋めることでした。外部に対してはサイバー戦の概念やその対策を新聞や雑誌などメディアの取材を通じて紹介する活動を積極的に行ないました。

次第にサイバー戦の概念が民間でも注目されるようになり、2019年には、情報通信機構主席研究員の伊東寛氏や元陸上自衛隊システム防護隊技術隊長の畠山浩明氏を中心として同志が集い、サイバー防衛シンポジウム熱海「第5の戦場・プレイベント」が開催されました。私もこれに賛同し、「サイバー戦の現状と課題―2022東京オリンピックに向けて」と題して基調講演を行ないました。現在も同研究会のアドバイザリー・ボードメンバーとして関わっています。

このイベントは、安全保障の観点からサイバーセキュリティを考える唯一のシンポジウムであり、多くのビジネスパーソンに参加していただいています。

次に取り組んだのが、外国企業との連携です。わが国の同盟国である米国はサイバーセキュリティに関して世界トップの知見と実力を持っていますが、わが国はセキュリティ・クリアランス（SC）制度が未整備で、民間の立場で米国機関の議論に参加するのは難しい状況です。また、情報が提供されるタイミングが遅いため、迅速な対応に支障を来たすことがありました。

そのため、私は米国と深い関係を持ち、情報分野での実戦経験が豊富なイスラエル企業との連携を探りました。現在は複数のイスラエル企業と良好な関係を維持しており、これにより、日本では観測しにくい情報を得ることができ、調査・研究の範囲や深さを増すことができました。民間ベースでの連携は、ビジネス上の利益追求が目的となりますが、それでも互いに付き合うなかで信頼が醸成されて、情報の裾野が広がっていきます。このことは、大変貴重で意義深いものだと感じています。

現在、私たちが直面しているサイバーセキュリティの問題は、多様で広範囲にわたっています。本書で詳述したように、サイバー空間で活動する主体および対象は、国家から個人に至るまで複数の層が交錯した「サイバーカオス」ともいえる状態にあります。

そして、２０２３年10月に発生したイスラエルとハマスの衝突は、イスラエル建国の歴史、宗教的な争い、地政学的な要素、経済的な連関など、多様な因子が絡み合っているため、単に国家とテロ組織の対立として捉えるにはあまりに複雑です。

今後ますますサイバー空間における活動は複雑化していきます。これらを解き明かすためには、無数に散らばった複雑なピースを根気よく埋めていく必要があります。そのためには、広い視野で多角的に分析することが不可欠です。

株式会社ラックは、国内最大級のセキュリティ監視・運営センターであるＪＳＯＣ（ジャパン・セキュリティ・オペレーション・センター）を立ち上げ、20年以上にわたり、依頼を受けた企業のシステム監視やインシデント対応を二四時間体制で実施しています。加えて、「国を衛る」ことを社是として、国家安全保障の観点からナショナルセキュリティ研究所を設立し、情勢分析および技術分析の両輪から、サイバー攻撃の趨勢を予測し、官民の主要な部署に示唆を提供しています。

能動的なサイバー防御を真に効果的なものとするためには、より深く踏み込み、国家のサイバー安全保障を共同で支える体制の構築が必要と考えています。官民が一体となって、強い意志を持ち、サイバーに関わる情報の収集、分析、活用を共同で推進する環境を構築しなければならないと考えています。サイバー戦、情報戦、そして認知戦は、目の前にある脅威です。立ち止まっている時間はありません。本書が、読者の皆さんのサイバーセキュリティ構築の一助になれば幸いです。

最後になりましたが、本書の解題執筆を快諾していただいた慶應義塾大学総合政策学部・廣瀬陽子教授に深く感謝を申し上げます。廣瀬教授と最初にお目にかかったのは、エストニアで開催された「ＣｙＣｏｎ」というカンファレンスのパーティでした。この偶然の出会いがその後の共同研究につながることになりました。

廣瀬教授の深い知識と研究への情熱は、私たちの研究意欲を奮い立たせ、その成果は、ロシア人の考え方や戦略に関する分析に反映されています。本書を通じて共同研究の成果を皆さんと共有できることは、私にとって大きな喜びです。

なお本書に記した内容は執筆に携わった佐藤、上田個人の見解であり、所属する株式会社ラックおよびナショナルセキュリティ研究所の見解を反映したものではありません。

（株）ラック　ナショナルセキュリティ研究所所長　佐藤雅俊

参考文献

朝日新聞外報部『ドキュメント湾岸戦争の二百十一日』（朝日新聞社、1991年）
アレン・ダレス『諜報の技術―CIA長官回顧録―』（中公文庫、2022年）
アンソニー・プラトカニス『プロパガンダ―広告・政治宣伝のからくりを見抜く』（誠信書房、1998年）
アンヌ・モレリ『戦争プロパガンダ10の法則』（草思社、2002年）
飯塚恵子『ドキュメント　誘導工作』（中公新書ラクレ、2019年）
池田徳眞『プロパガンダ戦史』（中公新書、1981年）
一田和樹ほか『ネット世論操作とデジタル影響工作』（原書房、2023年）
伊東寛『サイバー・インテリジェンス』（祥伝社新書、2015年）
岩島久夫『心理戦争：計画と行動のモデル』（講談社現代新書、1968年）
上田篤盛『戦略的インテリジェンス入門』（並木書房、2016年）
上田篤盛『中国が仕掛けるインテリジェンス戦争』（並木書房、2016年）
上田篤盛『情報戦と女性スパイ』（並木書房，2017年）
上田篤盛『情報分析官が見た陸軍中野学校』（並木書房、2021年）
上田篤盛『超一流諜報員の頭の回転が速くなるダークスキル』（ワニブック社、2022年）
ウォルター・リップマン『世論 上・下』（岩波文庫、1987年）
「ウクライナ侵攻」分析班『ゼレンスキー大統領、世界に向けた魂の演説集』（扶桑社、2022年）
エドワード・ステチニアス『ヤルタ会談の秘密』（六興出版社、1953年）
エマニュエル・トッド『第三次世界大戦はもう始まっている』（文春新書、2022年）
遠藤誉『習近平の軍民融合戦略と、それを見抜けなかった日本』（ニューズウィーク日本版、2020年）
小川聡、東秀敏『トランプ―ロシアゲートの虚実』（文春新書、2018年）
小野厚夫『情報という言葉―その来歴と意味内容』（冨山房インターナショナル、2016年）
織田邦男『空から提言する新しい日本の防衛―日本の安全をアメリカに丸投げするな』（ワニ・プラス、2023年）
木下和寛『メディアは戦争にどうかかわってきたか』（朝日新聞社、2005年）

喬良ほか『超限戦21世紀の「新しい戦争」』（共同通信社、２００１年）
桑原長『一武人の波乱の生涯―燃えた情熱と戦後の反省』（非売品、１９９６年）
クリストファー・ワイリー『マインド・ハッキング』（新潮社、２０２０年）
ゲルト・ブッフハイト『諜報―情報機関の使命』（三修社、１９８１年）
小泉悠『現代ロシアの軍事戦略』（ちくま新書、２０２１年）
國分俊史『エコノミック・ステイトクラフト経済安全保障の戦い』（日本経済新聞出版、２０２０年）
小谷賢『イギリスの情報外交―インテリジェンスとは何か』（PHP新書、２００４年）
小谷賢『世界のインテリジェンス―21世紀の情報戦争を読む』（PHP研究所、２００７年）
実松譲『国際謀略―世界を動かす情報戦争』（講談社、１９６６年）
志田淳二郎『ハイブリッド戦争の時代』（並木書房、２０２１年）
ジェイミー・バートレット『操られる民主主義』（草思社文庫、２０２０年）
ジェームズ・ジョンソン『ヒトは軍用AIを使いこなせるか』（並木書房、２０２３年）
ジョック・ハスウェル『陰謀と諜報の世界―歴史にみるスパイの人間像』（白揚社、１９７８年）
ジョー・マクレイノルズ『中国の進化する軍事戦略』（原書房、２０１７年）
杉田一次『情報なき戦争指導―大本営情報参謀の回想』（原書房、１９８７年）
ズビグネフ・ブレジンスキー『ブレジンスキーの世界はこう動く―21世紀の地政戦略ゲーム』（日本経済新聞出版、１９９７年）
高木徹『ウクライナのPR戦略と「戦争広告代理店」』（外交VoL80ダイジェスト）（都市出版、２０２３年）
高木徹『ドキュメント戦争広告代理店―情報操作とボスニア紛争』（講談社、２００２年）
高木徹『国際メディア情報戦』（講談社現代新書、２０１４年）
武田徹『戦争報道』（ちくま新書、２００３年）
高橋杉雄『現代戦略論』（並木書房、２０２３年）
恒石重嗣『心理作戦の回想』（東宣出版、１９７８年）
ディーン・チェン『中国の情報化戦争』（原書房、２０１８年）
デヴィット・サウスウェル、グレイム・ドナルド『世界の陰謀・謀略論百科』（原書房、２０１９年）
ドウス昌代『東京ローズ』（文春文庫、１９８２年）

冨永謙吾『大本営発表の真相史』（中公文庫、2017年）
豊島晋作『ウクライナ戦争は世界をどう変えたか』（KADOKAWA、2022年）
内藤正典『プロパガンダ戦争』（集英社、2020年）
中西輝政『情報亡国の危機―インテリジェンス・リテラシーのすすめ』（東洋経済新報社、2010年）
西本逸郎『国・企業・メディアが決して語らないサイバー戦争の真実』（中経出版、2012年）
日本安全保障戦略研究所『近未来戦を決する「マルチドメイン作戦」』（国書刊行会、2020年）
日本再建イニシアティブ『現代日本の地政学』（中公新書、2017年）
野田敬生『諜報機関に騙されるな！』（ちくま書房、2007年）
野田敬生『心理諜報戦』（ちくま新書房、2008年）
ノーマン・ポルマー『スパイ大事典』（論創社、2017年）
橋本晃『国際紛争のメディア学』（青弓社、2006年）
樋口敬祐・上田篤盛・志田淳二郎『インテリジェンス用語事典』（並木書房、2022年）
平井宏治『経済安全保障のジレンマ』（育鵬社、2022年）
平櫛孝『大本営報道部』（光人社NF文庫、2006年）
廣瀬陽子『ハイブリッド戦争―ロシアの新しい国家戦略』（講談社現代新書、2021年）
龐宏亮『中国軍人が観る「人に優しい」新たな戦争―知能化戦争』（五月書房新社、2021年）
ブリタニー・カイザー『告発』（ハーパーコリンズ・ジャパン、2019年）
古川英治『破壊戦―新冷戦時代の秘密工作』（KADOKAWA、2020年）
マーク・M・ローエンタール『インテリジェンス―機密から政策へ』（慶應義塾大学出版会、2011年）
米国防省『米国防省年次報告』（2008年）
米国防省『米国防省の軍事用語辞典（DOD Dictionary of Military and Associated Terms）』（2021年）
米統合参謀本部編、前山一歩編訳『米軍広報マニュアル』（並木書房、2023年）
防衛研修所『国防関係用語集』（1972年）
マイケル・A・ロベルト『決断の本質―プロセス思考の意思決定マネジメント』（英治出版、2006年）
マーク・M・ローエンタール『インテリジェンス―機密から政策へ』（慶應義塾大学出版会、2011年）

松岡完『ベトナム戦争—誤算と誤解の戦場』（中公新書、２００１年）
馬渕睦夫『ウクライナ紛争　歴史は繰り返す—戦争と革命を仕組んだのは誰だ』（ワック、２０２２年）
三野正洋『ベトナム戦争—アメリカはなぜ勝てなかったか』（ワック、１９９９年）
森本敏ほか『ウクライナ戦争と激変する国際秩序』（並木書房、２０２２年）
ラシード・アルリファァイ『アラブの論理』（講談社、１９９１年）
ラムゼー・クラーク『ラムゼー・クラークの湾岸戦争—いま戦争はこうして作られる』（地湧社、１９９４年）
ポール・ラインバーガー『心理戦争』（みすず書房、１９５３年）
八塚正晃『中国の国防白書２０１９と智能化戦争』（防衛研究所、２０１９年）
ラック・サイバー・グリッド・ジャパン編『漫画で学ぶサイバー犯罪から身を守る30の知恵』（並木書房、２０１５年）
李天民『中共の革命戦略』（東邦研究会、１９５９年）
ルイス・A・デルモンテ『AI・兵器・戦争の未来』（東洋経済新報社、２０２１年）
渡部悦和『現代戦争論—超「超限戦」』（ワニブックス「PLUS」新書、２０２０年）
P・W・シンガー他『「いいね！」戦争—兵器化するソーシャルメディア』（NHK出版、２０１９年）

【公刊物・学術誌・論文】
飯田将史『中国が目指す認知領域における戦いの姿』（NIDSコメンタリー第１７７号、防衛研究所、２０２１年6月21日）
各年度版『防衛白書』および防衛省防衛研究所『中国安全保障レポート』
米軍教範『FM33-1「Psychological Operations」』（１９９３年）
齋藤良「中国の三戦（輿論戦、心理戦、法律戦）と台湾の反三戦」（『陸戦研究』２０１０年）
『陣中要務令』『統帥綱領・統帥参考』『作戦要務令』『諜報宣伝勤務指針』などの旧軍教範
Suzuki, H. N. and Inaba, M.: Psychological study on judgment and sharing of online disinformation, Proc. IEEE 47th Annual Computers, Software, and Applications Conference, IEEE Computer Society, pp.1558-1563, 2023
高木徹『ウクライナのPR戦略と「戦争広告代理店」』（２０２３年）
佐藤雅俊ほか『cyber grid journal vol.7 大規模サイバー攻撃に備えよ』（２０１９年）、『cyber grid journal vol.11 インテリジェンスで読み解くサイバーセキュリティ』（２０２１年）、『cyber grid journal vol.14 ウクライナ危機に見るサイバー戦の光と闇』（２０２２年）以上は株式会社ラック　サイバー・グリッドジャパン編、www.lac.co.jp でダウンロード可能。

佐藤雅俊（さとう・まさとし）
株式会社ラック　ナショナルセキュリティ研究所所長。CISA（公認情報システム監査人）。1984年防衛大学校卒。航空自衛隊第3高射隊長、第23警戒管制群司令、システム管理群司令、2014年に新編された自衛隊指揮通信システム隊サイバー防衛隊長（初代）を経て2017年に退官。同年株式会社ラック入社、ナショナルセキュリティに関する調査・研究に従事し、国家が主体となるサイバー攻撃等について研究成果をもとに解説。ナショナルセキュリティに関する意識啓発の講演多数。

上田篤盛（うえだ・あつもり）
株式会社ラック　ナショナルセキュリティ研究所シニアコンサルタント。1960年広島県生まれ。84年防衛大学校卒。87年陸上自衛隊調査学校の語学課程に入校以降、情報関係職種に従事。防衛省情報分析官および陸上自衛隊情報教官などとして勤務。2015年定年退官。著書に『戦略的インテリジェンス入門』『中国が仕掛けるインテリジェンス戦争』『武器になる情報分析力』『武器になる状況判断力』『情報分析官が見た陸軍中野学校』（並木書房）、『未来予測入門』（講談社）、『超一流諜報員の頭の回転が早くなるダークスキル』（ワニブックス）他。

情報戦、心理戦、そして認知戦
—サイバーセキュリティを強化する—

2023年12月 5 日　印刷
2023年12月15日　発行

共　著　　佐藤雅俊・上田篤盛
発行者　　奈須田若仁
発行所　　並木書房
〒170-0002 東京都豊島区巣鴨 2-4-2-501
電話(03)6903-4366　fax(03)6903-4368
http://www.namiki-shobo.co.jp
印刷製本　モリモト印刷
ISBN978-4-89063-443-9